Mucho más que barcos

Una aproximación teórica a las funciones, capacidades náuticas, bases materiales y dimensión social de la tecnología naval prehistórica

Julián Moyano Di Carlo

BAR International Series 2901

2018

Published in 2018 by
BAR Publishing, Oxford

BAR International Series 2901

Mucho más que barcos

ISBN 978 1 4073 1654 3

COVER IMAGE *Dibujo de Noemi Alicia Di Carlo.*

Printed in England

BAR
PUBLISHING

BAR titles are available from:

BAR Publishing
122 Banbury Rd, Oxford, OX2 7BP, UK
EMAIL info@barpublishing.com
PHONE +44 (0)1865 310431
FAX +44 (0)1865 316916
www.barpublishing.com

Homo sum, humani nihil a me alienum puto

"Hombre soy, nada humano me es ajeno"

Publio Terencio Africano (194-159 a.C.)

AGRADECIMIENTOS

La realización de este trabajo no hubiera sido posible sin la ayuda o colaboración de un buen número de personas, especialmente del profesorado del Máster en Arqueología Náutica y Subacuática de la Universidad de Cádiz, marco en el cual se desarrolló esta investigación. Estas escasas líneas no pueden sintetizar mi enorme agradecimiento a dichas personas pero espero que al menos sirvan a modo de reconocimiento.

En primer lugar, tengo que agradecer al Dr. José Ramos Muñoz. Su predisposición, disponibilidad, excelente trato y motivación han sido de un valor incalculable a lo largo de todo el curso académico. Sus aportaciones en el campo de la prehistoria han sentado las bases de buena parte de lo aquí planteado. Espero que este trabajo sea el punto de partida de futuras colaboraciones. Del mismo modo, tengo que dar las gracias al Dr. Stefano Medas. Sus correcciones y aportaciones han sido de gran utilidad. Su amplísimo conocimiento de temas náuticos y arqueológicos es para mí una garantía de que este trabajo ha transcurrido por el buen camino.

Me gustaría agradecer también al Dr. Xavier Nieto Prieto, a la Dra. Alicia Arévalo González y al Dr. Felipe Cerezo Andreo por haberme guiado en el transcurso de la realización de esta investigación. Sus aportaciones han sido fundamentales para centrar el tema y replantear ciertos aspectos del proyecto que han conducido a un resultado final mucho más favorable. A Felipe debo agradecer también toda la ayuda desinteresada que me ha estado brindando en estos últimos años y sin la cual quizás este trabajo no hubiera sido una realidad.

Mis agradecimientos también a la Dra. Raquel Piqué Huerta por la aportación de referencias bibliográficas sumamente útiles y por su corrección y valoración del capítulo 5. Así también, por haberme concedido la oportunidad de participar en los trabajos subacuáticos en el poblado neolítico de La Draga, proyecto que espero con entusiasmo siga su curso en los próximos años.

Al profesor Antonio Querol Sahagún debo darles las gracias por recibirme en su despacho para discutir de temas náuticos y por abrirme los ojos en según qué planteamientos metodológicos, lo que será de gran utilidad en el futuro. También por haberse mostrado dispuesto a colaborar en el futuro.

A la Dra. Eloísa Bernáldez Sánchez dar las gracias por la información aportada sobre el tránsito de animales en el ámbito del Círculo del Estrecho y por las referencias bibliográficas recomendadas que han sido de gran utilidad. Me gustaría agradecer también a la Dra. Verónica Walker-Vadillo por ofrecerme información referente a etnografía marítima del ámbito del Pacífico. De manera similar, dar las gracias al Dr. Jaime Alvar Ezquerra por haberme hecho llegar su tesis doctoral sobre navegación prerromana en la península ibérica y al Dr. Antonio Morgado Rodríguez por aportarme información de primera mano sobre las nuevas propuestas cronológicas para las pinturas rupestres del abrigo de la Laja Alta.

Agradecer los comentarios y sugerencias de los tres revisores anónimos de este libro. Sus sugerencias han contribuido a un resultado final mucho más satisfactorio y atractivo.

Es oportuno dar las gracias también a aquellas personas o instituciones que han accedido a conceder los permisos de copyright para reproducir buena parte de las figuras de este trabajo: Gunter Senft, Robert Bednarik, Carlos Pedro Vairo, Yaja Hadrys, Carmen Aranegui, Alfredo Mederos, Maik-Jens Springmann, Christer Westerdahl, Christopher Penn, Etnografiska Museet, Rautenstrauch-Joest Museum, The British Library, Auckland Museum, University of Hawai'i Press, University of Southampton, etc.

No quisiera perder la oportunidad de dar las gracias también a las arqueólogas del Centro de Arqueología Subacuática de Andalucía (CAS-IAPH), con las cuales tuve el placer de compartir tres semanas de estancia en prácticas. A Nuria, Mila, Pepi y Lourdes mi más sincero agradecimiento por el trato inmejorable y todas las enseñanzas recibidas.

Tampoco puedo dejar de darle las gracias a mis compañeras y compañeros del Máster en Arqueología Náutica y Subacuática en los cuales no solo encontré amigos y amigas sino más bien una pequeña familia que ha convertido mi estancia en Cádiz en una experiencia inolvidable.

Llegado a un punto como este en mi formación profesional siempre es recomendable mirar atrás y observar el camino recorrido. Por esa razón, no puedo terminar estos agradecimientos sin mencionar a mi familia y a todos aquellos que sé que han estado pendientes de mí a la distancia. A mis padres, a mi hermano y a mi abuela gracias infinitas por todo el apoyo que me han brindado. Porque han estado, están y estarán a mi lado, nada de esto tendría sentido sin ellos. Espero que este trabajo sirva para devolver al menos una pequeña parte de todo lo que me han dado.

Muchísimas gracias a todos y todas.

ÍNDICE DE CONTENIDOS

ÍNDICE DE FIGURAS

ÍNDICE DE TABLAS

PREFACIO

El estudio de la tecnología naval en la prehistoria es una tarea de enorme complejidad debido a la existencia de una serie de factores que limitan las capacidades de investigación: la falta de registro arqueológico, la inexistencia de una investigación sistemática sobre la materia en buena parte de la academia arqueológica, la diversidad de enfoques metodológicos para abordarla, etc. Pese a ello contamos a día de hoy con un gran volumen de literatura científica en torno a la construcción naval o la navegación en la prehistoria. Sin embargo, pocos de dichos trabajos han intentado analizar la problemática desde una perspectiva teórica que siente las bases de la investigación.

El presente trabajo pretende constituirse como el eslabón inicial de un proyecto de investigación futuro más profundo y concreto sobre la temática. Dicho proyecto centrará sus esfuerzos en el estudio del rol de la tecnología naval y la navegación en el desarrollo de la complejidad social durante la prehistoria reciente en el Círculo del Estrecho. Por Círculo del Estrecho entendemos las zonas comprendidas por el lado europeo del área atlántica-mediterránea, desde el llamado golfo Ibero Marroquí, por el oeste, incluyendo la región portuguesa del Algarve, Golfo de Cádiz y área costera del Campo de Gibraltar. Por otro lado, hacia el este, la costa occidental de Málaga, bahía de Málaga y costas de la Axarquía de Málaga. En la zona del norte de África abarcaría la península tingitana hasta las costas del mar de Alborán, incluyendo la península tingitana, al menos hasta la zona costera de la región de Tetuán, estando por definir la integración de la zona del Rif hasta el Oued Mouluya (Ramos Muñoz 2012, 34). Dicha área se caracteriza por un conjunto de similitudes geomorfológicas, paleoclimáticas, medioambientales e históricas a ambos lados del estrecho que permiten hablar de la zona en términos de región histórica (Ramos Muñoz 2012, 31). Entendemos como tal una "*unidad histórica entre el paisaje, la sociedad y la cultura*" (Sanoja y Arenas 1995, 5) sobre la cual se fundamentan distintas comunidades humanas.

Debido a estas circunstancias, aunque el trabajo intenta realizar un análisis global, presta particular atención al ámbito europeo, al Mediterráneo y a la zona del Círculo del Estrecho.

Se ha considerado oportuno que dicha futura investigación se fundamentara en un trabajo previo de reflexión teórica y revisión bibliográfica. Creemos firmemente que un proyecto de investigación debe iniciar por la creación de un modelo teórico que le de sustento y solidez. Se pretende analizar y estructurar la información disponible generada por otros autores de manera diferente y desde una nueva perspectiva. En lo que respecta a los aspectos bibliográficos los lectores especialistas en la materia echarán en falta algunas referencias claves en estos estudios como pueden ser "*Canoes of Oceania*" de Haddon y Hornell (1975), "*Aboriginal Watercraft on the Pacific Coast of South America*" de Edwards (1965), "*Pirogues océaniennes*" de Neyret (1979), etc. Esto se debe principalmente a la imposibilidad que ha existido para acceder a dicha literatura en el espacio temporal en el cual este trabajo fue realizado. Aun así, buena parte de la información que estas investigaciones aportan están recogidas en obras posteriores de síntesis que sí han sido analizadas de forma exhaustiva.

En lo que concierne a aspectos prácticos cabe hacer algunas aclaraciones. Las restricciones de copyright de las figuras utilizadas en este trabajo se han tratado de la siguiente manera. Aquellas producidas por autores que han fallecido, en ocasiones hace más de 70 años, como el caso de Lucien Basch, Bronislaw Malinowski o James Hornell, han sido utilizadas sin permiso expreso ya que no ha sido posible contactar con descendientes vivos. Otras imágenes reproducidas se encuentran bajo licencias Creative Commons que permiten su reproducción comercial y sus autores han sido debidamente citados. Algunas imágenes de instituciones utilizadas, como las del Museum of New Zealand / Te Papa Tongarewa o la National Library of Australia, son de dominio público según especifica su propia web. El resto de imágenes utilizadas cuentan con el permiso expreso de sus autores o editoriales pertinentes.

El trabajo cuenta con una serie de anexos que tiene por objetivo facilitar la lectura y la compresión. En el anexo 1 se presenta una lista no exhaustiva pero ampliamente representativa de artilugios náuticos prehistóricos registrados arqueológicamente en el ámbito europeo y en otros continentes, a los cuales se hará mención en diferentes apartados del trabajo. En dicha lista se puede encontrar la denominación de las embarcaciones registradas (principalmente canoas monóxilas), el país donde fueron descubiertas, su cronología y la especie vegetal de la madera principal con la cual fueron construidas. Debido a la gran disparidad de información que se observa en las publicaciones no se ha añadido datos relevantes como pueden ser: dataciones a 1 y 2 sigmas, laboratorio responsable de la datación, tipo de datación, técnicas de identificación de la madera, etc. En cualquier caso, se aportan las referencias bibliográficas de los trabajos de donde fue extraída la información por si se quiere acceder a información más detallada. El anexo 2 presenta un glosario de términos náuticos para facilitar la lectura de ciertos apartados. Este no es un glosario exhaustivo, sino que contiene única y exclusivamente los términos náuticos utilizados en este trabajo con su traducción a 3 idiomas (inglés, francés e italiano) y una breve definición de los mismos.

Por último, el trabajo pese a estar compartimentado en capítulos bien diferenciables se articula en base a un discurso transversal que relaciona uno con otros. A aquellos lectores que estén interesados en solo alguno de dichos capítulos se recomienda al menos acceder al resumen en inglés que se añade al final con tal de entender el hilo argumental de la totalidad del trabajo.

RESUMEN

Este trabajo pretende convertirse en un modelo teórico que sirva de sustento a un proyecto de investigación futuro sobre tecnología naval prehistórica. Para ello se realiza un desarrollo del proyecto arquitectónico de la construcción naval en la prehistoria a través del análisis de sus cuatro condicionantes básicos: condicionantes socioeconómicos, condicionantes náuticos, condicionantes materiales, condicionantes simbólicos y quizás también un quinto en lo que refiere a la herencia tecnológica y cultural. Se llega a la conclusión de que dichos condicionantes no pueden ser analizados por separado y que son parte consustancial del proyecto arquitectónico. Así también, se propone que a causa de esta realidad los artilugios náuticos se constituyeron como un elemento clave de los procesos de evolución sociocultural y, por lo tanto, jugaron un papel importante en el desarrollo de la complejidad social a lo largo de la prehistoria.

Palabras claves: tecnología naval, modelo teórico, prehistoria, condicionantes, complejidad social.

ABSTRACT

This book aims to become a theoretical framework that serves as a basis for a future research project on prehistoric watercraft technology. In order to achieve this, a development of the architectural project of naval construction in prehistory is carried out through the analysis of its four basic constraints: socioeconomic constraints, nautical constraints, material constraints, symbolic constraints and perhaps also a fifth in what refers to the technological and cultural heritage. It is concluded that these constraints cannot be analyzed separately and that they are an inherent part of the architectural project. Likewise, it is proposed that, because of this reality, boats and ships were a key element of sociocultural evolution and, therefore, played an important role in the development of social complexity throughout prehistory.

Key words: watercraft technology, theoretical framework, prehistory, constraints, social complexity.

CAPÍTULO 1

INTRODUCCIÓN, OBJETIVOS Y METODOLOGÍA

1.1 La reflexión teórica como punto de partida de la investigación

Es evidente que el tránsito de nuestra disciplina hacia la multidisciplinariedad ha aportado infinidad de ventajas interpretativas y discursivas. Sin embargo, el dominio de las técnicas auxiliares y las nuevas tecnologías en la construcción del conocimiento arqueológico ha provocado que la reflexión teórica haya quedado en un segundo plano, incluso desterrada al olvido en ciertas ocasiones. Esta situación es especialmente preocupante porque los datos por sí mismos nunca serán constitutivos de conocimiento científico. "*Sin teorías que guíen la recopilación de datos y que permitan distinguir entre apariencias superficiales y significativas, los hechos nunca son de fiar*" (Harris 1979, 22). Es por ello que creemos firmemente que la reflexión teórica basada en argumentos científicos, esa "*abstracción mental*" de la que hablaba Gastón Bachelard (1938, 8-9), debe ser una herramienta recurrente en el inicio del proceso de investigación arqueológica. No tan solo para dar magnitud a los datos empíricos sino como la mejor herramienta que disponemos para revertir los paradigmas y los obstáculos epistemológicos que caracterizan y anquilosan la ciencia (Kuhn 1971; Bachelard 1938).

Puede comprobarse que en reiteradas ocasiones la ciencia tiende a ignorar innovaciones fundamentales debido a que estas "*resultan necesariamente subversivas para sus compromisos básicos*" (Kuhn 1971, 26). Llega un momento en que se prefiere lo que confirma lo sabido a lo que lo contradice. Por ello, puesto que todo saber científico ha de ser en todo momento reconstruido (Bachelard 1938), el objetivo fundamental de todo investigador debería ser "*demandar con urgencia un cambio en la percepción y en la evaluación de los datos conocidos*" (Kuhn 1971, 14). Ahora bien, hay quienes han planteado erróneamente, desde la óptica del idealismo y el relativismo, que la reflexión teórica es del todo arbitraria ya que no existe una realidad objetivable y todo el conocimiento es en última instancia subjetivo de quien lo defiende (Fisher y Werner 1978 en Harris 1979, 61). Debe decirse que la validez científica de una teoría no recae en su capacidad de establecer verdades absolutas, concepto hace tiempo suplantado por el de "*medidas estadísticas de probabilidad*" (Harris 1979, 26), sino en su capacidad de aportar argumentos de base científica que den solidez a las hipótesis. Para lograr que nuestras teorías científicas sean tales y evitar caer en meras elucubraciones personales, nuestras posiciones deben ser contrastadas "*con todos nuestros críticos y competidores estratégicos al objeto de perfeccionar nuestras descripciones de la vida social*" (Harris 1979, 61). Esperamos que en el futuro este sea el caso para la propuesta aquí planteada.

Es evidente que este trabajo, ni en su inicio, ni en su desarrollo, ni en su final, ha tenido la más mínima intención de generar un cambio de paradigma. Por el contrario, se intenta realizar una pequeña aportación y reflexión sobre una temática que como veremos a continuación se ha estancado por momentos en un análisis arqueológico a nuestro entender muy limitado.

1.2 El estudio de la tecnología naval prehistórica en el contexto de la etnografía y la arqueología náutica

Pese a lo que puede parecer en una primera aproximación, el estudio de los artilugios náuticos prehistóricos[1] tiene un largo recorrido. Los primeros estudios sobre la materia fueron indirectos y provienen del ámbito de la etnografía. Aunque con unos objetivos científicos que distaban mucho de los que actualmente suele asumir la arqueología náutica, estos trabajos realizados a principios del siglo XX son fundamentales para poder aproximarnos a un patrimonio etnográfico preindustrial que en la actualidad ya es casi

[1] Respecto a este concepto cabe hacer algunas aclaraciones. En primer lugar, en este trabajo se empleará el termino artilugio náutico como alternativa al concepto "barco". Esto se debe a que el concepto barco despierta en el lector una imagen que difiere mucho de las tipologías náuticas prehistóricas, de la misma forma que el concepto "barca" que suele entenderse como un barco de pequeñas dimensiones. Ante la falta de una terminología precisa como si tienen otros idiomas como el inglés (*floats, boats* y *ships*) se ha optado por el término "artilugio náutico" empleado por Víctor Guerrero (2009) por ser más genérico. Para no recaer en repeticiones discursivas también se usará de forma reiterada el término "embarcaciones" por las mismas razones. En segundo lugar, el concepto "artilugios náuticos prehistóricos" hace referencia única y exclusivamente a aquellas tipologías navales que aparentemente se utilizaron en la prehistoria más allá de que como es evidente muchas de dichas tipologías tuvieron pervivencia en épocas históricas e incluso en la actualidad.

inexistente. Cabe destacar trabajos puntuales como el de Bronislaw Malinowski (1922) en las Islas Trobriand o los más sistemáticos realizados por autores como James Hornell (1931, 1938a, 1942, 1944) o Alfred Cort Haddon (1918). A finales del siglo contamos con trabajos etnográficos, ya enfocados desde perspectivas más arqueológicas, en autores como Gerhard Kapitän (1987b, 1987a, 1988, 1989, 1991), Jean Neyret (1979) o Robert Edwards (1972).

Desde el ámbito de la arqueología experimental también contamos con trabajos interesantes como los de Thor Heyerdahl (1983), Harry Tzalas (1995), Carlos Pedro Vairo (1995) o R. Týchy (recogido en Guerrero Ayuso 2009, 87), por poner unos ejemplos. Estos trabajos nos aportan datos realmente fundamentales principalmente en lo que refiere a las técnicas de construcción y a las capacidades náuticas de ciertos artilugios.

Por otro lado, los análisis sobre registro arqueológico náutico realizados por Béat Arnold (1995) son también una referencia indispensable en lo que refiere a tipologías y evolución morfológica. De forma similar, aunque no son trabajos enfocados en periodos prehistóricos, las propuestas de Eric Rieth y Patrice Pomey (2005) o de Keith Muckleroy (1978) en el ámbito de la teoría naval resultan igualmente fundamentales.

Del ámbito de la iconografía náutica contamos con una gran diversidad de trabajos pero quizás valga la pena destacar el trabajo de Lucien Basch (1987) por ser uno de los más extensos y bien trabajados. En el ámbito peninsular los trabajos de recopilación de Arturo Rey da Silva (2009) o Jorge García Cardiel (2013) también son de gran utilidad.

Por último, existen tres trabajos de síntesis fundamentales para el estudio de esta temática y que han sido los que en buena medida han guiado este trabajo. Son los trabajos de Paul Johnstone (1980), Sean McGrail (2001) y Víctor Guerrero Ayuso (2009). En los tres se realiza una recopilación encomiable de datos etnográficos, iconográficos y arqueológicos a nivel global y suponen la referencia básica en esta temática.

Ahora bien, si uno analiza toda esta bibliografía se dará cuenta que todos los estudios están realizados desde una perspectiva tipológica o morfológica de los artilugios náuticos prehistóricos, dejando en segundo plano aspectos productivos o funcionales. Pueden mencionarse los trabajos de Jeanne Arnold (1995) y Jonathan Adams (2001) como excepciones a la regla. El primero es probablemente la interpretación más lúcida que existe a día de hoy sobre el papel de los artilugios náuticos dentro de las sociedades prehistóricas, pero basado en una realidad arqueológica muy concreta que difícilmente podemos extrapolar a nuestros ámbitos de estudio. El segundo, es el que bajo nuestro punto de vista mejor ha conseguido catalogar los aspectos analizables de la tecnología naval, introduciendo además el concepto de condicionantes (*constrains*) que empleamos en este trabajo. Sin embargo, por no ser la rama de especialización del autor, no tiene en cuenta las particularidades propias de las sociedades prehistóricas por lo cual su valor debería ser considerado principalmente como sistema de referencia. A su vez, la propuesta planteada es a nuestro entender excesivamente unitaria, no aportando orden o valor de relevancia a los diferentes fenómenos que la componen. En cualquier caso, estamos ante dos trabajos esenciales a la hora de entender la catalogación adoptada en este trabajo.

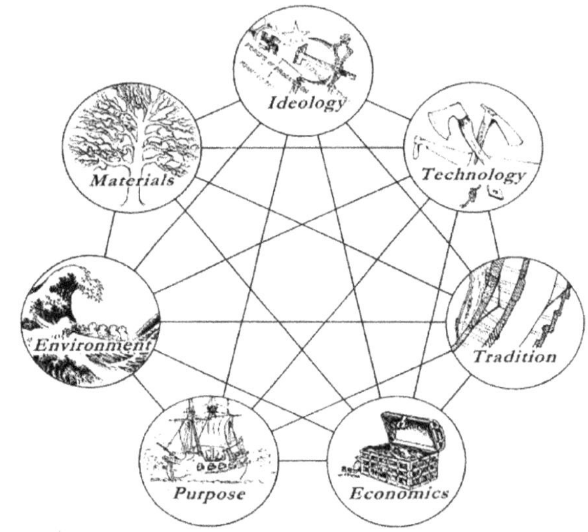

Figura 1. Propuesta teórica de condicionantes de la producción naval según Adams (2001, 301). Reproducido con permiso.

Bajo nuestro punto de vista, la razón por la cual disponemos de tan pocos trabajos centrados en los aspectos productivos y funcionales de la tecnología naval radica en el hecho que todos ellos se han focalizado en los procesos de concepción y realización de la embarcación, quedando el proyecto arquitectónico del proceso productivo en un segundo plano (Pomey 2009). Al dejar marginado esta fase primaria del proceso de producción naval y al centrarse principalmente en aspectos físicos o tipológicos, el estudio de la tecnología naval carece a día de hoy de su otra mitad interpretativa (Adams 2001). Como bien plantea Ransley (2005, 626) éste es un problema epistemológico de una disciplina que se encuentra aún en la actualidad enraizada en un discurso conservador focalizado en lo físico y no en lo social. Resulta especialmente preocupante porque, más allá de su funcionalidad como artilugio para desplazarse por el agua, "*lo que las embarcaciones son cómo cultura material, para que son usadas y como son usadas, revela aspectos de la sociedad, en términos tanto de las personas a bordo como también de la sociedad de la cual forman parte*" (Adams 2001, 300).

Esta problemática historiográfica es la que nos ha motivado a realizar una reinterpretación de la información disponible hasta la fecha intentando catalogarla y estructurarla de manera alternativa y a partir de una óptica diferenciada.

1.3 Objetivos de estudio

El objetivo de estudio principal de este trabajo es la confección de un modelo teórico que analice con la mayor profundidad posible el proyecto arquitectónico de la tecnología naval en la prehistoria a través de sus condicionantes principales. Una aproximación de estas características nos permitirá retirar por un momento el foco de atención de la embarcación para trasladarlo a todos aquellos fenómenos que la rodean. Esta modificación del objeto de estudio obliga a recabar, compaginar y sintetizar datos procedentes de diferentes fuentes de información lo que sin duda alguna permite analizar la problemática naval con mayor profundidad y argumentación científica. Es evidente que los aspectos tipológicos o morfológicos dentro del proceso evolutivo de la tecnología naval prehistórica son relevantes. Por esta razón, esta propuesta no pretende suplantar las investigaciones realizadas hasta la fecha sino, por el contrario, complementarlas y actualizarlas para que de manera conjunta se pueda generar un discurso sobre la temática que posea mayor solidez y profundidad.

A partir de un análisis preliminar se establecieron cuatro condicionantes básicos: socioeconómicos, náuticos, materiales y simbólicos. No se hará especial énfasis en los aspectos ecológicos o medioambientales que seguramente tuvieron un papel de relevancia en el desarrollo de los procesos productivos navales (cambios climáticos, alteraciones paisajísticas, variaciones en el nivel y las condiciones del mar, alteración de las líneas de costa, etc.). En esta propuesta estos aspectos no se entienden como un condicionante añadido sino más bien como el marco ecológico en el cual dichos condicionantes se desarrollan y encuentran solución. Por esta razón el análisis ecológico debería realizarse a nivel regional o microespacial, aspecto que no coincide con los objetivos establecidos en este trabajo. Cabe destacar también que **los condicionantes propuestos serán presentados en orden de relevancia**, según la importancia mayor o menor que tengan en función de la propuesta teórica. Por otro lado, la elección y relación de los mismos se ha estipulado siempre desde el análisis concreto de las sociedades prehistóricas por lo cual no son extrapolables a otros periodos históricos o a otras realidades arqueológicas.

Así también, se han establecido una serie de objetivos secundarios y complementarios que pretenden generar hipótesis de trabajo para la investigación futura. El primero de ellos consiste en la creación de un estado de la cuestión sobre la temática a partir de la bibliografía más relevante sobre el tema. El segundo objetivo consistirá en intentar crear con los datos obtenidos una hipótesis de trabajo sobre las posibles líneas evolutivas de las diferentes tipologías navales que aparentemente fueron utilizadas en la prehistoria. El tercero, intentar analizar de forma preliminar el papel de los artilugios náuticos dentro de las dinámicas socioculturales de las comunidades prehistóricas. Por último, se pretende generar hipótesis de trabajo preliminares en relación a las capacidades de navegación y los procesos de construcción naval aplicables a las sociedades prehistóricas del ámbito del Círculo del Estrecho en base a los datos analizados sobre esta región.

1.4 Metodología empleada

La metodología de estudio empleada en este trabajo ha requerido de la utilización de diferentes fuentes de información complementarias. Todas ellas han sido importantes en el desarrollo general, pero es evidente que algunas han tenido un peso más significativo en el resultado final.

En primer lugar, como no puede ser de otra manera, este trabajo ha supuesto un enorme esfuerzo de recopilación bibliográfica. Cabe destacar que, debido a las ramificaciones del tema propuesto, en ocasiones la gestión de los recursos bibliográficos ha sido realmente compleja. Por otro lado, en ocasiones ha resultado imposible acceder a ciertas referencias bibliográficas que seguramente hubieran sido relevantes para el estudio pero que por su antigüedad y su escasa distribución no han podido ser consultadas. Así también, debemos reconocer que buena parte de los datos aportados provienen de obras de recopilación y síntesis y no de obras primarias. Tales son los casos de los trabajos de Johnstone (1980), McGrail (2001) y Guerrero (2009). A pesar de ello, el reconocido prestigio de estos autores y la calidad de sus trabajos los convierten en fuentes totalmente fiables.

En segundo lugar, este trabajo ha encontrado en la etnografía y la etnoarqueología su herramienta metodológica más importante. Podemos entender la etnografía marítima como "*el estudio de culturas marítimas contemporáneas y sus materiales a través de la observación de primera mano*" (Blue 2003, 334). Los estudios etnográficos nos permiten estudiar las características propias de las realidades navales de una sociedad actual, así como también de sociedades pretéritas a través de la analogía. Compartimos plenamente la propuesta de McGrail (2001, 3) que manifiesta que el estudio etnográfico comparativo en el ámbito de la tecnología naval debe realizarse a través del establecimiento de una similitud medioambiental, tecnológica y económica entre las culturas analizadas. Es cierto que la relación existente entre las formas de una embarcación y el medio ambiente en el cual navega no siempre es lineal (Blue 2003). Aun así, a través del análisis de espacios náuticos de características similares podemos aproximarnos a condicionantes náuticos parecidos, lo que es de utilidad para realizar analogías. Las capacidades técnicas y económicas serán también fundamentales para este propósito debido a que una diferencia significativa de las condiciones materiales y estrategias productivas puede derivar en unas tipologías navales sensiblemente diferentes. Tampoco podemos pasar por alto los aspectos sociales y religiosos ya que en ocasiones se encuentran en la base de ciertas elecciones tecnológicas (Blue 2003, 337), aunque en este caso más que para construir analogías debemos utilizarlos como elementos de referencia para distinguir elecciones divergentes. Por lo general, los estudios llevados a cabo desde el ámbito de la arqueología náutica no trataron las fuentes etnográficas mediante las propuestas anteriormente expuestas. Esto ha producido que el gran potencial de la etnografía y la etnoarqueología en el ámbito naval no haya sido aprovechado en su totalidad. Como observarán, a lo largo del trabajo estas propuestas tampoco son totalmente respetadas. Esto se debe a que en este ensayo el uso de la etnografía no pretende resolver un fenómeno histórico o arqueológico concreto sino más bien generar preguntas de investigación y herramientas para el debate teórico que puedan ser aplicadas con posterioridad a nuestros dilemas arqueológicos particulares.

En tercer lugar, se hace uso del registro arqueológico e iconográfico para que las teorías propuestas tengan un punto de anclaje en la realidad material que a día de hoy conocemos de las sociedades prehistóricas. Por razones de tiempo y espacio se realizará una interpretación simple de la iconografía de temática naval, a partir de una observación descriptiva y una vinculación cronológica. Pese a que ésta ha sido la aproximación tradicional en el ámbito de la iconografía náutica prehistórica, consideramos que los estudios iconográficos pueden someterse a análisis más profundos que tengan en cuenta las realidades artísticas y sociales en las cuales dicha iconografía fue producida.

En los análisis iconográficos, no podemos desvincular las representaciones de temática naval del contexto pictórico en el cual se insertan ni del contexto ecológico y sociocultural en el cual fueron producidas. Esto nos llevaría a interpretaciones sesgadas que incluso impedirían un análisis riguroso de los aspectos morfológicos o náuticos específicos. No podemos pasar por alto las normas artísticas que regían el periodo histórico de nuestro interés ni tampoco los objetivos sociales con los cuales dichas representaciones se diseñaban y llevaban a cabo (Hauser 1978). Debemos tener en consideración que la iconografía de épocas prehistóricas en ocasiones no tiene por objetivo representar la realidad empírica observada de forma realista, lo que limita nuestra capacidad de análisis de elementos concretos de las embarcaciones representadas. Es evidente que, pese a que pueden existir representaciones fuertemente geométricas o abstractas, éstas se basaban en una realidad material no imaginada y por lo tanto podemos suponer con mucha probabilidad que a grandes rasgos se representaban embarcaciones reales, aunque las limitaciones nunca deben perderse de vista. Es por esta razón, que debemos ser capaces de distinguir entre el "*significado primario o natural*" de la representación iconográfica, aquello que podemos identificar por formas visibles relacionadas a nuestra experiencia práctica, y el "*significado secundario o convencional*", derivado de cómo dicha representación era descifrada por los observadores del momento (Panofsky 1939, 5-7). Si bien aproximarnos al segundo de estos significados desde la arqueología resulta realmente complejo debemos dotar a los análisis iconográficos de contexto y controlarlos a través de lo que Panofsky (1939, 14) denomina como "*la historia del estilo*", "*la historia de los tipos*" y "*la historia de los símbolos*". De lo contrario, caeremos en interpretaciones excesivamente subjetivas que poco aportarán al debate científico.

Son estas razones las que nos obligan a adoptar una serie de recaudos a la hora de realizar análisis iconográficos de temática naval. Por poner un ejemplo, será sumamente importante conocer las reglas generales que rigen las representaciones de artilugios náuticos, como el hecho que aquellas en dos dimensiones suelen representar a la embarcación de perfil y muy raramente en vista frontal o cenital (Wedde 1996, 124). Por otro lado, atendiendo al ya mencionado esquematismo e intencionalidad sesgada que en ocasiones puede presentar la iconografía prehistórica, debemos adoptar una postura prudente en la interpretación. No toda representación iconográfica puede ser interpretada náuticamente y, entre aquellas que lo permiten, no todos los trazos que la conforman serán factibles de ser explicados. Por esta razón, la propuesta de Michael Wedde (1996, 125) parece la más adecuada. Según este autor existen una serie de elementos de las embarcaciones que suelen ser representados de forma "obligada" ya que de lo contrario no podrían ser descifradas como tales (forma del casco, forma de proa o popa, relación entre la altura de las extremidades, etc.). Otro tipo de elementos son menos relevantes y pueden ser representados de forma más aleatoria (decoraciones de proa/popa, superestructuras, medios de propulsión, etc.). Por esta razón, la determinación de una tipología naval en una representación iconográfica se debe basar principalmente en los primeros por encima de los segundos. Esta consideración, junto a aspectos relacionados a las limitaciones del soporte físico en el que fueron realizadas, los procesos de deterioro temporal o las diferencias que pudieron introducir diferentes pintores será lo que nos permitirá analizar de forma más rigurosa estas figuras barquiformes.

En lo que respecta al registro arqueológico nos encontramos con dos problemáticas. La primera es que los artilugios náuticos prehistóricos, a causa de los materiales perecederos con los que están construidos, están expuestos a una conservación deficiente para los fines del registro arqueológico (con la excepción quizás de las canoas monóxilas de las cuales existe un volumen considerable pero que no representan en ningún caso toda la diversidad naval de las comunidades prehistóricas). La segunda tiene que ver con que debido a la variación del nivel del mar la mayor parte de los restos materiales correspondientes a sociedades cazadoras-recolectoras de ámbito costero se encuentran hoy bajo agua, circunstancia que ha llevado a considerarlas erróneamente como sociedades terrestres que vivían de espaldas al mar (Bednarik 1999). Esto no es especialmente importante en lo que respecta a las sociedades del Holoceno, momento en el cual aparentemente los niveles de mar y las líneas de costas se asemejaban a lo visto en la actualidad, pero las variaciones a nivel regional de los ambientes costeros también pudieron haber desvirtuado la interpretación sobre este tipo de sociedades. Por otro lado, en este trabajo se suele hacer un mayor hincapié en el registro arqueológico del continente europeo, del Mediterráneo y en particular al de la zona del Círculo del Estrecho. Con esto no pretendemos crear un marco teórico global mediante el uso de información arqueológica de una zona concreta sino más bien reflexionar teóricamente a partir de una realidad material cercana y conocida.

Cabe destacar también que algunos de los datos aportados proceden del ámbito de la arqueología experimental. Este tipo de prácticas, que por norma general se han centrado en la reconstrucción de una embarcación conocida o la construcción de una imaginada con el objetivo de demostrar una travesía marina determinada, tienen una serie de limitaciones importantes a la hora de crear analogías a partir de ellas (Cherry y Leppard 2015). Mucho de estos proyectos se llevaron a cabo sin unos objetivos claros y asumibles, intentando demostrar presupuestos históricos que carecían de fundamentación empírica. Otros, intentaron abordar problemáticas arqueológicas más concretas y factibles pero no tuvieron en cuenta factores tecnológicos o socioeconómicos de vital importancia. El intento de reconstrucción de una embarcación y/o una posible travesía de navegación debe contemplar: las evidencias arqueológicas de dicha construcción y/o travesía, las capacidades tecnológicas de las sociedades que presumiblemente la llevaron a cabo, las materias primas originarias con las cuales la embarcación fue producida, las capacidades económicas, sociales y cognitivas de los participantes y la adecuación de dicha empresa a los marcos socioeconómicos de la región en la cual se pone en práctica. Por estas razones los proyectos de arqueología experimental aplicados a la construcción naval y navegación prehistórica deben realizarse con muchos recaudos, mayores cuanto más atrás retrocedamos en el tiempo, y siempre con la convicción de que los resultados obtenidos servirán más como generadores de nuevas preguntas que como productores de respuestas. En cualquier caso, los ejemplos aquí utilizados aportan una serie de datos fragmentarios que pueden ser útiles para construir hipótesis de trabajo y reflexionar sobre ciertos aspectos analizados.

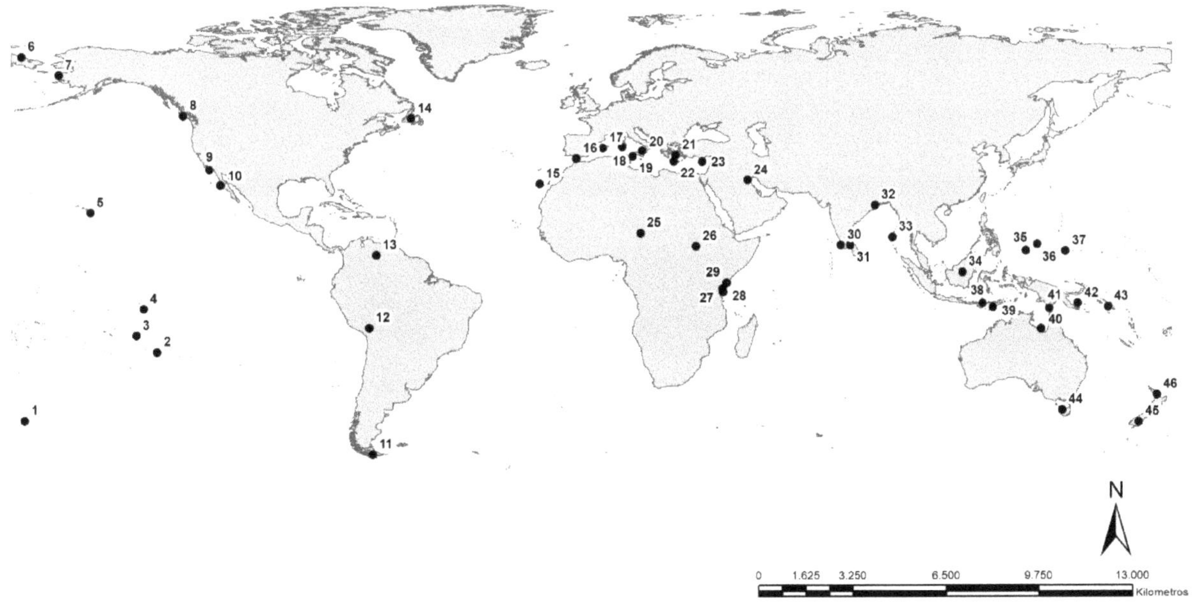

Figura 2. Localización geográfica de algunos de los sitios más destacados mencionados a lo largo del trabajo: 1. Islas Chatam; 2. Mangareva; 3. Islas Tuamotu; 4. Islas Marquesas; 5. Hawái; 6. Chukotka; 7. Alaska; 8. Isla de Nutka; 9. Sur de California; 10. Isla de Cedros; 11. Tierra del Fuego; 12. Lago Titicaca; 13. Río Orinoco; 14. Terranova; 15. Islas Canarias; 16. Estrecho de Gibraltar; 17. Baleares; 18. Monte Arci; 19. Pantelaria; 20. Lipari; 21. Naxos; 22. Creta; 23. Chipre; 24. Kuwait; 25. Lago Chad; 26. Nilo blanco; 27. Mombasa; 28. Isla de Pemba; 29. Lamu; 30. Kerala; 31. Isla de Rameswaram; 32. Bengala; 33. Islas Andaman; 34. Borneo; 35. Palaos; 36. Isla de Yap; 37. Satawal; 38. Isla de Flores; 39. Timor; 40. Isla de Mornington; 41. Estrecho de Torres; 42. Islas Trobriand; 43. Islas Salomón; 44. Tasmania; 45. Isla Sur; 46. Coromandel. Elaboración propia sobre cartografía global (WGS84) del *United States Geological Survey*.

Por último, a lo largo del trabajo se ha utilizado información proveniente de fuentes escritas, entre ellas algunas antiguas como así también relatos de época moderna. Como resulta evidente las fuentes escritas de época clásica tienen una distancia temporal con los periodos cronológicos analizados muy importante, razón por la cual su utilidad en el análisis propuesto es menor. Aun así, muchas de ellas se nutren de periplos, textos o travesías mucho más antiguas y recogen de alguna manera la memoria oral de los pueblos observados. Por ello pueden resultar de utilidad en ciertos casos, aunque deben analizarse con mucha precaución. Lo mismo se aplica a los relatos coloniales de época moderna que si bien pudieron ser fruto de contactos directos con poblaciones nativas sirviendo a modo de fuentes etnohistóricas, pueden estar afectados de discursos interesados o parciales. Hacemos notar que estas fuentes no se trabajarán con profundidad debido a que requeriría de un tiempo que no puede asumirse y a que su aportación al discurso planteado es menor que el de la etnografía o iconografía. En cualquier caso, serán tenidas en cuenta en las investigaciones futuras.

Somos conscientes de que la envergadura de la temática y la problemática planteada aconsejaría hacer uso de una metodología más ambiciosa que compagine métodos cualitativos y cuantitativos. Estos últimos pueden ser de gran utilidad para analizar ciertos fenómenos o ciertas preguntas de investigación al tiempo que aportarían mayor solidez al discurso. Por razones prácticas se ha decidido no utilizarlos pero serán tenidos en cuenta para los estudios venideros.

CAPÍTULO 2

POSICIONAMIENTO TEÓRICO: LA TECNOLOGÍA NAVAL COMPRENDIDA COMO CULTURA MATERIAL

"Vemos las cosas no como son, sino como somos nosotros"
Immanuel Kant

Como bien decía Harris (1979, 40), *"ya que la historia de la ciencia es la historia de los paradigmas competidores, el siguiente paso lógico será exigir a los científicos individuales descripciones coherentes de los paradigmas bajo cuyos auspicios desarrollan su labor de investigación"*. Ésta es una postura ante la ciencia y la investigación que consideramos trascendental para el desarrollo de la disciplina arqueológica. Como ya se ha mencionado anteriormente nunca deberíamos caer en el error, recurrente por desgracia, de entender el análisis de la cultura material como una herramienta constitutiva de objetividad científica sobre las sociedades humanas. La objetividad absoluta no existe y por ende nuestro objetivo será acercarnos lo máximo posible a ella mediante la elección de las herramientas teóricas y metodológicas que consideremos oportunas. Pero precisamente en dicha elección, en la discriminación selectiva de los datos o en la posición predominante que se les otorga a unos en detrimento de otros, recae la subjetividad de nuestras investigaciones. Por esta razón, la descripción detallada de nuestra posición teórica no es simplemente una actitud honesta ante la comunidad científica sino más bien una obligación deontológica a la que nadie debería renunciar. De la misma manera que un análisis de laboratorio debe especificar las técnicas concretas mediante las cuales fue realizado, las investigaciones sociales deberían especificar el marco teórico y epistemológico a través del cual fueron desarrolladas.

Lamentablemente no disponemos en este trabajo ni del tiempo ni del espacio necesario para realizar un desarrollo amplio y completo de nuestro posicionamiento teórico. Por esta razón, este apartado no pretende convertirse en un ensayo sobre teoría arqueológica sino más bien en la descripción de una serie de sucintas reflexiones teóricas preliminares que rigen nuestra manera de entender el estudio de la cultura material y que consideramos necesarias para comprender las posturas tomadas a lo largo de la investigación.

2.1 El concepto de estructura como punto de partida

Este posicionamiento teórico parte del concepto de estructura como herramienta para el estudio de las sociedades humanas, entendiéndola no como una explicación directa de los datos empíricos sino como un modelo de ordenación científica (Lévi-Strauss 1987). La estructura, según lo planteaba Lévi-Strauss (1987, 301) debe cumplir cuatro condiciones básicas: (a) al ser entendida como un sistema, la modificación de un elemento comporta la modificación del resto; (b) los modelos construidos sobre la base empírica corresponden a un grupo de transformaciones, cada una de las cuales corresponde a un modelo de la misma familia, de manera que el conjunto de estas transformaciones constituyen un grupo de modelos; (c) en base a la premisa anterior es posible predecir un cambio en la estructura a partir de un cambio concreto; y (d) el modelo debe ser construido de manera tal que su funcionamiento pueda dar cuenta de todos los hechos observados. Este último punto ha sido fundamental a la hora de crear el modelo teórico de este trabajo.

Pese a que pueda parecer contradictorio, trabajar desde el concepto de estructura no supone adscribirse teóricamente a la escuela del estructuralismo. En esta investigación se investiga desde la óptica del materialismo cultural[2]. Consideramos que el materialismo cultural, así como otras escuelas teóricas del ámbito materialista, pueden ser concebidas a partir del concepto de estructura, no como una

[2] Para un desarrollo completo de los principios epistemológicos y teóricos del materialismo cultural ver Harris 1979.

postura ideológica para la explicación de los fenómenos propios de la especie humana sino como una posición metodológica de concepción y ordenamiento de los procesos culturales. Es evidente que el materialismo no comparte presupuestos teóricos con el estructuralismo francés que tiene a Lévi-Strauss como máximo exponente, debido a que su propuesta de aplicación se basa en un estudio y desarrollo casi exclusivo de la superestructura mental. Sin embargo, el concepto de estructura excede bajo nuestro punto de vista a las tesis de Lévi-Strauss. En lo que refiere a las propuestas de ordenación de los procesos culturales, el concepto de estructura ya existía de modo subyacente en la lingüística estructural de Saussure, en la iconología de Panofsky y también en la propia propuesta materialista de Marx, por poner como ejemplo a algunos autores que ya se han citado o se citarán en este trabajo. Entendemos que las condiciones estructurales mencionadas al inicio de este apartado pueden encontrarse en la ordenación que el materialismo cultural hace de las sociedades humanas a través de la infraestructura (modos de producción y modos de reproducción), estructura (economía política y económica doméstica) y superestructura (Harris 1979). Esta propuesta es tomada del ámbito del materialismo histórico debido a que como bien plantea Harris (1979, 163) "*el materialismo cultural y el dialéctico poseen principios teóricos parecidos pero epistemologías completamente distintas*". En este sentido, el materialismo cultural da mayor importancia a los medios de reproducción o a los enfoques ecológicos y rechaza la visión dialéctica hegeliana de la historia, afirmando que buena parte de la evolución cultural ha sido provocada a través de un proceso de prueba y error (Harris 1983). Sin embargo, ambas teorías comparten su apuesta por una predominancia probabilística de los aspectos infraestructurales sobre los estructurales y superestructurales. Este "*determinismo infraestructural*" supone que los cambios en la infraestructura son más expansivos y suelen producir cambios en la estructura y la superestructura con más frecuencia que en el sentido inverso (Harris 1983).

En otro orden de cosas, debemos tener en consideración que las normas culturales no son automáticamente estructuradas sino que actúan como piezas que ayudan al entendimiento de la estructura (Lévi-Strauss 1987). Por esta razón, no será nuestro objetivo principal dar explicación a fenómenos concretos sino a las constantes que explican las diferencias y similitudes en el pensamiento y el comportamiento de las sociedades humanas (Harris 1979; Lévi-Strauss 1987, 316).

Creemos que la importancia de un análisis de estas características en el ámbito de la arqueología náutica recae en el factor transversal que los artilugios náuticos pudieron tener en los diferentes órdenes infraestructurales, estructurales y superestructurales. Como se observará en los capítulos siguientes, las embarcaciones son elementos mediadores fundamentales entre los procesos de producción y consumo de las sociedades marítimas y puede que incluso hayan condicionado a ambos (Nieto 1996). Así también, pudieron tener un papel relevante en la configuración de la económica política e incluso de la economía doméstica. Por último, los artilugios náuticos cumplieron un rol clave en el establecimiento de metáforas simbólicas propias de la superestructura mental. Todo ello nos lleva a pensar que los diferentes niveles en los cuales la tecnología naval puede ser analizada se adecuan satisfactoriamente a un posicionamiento de este tipo.

2.2 Las necesidades materiales como eje del discurso

Como ya se ha mencionado, dar una preponderancia a la infraestructura supone otorgar un peso fundamental a las condiciones y limitaciones materiales de las sociedades humanas y a las estrategias socioeconómicas y sociopolíticas configuradas en torno a ellas. Éste será en esencia el eje del discurso materialista.

Es evidente que existen unas necesidades materiales básicas y biológicas inherentes a la especie, que en su estado más primigenio es la necesidad de obtener la energía necesaria para subsistir (alimentos y agua) y la necesidad de controlar el crecimiento demográfico con tal de que el aprovisionamiento de dicha energía sea asumible (Harris 1979). Por lo tanto, "*parece razonable buscar los comienzos de las cadenas causales que afectan a la evolución sociocultural en el complejo de actividades corporales consumidoras de energía*" (Harris 1979, 74). Sin embargo, consideramos que el concepto de necesidad material puede ser entendido de una forma más extensa partiendo de la base de que en el transcurso del desarrollo cultural esas necesidades sobrepasaron por mucho esta fase primaria y, por lo tanto, se produjeron una serie de necesidades materiales que no tienen tanto que ver con cuestiones de índole biológico, físico o químico sino más bien de índole sociocultural. De esta manera las necesidades materiales pueden ser entendidas como aquellas necesarias para el mantenimiento de la estructura en un estado determinado en función del espacio ecológico ocupado y en relación a las características propias de la infraestructura, estructura y superestructura de una sociedad. Por ejemplo, el consumo conspicuo de objetos fue en efecto una necesidad material de los sectores privilegiados de las sociedades en tanto y en cuanto se pretendiera poder perpetuar dicho estatus. Bajo esta concepción las necesidades materiales no pueden ser entendidas como únicas sino más bien en base a los distintos órdenes que conforman la estructura y a las controversias generadas entre distintos grupos sociales a la hora de intentar satisfacerlas. Es por ello que la búsqueda y mantenimiento de relaciones seguras y ordenadas entre los grupos constitutivos de la sociedad y con otras sociedades será un elemento de particular trascendencia (Harris 1979).

En la estrategia de investigación que se lleva a cabo en este trabajo se analizan unas necesidades materiales en particular que son las necesidades náuticas. Estas suponen el inicio de cualquier proyecto de producción naval (de

Juan Fuertes 2009; Pomey 2011) y marcarán de forma evidente la evolución de las formas, tipologías y características de las embarcaciones. Ahora bien, el establecimiento de las necesidades náuticas nunca puede ser analizado de forma accesoria a las necesidades materiales generales de la sociedad productora sino en todo caso como una más dentro del entramado social. Por esta razón, el estudio de la tecnología naval a través de las necesidades náuticas pasa irremediablemente por un análisis global que no entiende de fronteras entre mar y tierra. Dentro de esta perspectiva los artilugios náuticos pueden verse como el producto de una tensión dinámica entre el estímulo para construir y los condicionantes propios del proceso productivo (Adams 2001).

2.3 El contexto ecológico y el paisaje como marco de referencia

Al otorgar una relevancia central a las bases materiales de las sociedades humanas ineludiblemente debemos reconocer el papel fundamental que jugaron las características y la evolución del contexto ecológico en el cual dichas sociedades vivieron. Es en este marco ecológico en donde las necesidades materiales encontrarán su subsanación debido a que "*la infraestructura representa la principal zona interfacial entre naturaleza y cultura, la región fronteriza en la que se produce la interacción de las restricciones ecológicas, químicas y físicas a que está sujeta la acción humana con las principales prácticas socioculturales destinadas a intentar superar o modificar dichas restricciones*" (Harris 1979). Esta interacción que algunos autores han denominado como "*estrategias organizativas*" están en la base de la relación con el medio ambiente (Buxó i Capdevila y Piqué Huerta 2008, 34). Sin embargo, no debemos entender el medio ambiente desde una perspectiva determinista sino más bien como un elemento que "*ofrece tanto un repertorio de posibilidades alternativas de desarrollo social, como condiciones determinadas y, por lo tanto, relativamente limitadas por el mismo*" (Bate 1986, 7). Por esta razón, las estrategias organizativas diseñadas para operar en el ámbito ecológico "*no son aleatorias, sino que responden a una determinada organización del vínculo entre las relaciones sociales de producción y reproducción, y por tanto está asociada al nivel de desarrollo de las fuerzas productivas y a su relación con el medio ambiente*" (Buxó i Capdevila y Piqué Huerta 2008, 34). Es evidente que existirán una serie de elementos o cambios que operan en la naturaleza y que escapan al control de la sociedad (Harris 1983; Bate 1986), pero son los procesos de trabajo los que crean las condiciones materiales a través de un proceso no adaptativo sino más bien de modificación, apropiación y transformación del medio ambiente (Bate 1986; Buxó i Capdevila y Piqué Huerta 2008).

Ahora bien, es precisamente esta actitud activa sobre el medio la que nos lleva a entender el marco ecológico no tan solo como base subsistencial de las condiciones materiales de las sociedades humanas sino también, en tanto que paisaje, como contingente de la actividad social de los individuos en el espacio. Como bien plantea Lévi-Strauss (1987, 310-11) "*es imposible concebir las relaciones sociales fuera de un ambiente común que les sirva de referencia. El espacio y el tiempo son los dos sistemas de referencia que permiten pensar las relaciones sociales tomadas en conjunto o en forma aislada. Estos consisten en un espacio social y un tiempo social*". Por esta razón, podemos entender el paisaje como un "*producto socio-cultural creado por la objetivación, sobre el medio y en términos espaciales, de la acción social tanto de carácter material como cognitivo*" que puede analizarse a través de tres categorías diferentes pero simultáneas: (a) como entorno físico o matriz medioambiental, (b) como entorno social o medio construido y (c) como entorno pensado o medio simbólico (Criado Boado 1999, 6).

Bajo nuestro punto de vista, precisamente porque el medio ecológico es el espacio donde se solventan las necesidades materiales y donde se desarrolla la vida social, es que las sociedades humanas han necesitado apropiarse del entorno para incorporarlo a su propia estructura. Esta apropiación puede adoptar diferentes estrategias que van desde la propia transformación, la incorporación de referentes paisajísticos en el entorno, la propia conceptualización social del mismo, etc. Esto derivaría en una relación dinámica y bidireccional entre sociedad y entorno. No olvidemos que la apropiación del entorno puede hacerse de forma simbólica, sin una necesaria modificación o delimitación física del mismo (Picornell-Gelabert 2009, 141).

Estos conceptos son de especial importancia en el análisis de la cultura marítima debido a que los espacios acuáticos han sido escenarios de actividades económicas de vital importancia al tiempo que ámbitos de gran importancia social. El propio mar y los elementos costeros relacionados a dicha cultura, configurados a través del paisaje cultural marítimo, tienen unas características materiales y cognitivas propias que en parte los diferencian de los paisajes de interior (Westerdahl 1992, 2006). Resulta especialmente relevante la capacidad de apropiación simbólica del mar ya que por razones obvias es un espacio difícilmente apropiable desde un punto de vista físico o material, con excepción de puertos y estructuras costeras. Por lo tanto, su apropiación como espacio propio debió realizarse de forma cognitiva a través, quizás, de los elementos materiales que sobre él transitan: las embarcaciones (ver capítulo 7.2.5).

2.4 La agencia y la simetría como elementos de corrección interna

Pese a que el materialismo cultural es bajo nuestro punto de vista la mejor estrategia de investigación para explicar el cambio cultural, es cierto que las teorías materialistas suelen pecar por momentos de una excesiva rigidez que dificulta el encaje de la gran diversidad cultural que caracteriza a las sociedades humanas. En ocasiones se constituyen como teorías a manera de leyes generales que resultan poco explicativas de realidades materiales concretas y de la relación entre personas y objetos. Esto es particularmente relevante en lo que refiere al estudio de la cultura material porque, como la etnografía y la etnoarqueología han demostrado reiteradas veces, el análisis arqueológico no debería separar el objeto material de la persona que lo usa. Este aspecto dual de la cultura material ha sido generalmente descuidado por las teorías materialistas, cuando bajo nuestro punto vista es esencial no tan solo para entender su esfera simbólica-cognitiva sino para comprender mejor la configuración de sus bases materiales. Sin embargo, creemos que el materialismo cultural había ofrecido una herramienta metodológica sumamente útil para abordar esta problemática a través de la diferenciación de los campos "*conductual*" y "*mental*" y de las visiones "*etic*" y "*emic*" (Harris 1979, cap. 2). Decía Harris (1979, 49) que el no distinguir entre los campos mentales y conductuales nos llevará a presupuestos erróneos sobre las semejanzas y diferencias socioculturales y que si solo analizamos uno de ellos obtendremos, en el mejor de los casos, una visión parcial de la problemática social. En este sentido, a través del registro arqueológico difícilmente podremos analizar otro campo más allá del *etic* conductual y de forma muy arriesgada el *etic* mental. En cambio, si utilizamos la etnográfica como apoyo de la arqueología con el objetivo de aproximarnos a la vertiente humana de dicha cultura material es más factible poder aproximarnos a estrategias *emic* conductual y sobretodo *emic* mental (Earle y Preucel 1987). El problema de la estrategia materialista cultural radica en el hecho de plantear que "*las entidades materiales tienen una existencia propia separada de las ideas, que los pensamientos acerca de las cosas y los acontecimientos son separables de estos*" y que por lo tanto pueden ser analizados por separado (Harris 1979, 45). Estamos convencidos de que esta postura es la causa por la cual el materialismo cultural ha incurrido en una suerte de infraestructuralismo excesivo, lo que ha generado que sea catalogado, erróneamente a nuestro entender, como una corriente que incurre en un determinismo ecológico. Bajo nuestro punto de vista, los aspectos conductuales y mentales no pueden ser analizados por separado. La razón está en la agencia y la solución sea quizás la simetría.

La agencia nos propone que el individuo es un agente plenamente consciente y capacitado que no está simplemente condicionado por las reglas sociales sino que también es capaz de realizar sus propias acciones dentro de ellas (Earle y Preucel 1987, 505). Por otro lado, y en lo que respecta a la cultura material, los individuos manipulan el uso de los objetos materiales como parte de un sistema simbólico más amplio y, por lo tanto, el significado aplicado al mundo material se vuelve crítico en la estructuración de dichos individuos (Earle y Preucel 1987). La cultura material puede ser parte activa en la reproducción, mantenimiento o subversión de una sociedad (Calvo Trias y García Rosselló 2014). Ahora bien, en este punto cabe hacer una aclaración: no concebimos en ningún caso una visión individualista de los seres humanos o de la evolución cultural ya que es el conjunto social quien marca nuestras pautas generales de comportamiento, así como el desarrollo del cambio cultural. Consideramos que la capacidad transformadora del individuo puede operar a nivel de la superestructura y quizás de la economía doméstica, a nivel de la económica política siempre y cuando la experiencia individual se replique a nivel grupal pero muy difícilmente a nivel de la infraestructura. Ahora bien, obviar las capacidades individuales del ser humano para percibir, concebir y transformar su entorno nos llevará a interpretaciones incompletas del factor cultural. La manera de afrontarlo es quizás a través del concepto de simetría.

Por simetría entenderemos que los seres humanos y las cosas se construyen simultáneamente (Shanks 2007; Webmoor 2007; Witmore 2007) y que los dualismos occidentales sobre los que se construye el saber (sujeto/objeto, sociedad/naturaleza, persona/grupo social, cultura material/cultura inmaterial, etc.) son categorías no proyectables a las sociedades del pasado (Hernando Gonzalo 2007). Por esta razón, la acción social no recae ni en el objeto ni en el sujeto sino que es el resultado conductual y mental de la simbiosis entre uno y otro (Witmore 2007). La simetría nos permite de esta manera repensar nuestras posturas teórico-epistemológicas y nos enfrenta a nuestras propias limitaciones sociales, políticas e ideológicas. Nos obliga a repensar la cultura material desde categorías y puntos de vista diferentes que creo enriquecen la producción intelectual. Sin embargo, el planteamiento simétrico peca de un cierto caos organizativo en la estructuración de las procesos sociales por lo cual, como bien plantea Almudena Hernando (2007, 315), tiene una difícil aplicación metodológica. Por esta razón, creemos más en el concepto de "simetría" que en el de "arqueología simétrica".

Esto se debe a que "la meta final de la ciencia es descubrir el máximo grado de orden inherente al universo o a cualquier campo de estudio (Harris 1979, 40). El orden viene dado por la causalidad que no solo dirige en buena medida las pautas de la evolución cultural sino en esencia las reglas que rigen el universo en el cual nos encontramos insertos. Ahora bien, no debemos caer en el error de entender dicho orden como un determinismo mecánico entre causa y efecto ya que los estudios culturales han demostrado la falsedad de dicho presupuesto. Sin embargo, sí podemos aproximarnos desde una perspectiva probabilística que entienda que ante un estímulo determinado existirán mayores probabilidades de una respuesta y no de otra, aunque en el transcurso la interacción social, económica, política y/o simbólica pueda generar divergencias. Lo que la simetría nos permite plantear es que las relaciones dentro de la estructura no serán nunca ni verticales ni horizontales sino más bien un entramado cerrado de procesos interrelacionados que, aunque respondan a un orden determinado y no puedan ser entendidos los unos sin los otros, pueden en momentos dados adoptar una posición predominante en la estructura social respecto al resto.

La agencia y la simetría no son entendidas como estrategias de investigación sino más bien como factores de corrección dentro de un discurso materialista. Cabe explicitar que la postura propuesta es el resultado de un proceso de modificación y replanteamiento constante a lo largo de la investigación. La postura materialista adoptada en un inicio no era capaz de explicar de forma consistente aspectos de la tecnología naval que veremos a lo largo del trabajo. Por esta razón, en el caso que nos ocupa la corrección propuesta era imprescindible porque en el análisis de la tecnología naval no podrán obviarse los factores simbólicos que la condicionan, aspectos consustanciales de su configuración y evolución (ver capítulos 6 y 7).

En resumen, estamos ante un posicionamiento teórico ecléctico que, partiendo del concepto de estructura y de una concepción claramente materialista del cambio cultural, transita desde las bases materiales propias de las sociedades prehistóricas hacia los elementos simbólico-cognitivos propios de la condición humana. Creemos firmemente que el estudio de la tecnología naval y la cultura marítima es perfectamente asumible dentro de este planteamiento teórico. En cualquier caso, debe ser entendido como una base conceptual preliminar que se encuentra en un proceso aún no finalizado de definición y que se desarrollará con mayor profundidad en el futuro próximo. Esperamos que en los capítulos venideros sepan encontrar los argumentos arqueológicos concretos que motivan este posicionamiento.

CAPÍTULO 3

CONSIDERACIONES PREVIAS SOBRE TIPOLOGÍAS NAVALES DE ÉPOCA PREHISTÓRICA

"Para las subidas del mar y los pantanos usaban,
hasta la época de Bruto, embarcaciones de cuero,
pero hoy en día incluso las talladas
a partir de un solo tronco son ya raras"
Estrabón (III, 3, 7) sobre los pueblos del norte de la Península Ibérica[3]

A lo largo del trabajo se hace mención a una gran variedad de tipologías navales que, en base a los datos etnográficos, arqueológicos e iconográficos, fueron utilizadas presumiblemente a lo largo de la prehistoria. Por no formar parte de los objetivos y por cuestiones de espacio no se ha realizado una descripción formal de las mismas. Este capítulo intenta esbozar de forma resumida las principales características de estas tipologías y sus posibles líneas evolutivas con tal de facilitar la lectura del trabajo en los siguientes apartados.

3.1 Flotadores

Por flotadores entendemos aquellos elementos materiales no transformados o transformados de forma mínima que tienen por único objetivo impedir que quien lo controla pueda hundirse en el agua. Esta característica les impide entrar en la categoría de artilugio náutico pero su análisis puede ser de interés debido a que pudieron suponer en periodos tempranos del desarrollo cultural elementos de aproximación a los ambientes acuáticos y a las leyes físicas que rigen los cuerpos flotantes, aspectos esenciales para el desarrollo de la tecnología naval posterior.

Para Johnstone (1980, 5) los troncos flotantes constituirían el primer artilugio náutico existente, propuesta con la cual no estamos del todo de acuerdo por lo expuesto anteriormente. Sin embargo, sí es cierto que han sido utilizados de forma extendida como flotadores para cruzar pequeños espejos de agua o para pescar en ríos. Así se ha registrado etnográficamente en el río Kaveri y Godaveri de India, el lago Chad, Isla de Pascua o Hawái (Hornell 1942, 33-34). Del mismo modo en zonas de Australia y Ghana (Johnstone 1980, 5). En el golfo de California el flotador era doble, algo similar a lo que sucedía en Egipto y Australia donde se agregaban dos troncos transversales en las puntas para aumentar la estabilidad (Hornell 1942, 34 y 41).

En Sind (Pakistán) el tronco se reemplazaba por una gran vasija de cerámica sin cuello (*palla-chatti*) que se usaba para pescar en el centro del río o para cruzar ríos (Hornell 1942, 34). De igual manera se usaban en los ríos de Bangladesh (denominados *tigari* o *gamla*), aunque en este caso en ocasiones eran propulsados con remos (McGrail 2001, 266). Una variante a este tipo de flotador se realizaba con calabazas ahuecadas y secas. En el lago Chad e India se utilizaban para pescar mientras que en Corea las usaban los buceadores para descansar entre buceos (Hornell 1942, 35).

Por otro lado, las pieles hinchadas parecen haber servido como flotadores desde la Antigüedad. Contamos con relieves asirios de los siglos IX-VIII a.C. donde se ven representadas (Johnstone 1980, fig. 4.6; McGrail 2001, fig. 3.12) y por algunas referencias de César se puede suponer su uso por los mongoles en sus viajes a China (Hornell 1942, 36). Así también, fueron usadas en Egipto para cruzar el Nilo (denominado *mashak*), en España para sostener a flote redes de pesca, en Irak para robar embarcaciones y quizás entre los esquimales de Canadá para usos varios. También estaban extendidas en Persia, Asia central y el norte de India (Hornell 1942, 36-37). Confeccionadas también en pieles existían las pelotas sudamericanas o los *bull-boats* de Norteamérica que consistían en una sola piel de animal a la cual en ocasiones

[3] Traducción extraída de García Cardiel (2013). Versión en griego: "*διφθερίνοις τε πλοίοις ἐχρῶντο ἕως ἐπὶ Βρούτου διὰ τὰς πλημμυρίδας καὶ τὰ τενάγη, νυνὶ δὲ καὶ τὰ μονόξυλα ἤδη σπάνια*". Strabo ed. A. Meineke, Geographica. Leipzig: Teubner. 1877.

ni siquiera se le colocaba un esqueleto que la mantuviera rígida (Johnstone 1980, 34; McGrail 2001, 412-13). Por esta razón, están más cerca de ser un flotador que una embarcación de piel a excepción de cuando sí utilizan un esqueleto más o menos complejo.

Por último, en Egipto y Nueva Zelanda se ha registrado el uso de fardos de juncos sin trabajar para tareas varias (Hornell 1942, 41).

Figura 3. Pieles hinchadas de buey utilizadas para cruzar el río Sutlej (India). Foto de James Ricalton en 1903. The British Library Collection. Reproducida con permiso.

3.2 Balsas

Por balsa entenderemos un artilugio náutico de forma predominantemente plana, confeccionado comúnmente con troncos, cañas[4], maderos o tablas fuertemente unidas entre sí. Pudieron ser una de las primeras soluciones técnicas diseñadas para desplazarse por el agua y seguramente tuvieron una distribución geográfica muy amplia a tenor de su constatación etnográfica en Egipto, Mozambique, Kenia, Próximo Oriente, India, Australia, Nueva Zelanda, Colombia, Perú, Mediterráneo, China, Vietnam, Sri Lanka, Sudeste Asiático, etc. (Guerrero Ayuso 2009). Sin embargo, debido a sus características morfológicas carentes de francobordo o elementos que la protejan de las inclemencias climáticas no serían la solución más idónea para zonas climáticas frías, aunque la balsa de Brigg en Inglaterra demuestra que su uso pudo llegar a ser factible (McGrail 2001).

En base a sus características arquitectónicas las balsas disponen de unas capacidades náuticas que las convierten en artilugios idóneos para navegaciones en zonas de aguas someras, lagos o ríos con poca incidencia de elementos adversos como fuertes corrientes o alto oleaje (Guerrero Ayuso 2009, 17). Es cierto que algunos ejemplos etnográficos demuestran su uso en navegaciones marinas, como es el caso de las grandes balsas de transporte filipinas o las jangadas brasileñas de las cuales se tiene constancia de viajes en alta mar a principios del siglo XX en travesías que alcanzaron las 2.144 millas marinas (Guerrero Ayuso 2009, 27). Sin embargo, en todos estos casos estamos ante balsas que suponían un grado de desarrollo tecnológico y económico elevado que difícilmente sería asumible por comunidades del Pleistoceno o del Holoceno temprano. Por disponer de una estabilidad muy elevada y una capacidad de carga muy alta puede que hayan sido utilizadas como embarcaciones de transporte marítimo en periodos más avanzados de la prehistoria reciente.

En lo que respecta a su evolución morfológica, sus formas pudieron influenciar claramente a los barcos fluviales de fondo plano que veremos de forma habitual durante la Antigüedad y según lo que plantean algunos autores también a los juncos chinos (Johnstone 1980, 188-89; Greenhill 1995, 80). Asimismo, las embarcaciones de troncos que observamos en Kenia, Lobito Bay, Omán, etc. (Guerrero Ayuso 2009, 33), que posiblemente evolucionen de las balsas, pudieron influenciar posteriormente los barcos de tablas con bañera.

Figura 4. Balsa de tres troncos gobernada por un niño en las Islas Marquesas. Foto de James Hornell en 1931.

3.3 Embarcaciones de juncos

Las embarcaciones de juncos son un tipo de artilugio confeccionado a partir de la unión de fardos atados de este material. Se han registrado en la mayor parte de los ambientes templados del planeta, probablemente por la abundancia del junco en este tipo de ecosistemas

[4] Los materiales empleados en la construcción de balsas son del todo variados, lo que puede suponer que la distinción entre por ejemplo una balsa de cañas y una embarcación de juncos sea un tanto arbitraria. Pese a que en efecto una balsa puede construirse con juncos, las características morfológicas y la mecánica estructural de una embarcación de juncos es significativamente diferente.

(Johnstone 1980, 15). Tenemos constatación etnográfica, arqueológica o iconografía en Egipto, Mesopotamia, Península Arábiga, Corfu, Cerdeña, Marruecos, India, Sri Lanka, Ecuador, Perú, Bolivia, Chile, Argentina, EE.UU., Brasil, etc. (Johnstone 1980; McGrail 2001; Guerrero Ayuso 2009). Cabe destacar que todos los ejemplos etnográficos con los cuales contamos pertenecen a zonas de ríos o aguas interiores, con la única excepción de los caballitos de totora de las costas peruanas.

Figura 5. Embarcación de juncos del lago Titicaca utilizada en la actualidad. Foto de Nick Jewell, reproducible bajo licencia Creative Commons (CC BY 2.0). Extraída de la plataforma Flickr el 19/04/2018.

Podemos suponer que las embarcaciones de juncos son artilugios náuticos con unas capacidades náuticas muy favorables que podrían haber permitido su uso en la navegación marina, al menos de cabotaje. Además, sus características estructurales no imponen un límite de medidas por lo cual pudieron ser artilugios eficaces en el transporte de grandes cargamentos. Es altamente probable que por ejemplo las embarcaciones de juncos fueran los primeros artilugios náuticos en realizar navegaciones marinas en los inicios del Mediterráneo (Johnstone 1980; Heyerdahl 1983; McGrail 2001) y que sus formas pudieran proporcionar las bases para el desarrollo de las posteriores barcas de tablas, como parece quedar claro en la imitación de embarcaciones de juncos en las primeros barcos de madera egipcios (Johnstone 1980, 45).

3.4 Embarcaciones monóxilas o de base monóxila

Pueden denominarse de esta manera aquellos artilugios náuticos que se confeccionan a partir del ahuecado de una única pieza de madera. A partir de este elemento inicial algunas tipologías mejoran el artilugio mediante el añadido de elementos adicionales. Por ejemplo, añadiendo tablones por encima de la borda de manera tal que la embarcación crece verticalmente. En sentido horizontal algunas monóxilas son seccionadas en dos partes añadiendo elementos centrales a modo de cala. Otras tipologías disponen una plataforma entre dos monóxilas a modo de catamarán lo que supone un crecimiento tanto en sentido vertical como horizontal. Como bien plantea Medas (1998, 402) este tipo de artilugios supusieron un punto de partida para la construcción naval compleja, que al menos en el Mediterráneo sirvió como punta de lanza de la posterior arquitectura naval antigua. La función inicial de las primeras monóxilas simples seguramente sería la navegación fluvial, lagunar, costera o de marismas (Medas 1998, 402). Sin embargo, su evolución continua hacia formas más complejas permitió realizar navegaciones de mayor envergadura en mar abierto. De esta manera, la aparición de la embarcación monóxila pudo significar en términos generales una reinterpretación de la tecnología naval existente, aspecto que pudo suponer uno de los pasos más importantes en la evolución de la construcción naval (Ellmers 1996). Esta evolución de sus formas de manera progresiva pudo desembocar en la configuración de las barcas de tablas de periodos posteriores, pasando el elemento monóxilo a convertirse en la "quilla" de las monóxilas mejoradas con tablas en la borda o en los "pantoques" en el caso de las monóxilas extendidas con cala plana (Medas 1998, fig. 1). Sin embargo, debemos tener en cuenta que el proceso de evolución naval no puede considerarse como único (Medas 1998, 402) ya que las simultáneas influencias de diferentes tipologías y tradiciones pudo condicionar la forma, la estructura y el desarrollo de embarcaciones posteriores (Greenhill 1995, 74).

Figura 6. Monóxila simple con batanga utilizada en la visita del Health Officer, Savage Island, Niue. Foto de Henry Winkelmann. Museum of New Zealand - Te Papa Tongarewa. Sin restricciones de copyright conocidas.

3.5 Embarcaciones de pieles

Este tipo de artilugio se conforma de un "esqueleto" o armazón confeccionado con varillas o finas ramas curvadas que se unen mediante ligaduras y que se acaban forrando con pieles de animales. Estas pieles suelen impermeabilizarse mediante el uso de resinas o breas que convierten el conjunto en un casco estanco. Sus formas pueden ser del todo variadas. Algunas tienden a tener una forma esferoidal muy similar a las embarcaciones tipo cesta que veremos más adelante y en las cuales la ratio entre eslora y manga no suele superar la relación 2:1. Es el caso de los *coracles* galeses, sus equivalentes *curraghs* irlandeses o los *guffas* mesopotámicos. Otras tipologías de embarcaciones como los *umiak* o los *kayaks* de Alaska, Canadá, Groenlandia, etc., tienen una ratio entre eslora y manga mucho más acusada, asemejándose a las ratios conocidas en embarcaciones de tablas. Este tipo de embarcación ha tenido un fuerte arraigo y difusión en el Atlántico Norte, aunque también ha sido observado en ámbitos mesopotámicos desde la Antigüedad:

"Los barcos en que navegan río abajo a Babilonia son redondos y todos de cuero. En la región de Armenia situada río arriba con respecto a Asiria, cortan sauces y fabrican las costillas del barco; por fuera extienden sobre ellas para cubrirlas pieles, a modo de suelo, sin separar las costillas para formar la popa ni juntarlas para formar la proa, antes bien lo hacen redondo como un escudo" (Heródoto, I, 194)[5].

Determinar la línea evolutiva de este tipo de embarcaciones es una tarea compleja pero todo parece apuntar a que pudieron derivar en algunas embarcaciones de tablas que comienzan a registrarse en la prehistoria más reciente del norte de Europa.

Figura 7. Mujer navegando en un *bull-boat* en Norteamérica. Foto de Edward S. Curtis en 1908. Curtis (Edward S.) Collection, Library of the Congress. Sin restricciones de copyright conocidas.

3.6 Embarcaciones de corteza

Por embarcaciones de corteza entendemos artilugios náuticos confeccionados a partir de la transformación de este elemento material. La corteza puede utilizarse de forma simple sin prácticamente ninguna modificación o bien puede emplearse en la confección de artilugios más complejos en donde se unen mediante atados diferentes trozos de la misma para crear formas más complejas. Sus capacidades náuticas hacen presuponer que no son artilugios idóneos para realizar navegaciones marinas complejas, aunque las registradas en Tierra del Fuego, Norteamérica o Tasmania[6] se han mostrado eficaces en la navegación costera o en el cruce de estrechos de agua de escasas dimensiones. Sus cualidades estructurales impiden que a partir de ellas puedan construirse embarcaciones mayores (Guerrero Ayuso 2009, 269), lo que podría derivar en un callejón sin salida en lo que a evolución tipológica se refiere. Sin embargo, la explotación de corteza pudo aproximar a las comunidades prehistóricas a la gestión de los recursos arbóreos y por tanto a la explotación y transformación de troncos de madera. La sustitución de trozos de corteza por tablas de madera pudo derivar en la producción de embarcaciones de tablas primigenias como puede ser el caso de la dalca chilena (Vairo 1995).

Figura 8. Un hombre europeo utilizando una embarcación de corteza aborigen del río Murray, Australia. Autor desconocido en c. 1935. State Library of South Australia (B63088). Sin restricciones de copyright conocidas.

3.7 Embarcaciones tipo cesta

Este tipo de embarcación consiste en la utilización de elementos vegetales como el mimbre o los juncos para confeccionar un artilugio que generalmente posee una forma esferoidal similar a la de una cascara de nuez invertida. La técnica de su construcción no difiere en esencia de la empleada en la confección de cestería, aspecto por el cual recibe su nombre.

[5] Traducción extraída de Guerrero Ayuso (2009, 250). Versión en griego: "τὸ δὲ ἁπάντων θῶμα μέγιστόν μοι ἐστὶ τῶν ταύτῃ μετά γε αὐτὴν τὴν πόλιν, ἔρχομαι φράσων: τὰ πλοῖα αὐτοῖσι ἐστὶ τὰ κατὰ τὸν ποταμὸν πορευόμενα ἐς τὴν Βαβυλῶνα, ἐόντα κυκλοτερέα, πάντα σκύτινα. ἐπεὰν γὰρ ἐν τοῖσι Ἀρμενίοισι τοῖσι κατύπερθε Ἀσσυρίων οἰκημένοισι νομέας ἰτέης ταμόμενοι ποιήσωνται, περιτείνουσι τούτοισι διφθέρας στεγαστρίδας ἔξωθεν ἐδάφεος τρόπον, οὔτε πρύμνην ἀποκρίνοντες οὔτε πρῴρην συνάγοντες, ἀλλ᾽ ἀσπίδος τρόπον κυκλοτερέα ποιήσαντες καὶ καλάμης πλήσαντες πᾶν τὸ πλοῖον τοῦτο ἀπιεῖσι κατὰ τὸν ποταμὸν φέρεσθαι, φορτίων πλήσαντες: μάλιστα δὲ βίκους φοινικηίους κατάγουσι οἴνου πλέους". Herodotus, with an English translation by A. D. Godley. Cambridge. Harvard University Press. 1920.

[6] Recomendamos el visionado de la serie documental *Desperate Measures* en su temporada 3, episodio 2 ("*Ningher Canoe*") donde se observa el proceso de construcción de una réplica de una embarcación tradicional de corteza de las tribus aborígenes de Tasmania. Disponible online en www.sbs.com.au.

Tanto por sus formas como por sus capacidades náuticas no parece una embarcación eficaz para realizar largas travesías marinas o para enfrentar oleaje (Guerrero Ayuso 2009, 248). Todo parece indicar que una estructura de estas características no podría soportar los esfuerzos producidos por el oleaje ni las tensiones de un mástil y una vela sobre el conjunto. Por lo tanto, un intento de análisis evolutivo en este tipo de embarcaciones probablemente no llevaría a ningún sitio.

Figura 9. Un niño en una embarcación tipo cesta en Tiruchirappalli, Tamil Nadi, India. Foto de Vishwaant, reproducible bajo licencia Creative Commons (CC BY 2.0). Extraída de la plataforma Flickr el 19/04/2018.

3.8 Embarcaciones de tablas primigenias

Por embarcación de tablas primigenias entenderemos aquellas construidas con tablas pero que presenten técnicas constructivas que las alejan de la arquitectura naval que dominará la Protohistoria o la Antigüedad. Los elementos que las componen hacen que se ubiquen a medio camino entre los artilugios anteriormente mencionados y los barcos posteriores. Sus capacidades náuticas no difieren significativamente de las embarcaciones de la Antigüedad, pero pueden ser relevantes a la hora de entender la evolución de la tecnología naval prehistórica a la construcción naval protohistórica y antigua. A continuación, se presentan algunos ejemplos a modo ilustrativo.

En primer lugar, contamos con la dalca de las comunidades chonos del sur de Chile (Vairo 1995, 121-24; McGrail 2001, 426-27). Este tipo de embarcación contaba con un total de tres tablas, una central gruesa, ancha y algo arrufada, y una o dos tablas en cada costado que se unían mediante atados. Solían tener una eslora de entre 9 y 12 metros y una manga cercana a 1 metro. Solo disponía de elementos transversales en las bancadas de los remeros, que podían llegar a ser entre 9 y 15. Una embarcación de características muy similares encontramos en la *sampan* china que se configura de 1 tablón plano en el fondo y 2 tablones para los costados (Johnstone 1980, 188).

En segundo lugar, las tribus chumash del sur de California y las tongva del norte construían una gran canoa de tablas que denominaban *tomol* (B. Arnold 1995, 1:741; McGrail 2001, 427). Sus más de 20 tablas se unían mediante cosidos y se impermeabilizaban con brea. Disponían de unas líneas muy arrufadas y según los relatos coloniales tendrían una eslora de entre 5.2 y 6.7 metros y una manga de entre 0.9 y 1.2 metros.

Las pinazas del rio Niger podrían ser otro buen ejemplo de este tipo de embarcación (Guerrero Ayuso 2009, 297). Se trata de canoas confeccionadas con grandes tablones de sección trapezoidal con proa y popa agudizadas y elevadas ligeramente del nivel de flotación que disponen de una serie de travesaños de babor a estribor que refuerzan la estructura transversalmente. Suelen estar impulsadas por velas de diferentes tamaños y se gobiernan mediante grandes timones de aleta o de codaste.

Desde el punto de vista del registro arqueológico contamos con una serie de embarcaciones de sumo interés en el ámbito del norte de Europa. En primer lugar, deben mencionarse las embarcaciones de la Edad del Bronce de Ferriby (McGrail 2001, 184-86), el barco de Dover (Guerrero Ayuso 2009, 100) y la balsa de Brigg (McGrail 2001, 186-88).

En el caso de Ferriby 1 (c. 1390-1130 a.C.) estamos ante una embarcación de dimensiones considerables con una relación eslora manga de casi 7:1. Contaba con una traca central con una protuberancia que hacía las funciones de quilla y una serie de tablas que van ganando curvatura según nos acercamos a los bordes. Todos estos elementos que la componían se unían mediante una serie de travesaños que atravesaban unas protuberancias trabajadas en la cala. Esto permitía una unión bastante sólida entre las partes del conjunto fortaleciendo la embarcación contra el arrufo y el quebranto. Debido a su forma similar a la de una canoa y por sus líneas hidrodinámicas existe la posibilidad de que realizara navegaciones marinas, contrariamente a lo propuesto por Muckelroy (1978, 128). La propulsión debió hacerse mediante el uso de remos, de los cuales se encontraron restos en el yacimiento, y no con vela ya que ante una relación eslora/manga tan dispar el uso de aparejo comprometería la estabilidad transversal dinámica de la embarcación.

En lo que respecta al barco de Dover (c. 1575-1520 a.C.) estamos ante una embarcación de características algo distintas ya que cuenta con un fondo totalmente plano que se unía a unas piezas monóxilas que hacían las veces de pantoque y a su vez éstas a unas tablas verticales que cumplían las funciones de borda. Los tablones se unían mediante el uso de clavijas que atravesaban unos raíles creados en los bordes de cada uno de los elementos. El fondo y los pantoques, así como éstos y las tablas de los costados, se unían mediante el uso de un cosido que era impermeabilizado con grasa animal y cera de abeja. A su vez contaba con un elemento adicional que hacía las funciones de roda y que se unía al conjunto mediante clavijas.

Figura 10. Dalca chilena conservada en el Museo Etnográfico de Estocolmo. Foto de Ove Kaneberg en 1995. Etnografiska museet. Reproducida con permiso bajo licencia Creative Commons (CC BY-NC-ND).

En el caso de la balsa de Brigg (c. 820-790 a.C.) estamos ante 5 tablas del mismo grosor unidas mediante ligaduras y calafateadas con musgo. Además, se introducen maderas transversales para unir las tablas entre sí y pequeñas tablas en los costados a modo de borda. Su fondo plano y su escaso francobordo la ubicaría del mismo modo como una embarcación de estuarios o ríos.

De forma similar, algunos barcos del primer milenio encontrados en el Mediterráneo como los pecios de Mazarrón o Golo, que disponen de una serie de rasgos arquitectónicos que pueden ligarse a tradiciones prehistóricas locales (de Juan 2014, 32), podrían estar fosilizando técnicas de construcción naval prehistóricas y ser otro ejemplo de esta evolución continua en el ámbito naval.

Por último, no podemos dejar de mencionar la gran cantidad de evidencia iconográfica que existe sobre las barcas de tablas egipcias (Guerrero Ayuso 2009, fig. VII 8-11) que sin duda alguna pudieron suponer uno de los primeros vestigios de embarcaciones con arquitectura naval compleja en el mundo.

La distribución geográfica de todas estas tipologías navales es amplia así como también sus espacios de navegación y las fuentes de información a partir de las cuales podemos suponer su existencia en cronologías prehistóricas:

Tabla 1. Tabla resumen de las diferentes tipologías navales mencionadas

Tipología naval	*Distribución continental*	*Espacio náutico de navegación*	*Fuentes disponibles*
Flotadores	Todos	NF, NL, NM?	ETN, ICO, FUE
Balsas	Todos	NF, NL, NM	ETN, ICO, FUE
Embarcaciones de juncos	AF, SA, NA?, EU, AO, PO	NF, NL, NM?	ETN, ICO, FUE
Embarcaciones monóxilas o de base monóxila	Todos	NF, NL, NM	ETN, ICO, ARQ, FUE
Embarcaciones de pieles	NA, EU, AO, PO?	NF, NL, NM	ETN, ICO, ARQ?, FUE
Embarcaciones de corteza	NA, SA, OC, AO, AF	NF, NL, NM (menor)	ETN, ICO?, FUE
Embarcaciones tipo cesta	PO, AO, EU	NF, NL, NM (menor)	ETN, ICO, FUE

AF= África; SA= Sudamérica; NA= Norteamérica; EU= Europa; AO= Asia Oriental; PO= Próximo Oriente; OC= Oceanía.
NF= navegación fluvial; NL= navegación lagunar; NM= navegación marítima.
ETN= etnografía; ICO= iconografía; ARQ= evidencia arqueológica; FUE= fuentes escritas.

CAPÍTULO 4

LOS CONDICIONANTES SOCIOECONÓMICOS: MOTIVACIONES DE LA PRODUCCIÓN Y FUNCIONES DE LOS ARTILUGIOS NÁUTICOS PREHISTÓRICOS

"ūtö-pūšū" (*"Irse lejos en canoa cazando con arpones"*)
Vocablo de las comunidades yámanas (Vairo 1995)

El primero de los condicionantes que debe ser tenido en cuenta a la hora de realizar un análisis exhaustivo del proyecto arquitectónico de la tecnología naval prehistórica es el socioeconómico. Partiendo de la base teórica anteriormente expuesta por la cual se entiende que la cultura material es el resultado de una proceso social y cultural que tiene por objetivo satisfacer una necesidad material determinada, no podremos entender las características o evolución de la tecnología naval prehistórica si no establecemos cuáles fueron las motivaciones socioeconómicas que motivaron su producción. En este sentido, su propósito fundamental será el desarrollo de una función determinada dentro de un sistema económico, militar o técnico (Muckelroy 1978, 219; Pomey 2011, 27). Esto, más allá de las repercusiones que pueda tener en el análisis sociocultural, tiene vital importancia también en los aspectos morfológicos y mecánicos de la misma, ya que la forma y configuración de un artilugio náutico está fuertemente relacionada con la función que va a desarrollar (Pujol i Hamelink 2009). Consideramos que los tres principales condicionantes socioeconómicos a tener en cuenta son: el aprovechamiento y/o explotación de recursos acuáticos; la circulación de personas, productos y animales por vía acuática; y las prácticas de guerra que involucraban artilugios náuticos. Es evidente que pueden existir otros tipos de usos y funciones como puede ser el caso de actividades lúdicas (Malinowski 1922, 207) o ceremoniales (ver capítulo 7). Sin embargo, bajo nuestro punto de vista, estas no determinan el proceso productivo y evolutivo de la tecnología naval en la prehistoria.

4.1 El aprovechamiento y/o explotación de recursos acuáticos

Compartimos plenamente las hipótesis de Ellmers (1996) y Guerrero (2006a) que proponen que fueron las actividades de pesca las que dieron lugar a los artilugios náuticos más antiguos antes incluso que el transporte o desplazamiento de personas. Esto se debe, entre otras cosas, al importante papel de las estrategias de aprovechamiento y explotación de los recursos acuáticos en la economía prehistórica. Suponían un elemento esencial en el sustento alimenticio e incluso podrían haberse constituido como auténticos modos de trabajo (Ramos Muñoz y Cantillo Duarte 2009; Cantillo Duarte et al. 2010; Cuadrado-Martín 2016). El avance de la investigación está demostrando que el consumo de recursos acuáticos fue una estrategia económica relevante desde periodos muy tempranos del Pleistoceno. Los registros de ictiofauna en yacimientos africanos de humanos pre-modernos así parecen demostrarlo y pueden suponer la explicación a la base material de la adaptación acuática de las sociedades prehistóricas, sus estrategias tecnológicas y de subsistencia, y sus bases geográficas y demográficas (Cuadrado-Martín 2016). Por esta razón, la importancia de las actividades de aprovechamiento y explotación de recursos acuáticos no radica simplemente en que supusieron una base económica de primer orden sino más bien en que a través de ellas se fue creando un saber consuetudinario sobre los ámbitos costeros, sentando las bases de una verdadera cultura marítima. En este contexto es probable que "*la experiencia acumulada en la fabricación y manejo de artilugios que flotasen, el dominio de su propulsión y gobierno para la explotación de los recursos lacustres, fluviales, en marismas y ensenadas costeras, permitiera acumular la suficiente experiencia para abordar progresivamente navegaciones y travesías cada vez más complejas y distantes*" (Guerrero 2006a, 10). Si bien en este proceso tendrían particular importancia las actividades realizadas en el mar, debido a los desafíos náuticos que ello supone, no deben menospreciarse las actividades realizas en agua dulce debido a las ventajas en materia de estacionalidad que presenta su ictiofauna (Bērziņš 2010).

4.1.1 El rol de la tecnología naval en las actividades de aprovechamiento y explotación de recursos acuáticos

No podemos pasar por alto que no todos los casos de explotación o aprovechamiento de recursos acuáticos implican necesariamente el uso de tecnología naval ya que la captura podría haberse realizado de forma manual en las orillas de los ríos y lagos o en aguas marinas someras (Figura 11). Es el caso del marisqueo, que mayoritariamente se recolecta de forma manual en zonas rocosas en periodos intermareales. Si bien es cierto que existe el marisqueo a flote que hace uso de embarcaciones, no suele ser la opción más extendida o al menos el registro arqueológico prehistórico no lo hace presumir. Por esta razón, el marisqueo no parece ser la actividad más idónea a analizar si nuestro objetivo es estudiar la evolución de la tecnología naval, aunque tampoco debe descartarse por completo ya que puede acercarnos al marco económico de aprovechamiento y explotación de zonas costeras en el cual dicha tecnología se desarrollaría.

Figura 11. Mujeres y niños samoanos pescando en zonas intermareales de forma manual. Foto de Thomas Andrew en 1890-1910. Museum of New Zealand - Te Papa Tongarewa. Sin restricciones de copyright conocidas

En lo que respecta a la ictiofauna, tampoco resulta ser un elemento discriminador de actividades que hagan uso de artilugios náuticos debido a que, como bien demuestran Catriona Pickard y Clive Bonsall (2004), muchas de las especies presentes en los registros arqueológicos prehistóricos pudieron ser capturadas en zonas costeras o en aguas someras. Incluso algunas especies de aguas profundas que suelen abandonar el fondo marino en sus periodos migratorios o de desove (Pickard y Bonsall 2004, 279; Ramos Muñoz y Cantillo Duarte 2009). Resulta de vital importancia analizar con detenimiento qué especies forman parte del registro arqueológico, cuáles de ellas son especies que frecuentan zonas costeras y cuales permanecen en el fondo marino (Pickard y Bonsall 2004). Por esta razón el análisis arqueológico de las actividades de pesca no debe ser clasificado según la profundidad de las aguas donde se realiza sino más bien en función de la distancia con respecto a la costa. Proponemos la siguiente catalogación a partir de la propuesta de Pickard y Bonsall (2004, 274):

- Pesca con base terrestre: toda aquella que puede ser realizada desde tierra y sin el uso de artilugios náuticos.
- Pesca *inshore*: actividades realizadas con el uso de artilugios náuticos hasta una distancia de 5 kilómetros de la costa.
- Pesca *offshore*: actividades realizadas más allá de los 5 kilómetros de la costa.
- Pesca de aguas profundas: actividades llevadas a cabo en zonas de alta profundidad ya sea en alta mar o a vista de tierra.
- Pesca de alta mar: actividades llevadas a cabo en zonas sin vista de la línea de costa[7].

Consideramos que esta clasificación es la que debe tomarse como referencia para no caer en interpretaciones erróneas que pueden atribuir actividades náuticas a prácticas que pudieron realizarse de manera manual desde tierra. Sabemos que las actividades de forrajeo oportunista, en aguas residuales, en zonas de pasos terrestres entre dos espejos de agua o el forrajeo ribereño estacional pudieron ser estrategias eficaces para la obtención de ictiofauna y que se remontan a periodos muy tempranos del Pleistoceno (Cuadrado-Martín 2016, 30-31). Por otro lado, la etnografía nos demuestra que las actividades de pesca manual costera o ribereña pueden aportar gran cantidad de biomasa sin un gasto energético excesivo. Entre las comunidades cazadoras-recolectoras onas de Tierra del Fuego, que no son comunidades esencialmente marítimas, se han registrado numerosas estrategias de captación de ictiofauna costera o ribereña (Torres Elgueta 2014). Los relatos de principios del siglo XX hablan de actividades de pesca con red llevadas a cabo por hombres y prácticas más simples como la captura manual o el uso de palos puntiagudos en aguas someras o zonas intermareales por parte de mujeres acompañadas por niños (Gusinde 1982). También el uso de corrales de pesca en las zonas intermareales era una práctica habitual y sumamente efectiva (Torres Elgueta 2014, 233-35). Algunos de estos

[7] Cabe destacar que los tipos de pesca que operaron en la prehistoria estaban básicamente vinculados al primer y segundo tipo, raramente al tercer y cuarto, y virtualmente nunca al quinto. La pesca en alta mar, pero también *offshore*, requeriría importantes medios náuticos, no desarrollados en la prehistoria. Además, la pesca de altura requiere necesariamente sistemas de conservación de los peces, que no están documentados en la prehistoria o incluso en la Antigüedad (comunicación personal Stefano Medas, noviembre 2017).

relatos hablan de que una sola tirada de red por un grupo de pescadores expertos podía suponer la captura de más de 3.000 peces de peso considerable:

"En las aguas del mar se hacen pescas que podrían llamarse milagrosas, sacándose en un lance de red 3000 pescados, algunos de los cuales me dieron un peso de tres kilos" (Gallardo 1910, 79).

Si bien el número podría ser excesivo y resultado de una magnificación de lo observado queda claro que las actividades de pesca en zonas costera o ribereñas sin el uso de artilugios náuticos pueden aportar una gran cantidad de biomasa al grupo, más que suficiente para satisfacer las necesidades materiales de sociedades tipo bandas o aldeas. Por otro lado, de haberse usado, estas actividades no requerirían obligatoriamente de artilugios náuticos complejos. Elementos flotantes de gran sencillez y de diferente índole (pieles hinchadas, troncos, cerámicas, etc.) han sido utilizados para realizar tareas de pesca en ríos, lagos, aguas someras o costas como mínimo hasta el siglo XX en innumerables ámbitos geográficos, mostrándose del todo eficaces y funcionales (Hornell 1942).

Con lo expuesto queda claro que las actividades de marisqueo y pesca no requieren indispensablemente del uso de artilugios náuticos para su puesta en práctica. Sin embargo, muchas actividades de pesca, incluso las costeras, requerían de la ayuda o soporte de embarcaciones (Guerrero Ayuso 2009, 5). Es por ejemplo el caso de la pesca al copo, que si bien se aplica desde tierra puede hacer uso de embarcaciones para evitar enredos de la red o que ésta se quede atrapada en el fondo marino (Guerrero Ayuso 2009, 5). Lo mismo puede aplicarse al palangre, que pudo necesitar de embarcaciones para su correcta colocación y retirada, o a las almadrabas que requieren de artilugios náuticos para su gestión (Guerrero Ayuso 2006a, 16). Así también, en el norte de Europa se han registrado arqueológicamente estructuras de pesca pasiva complejas que tuvieron que hacer uso del soporte de embarcaciones para su mantenimiento (Guerrero, 2009, 6). De la misma forma, parece altamente probado el uso de embarcaciones de pieles en el norte de Europa para acercarse a ciervos o renos mientras cruzaban los ríos, momento de mayor debilidad al no poder huir ni usar su cornamenta como elemento defensivo (Johnstone 1980, 104-6; Ellmers 1996, 13). Aunque escasas, existen ciertas evidencias iconográficas del uso de artilugios náuticos simples en la pesca o captura de animales de envergadura considerable (Figura 12).

En cualquier caso, consideramos que la presencia o ausencia de tecnología naval en las actividades de aprovechamiento y/o explotación de recursos acuáticos no debe ser analizada únicamente en términos de obligatoriedad, sino también en función de la relación entre su empleo y el rendimiento neto[8] resultante de dicha actividad. El uso de embarcaciones puede incrementar el rango espacial de las actividades de pesca, así como la eficacia o escala de la captura, incluso en aguas someras (J. E. Arnold 1995; Ames 2002; Pickard y Bonsall 2004). Por otro lado, proveen acceso a zonas con potencial de explotación no alcanzables de otra manera y por lo tanto a una mayor cantidad de biomasa en relación al tiempo de transporte empleado (J. E. Arnold 1995, 735). Es el caso de las comunidades meriam del estrecho de Torres en Australia que explotan recursos de malacofauna de zonas de arrecifes planos con preferencia a los existentes en rocas costeras cercanas debido al mayor rendimiento neto obtenido (Bird y Bliege Bird 1997). Si bien en este caso no se hace uso de artilugios náuticos, consideramos que es un ejemplo interesante a tener en consideración debido a que la explotación de ciertas zonas menos accesibles mediante el uso de embarcaciones pudo suponer en ciertos momentos una estrategia económica más eficaz que la pesca manual costera. En este sentido, las comunidades cazadoras-recolectoras que dependían de forma clara de los recursos acuáticos pudieron hacer uso de tecnología naval para su aprovechamiento o explotación, siempre y cuando los costos de fabricación del artilugio náutico no superaran el límite en el cual se hiciera inviable la actividad. Por otro lado, las prácticas de pesca *offshore* tienen una serie de implicaciones importantes en lo que refiere a la perdurabilidad, mantenimiento y propiedad de las embarcaciones necesarias para llevarlas a cabo, aspectos que se irán analizando a lo largo del trabajo. Es por esta razón que las actividades de pesca en alta mar, que requieren de técnicas de navegación y artilugios náuticos más complejos, pudieron no ser una práctica rentable desde un punto de vista económico al menos para las comunidades cazadoras-recolectoras del Pleistoceno.

Figura 12. Representación de pesca con arpón desde posibles embarcaciones de pieles en comunidades cazadoras-recolectoras del lago Onega. Calco de Maik-Jens Springmann (2003, fig. 25.1). Reproducido con permiso.

Si analizamos estas ideas a través del registro arqueológico del ámbito del Círculo del Estrecho nos encontramos con yacimientos arqueológicos musterienses con tecnología modo III asociados con restos de explotación de

[8] Por rendimiento neto se entiende el resultante entre la energía gastada en la búsqueda, obtención, acarreo y transformación de la materia prima (*input*) y el rendimiento económico y/o social obtenido por la utilización posterior del artilugio náutico fabricado (*output*).

malacofauna (incluso termoalterada) en la Cueva de Benzú en Ceuta, los enclaves del complejo kárstico de la Araña en Málaga o la Cueva de Gorham en Gibraltar. Sin embargo, no se conoce ningún tipo de tecnología o estructura asociada (Ramos Muñoz y Cantillo Duarte 2009, 37). Para grupos humanos del Paleolítico Superior contamos con yacimientos que evidencian la explotación progresiva de malacofauna, ictiofauna y mamíferos marinos. Son los casos de la Fontanilla en Cádiz o las cuevas de Victoria e Higuerón en la provincia de Málaga donde a su vez se han registrado arpones de pesca (Ramos Muñoz y Cantillo Duarte 2009). Así también, dentro de este mismo periodo encontramos una importante muestra de arte rupestre con representaciones de peces, dato importante si tenemos en consideración que en el arte rupestre prehistórico existe una vinculación directa entre fauna cazada y representada, lo que supone una relación de tipo económica (Ramos Muñoz y Cantillo Duarte 2009, 41) y una vinculación superestructural con los modos de producción. Es el caso de las figuras de peces registradas en las cuevas de Pileta, Ardales, el Tesoro o Nerja (Ramos Muñoz y Cantillo Duarte 2009). Sin embargo, no existe ningún indicio arqueológico o iconográfico que nos permita afirmar que estas actividades fueron realizadas con la ayuda o soporte de embarcaciones, ni siquiera si se llevaron a cabo en aguas alejadas de la costa. Aun así, la iconografía de pesca con artilugios náuticos en periodos del Pleistoceno no es desconocida. En un abrigo rocoso entre Natal y el sureste de Lesotho en Sudáfrica se representa una escena de pesca sobre una serie de artilugios náuticos que han sido correctamente interpretados como cestas (Guerrero Ayuso 2009, 252). Al parecer podría vincularse a niveles arqueológicos con cronologías de 20.000 *BP* (Johnstone 1980, 20) (Figura 13).

Figura 13. Escena de pesca con empleo de artilugios náuticos, posiblemente tipo cesta, en Sudáfrica. Calco de Lucien Basch en 1987.

En cualquier caso, estaríamos hablando de pesca en aguas interiores lo que nuevamente nos impide realizar una vinculación con el ámbito marino. Esto puede deberse a que la productividad de la pesca *offshore* con una tecnología naval e instrumental simple puede ser menor a la de costa o aguas interiores (Mannino y Thomas 2002). Si bien es cierto que las comunidades makah, tolowa, tlingit y wiyot en el Pacífico noroccidental de Norte América o los sociedades maoríes de Isla Sur en nueva Zelanda realizaban expediciones en mar abierto, suponían actividades de prestigio, aventura o pesca de interés que siempre se realizaban en condiciones de tiempo óptimas y no suponían una mayor contribución a la subsistencia de la comunidad (Pickard y Bonsall 2004, 276-77). En este sentido, los grupos conocidos etnográficamente que regularmente adoptan prácticas de pesca *offshore* se encuentran en zonas con una disponibilidad limitada o un acceso restringido a los recursos terrestres (Pickard y Bonsall 2004, 277). En los casos de la pesca en grandes lagos también podían darse situaciones de riesgo y sabemos, por ejemplo, que por razones de impredictibilidad de las condiciones climáticas las comunidades de algunos lagos africanos no solían pescar en áreas que excedieran los 2-5 kilómetros de la costa (Pickard y Bonsall 2004, 277). Ahora bien, aunque las actividades de pesca *offshore* puedan no haber sido una actividad regular entre las comunidades cazadoras-recolectoras, el acceso a un abanico más grande de recursos costeros mediante el uso de la navegación pudo reducir sus necesidades de movilidad, fomentando una mayor estabilidad territorial y un índice de crecimiento demográfico más elevado en comparación con el de las comunidades vecinas de interior (J. E. Arnold 1995; Ames 2002). De esta manera, es probable que, bajo el amparo de la estabilidad territorial, las estrategias de adquisición de recursos acuáticos fueran aumentando su alcance y complejidad de forma progresiva a medida que nos introducimos en el Holoceno.

En este sentido, en periodos del Mesolítico europeo se evidencia una situación de continuidad en el aprovechamiento y explotación de los recursos marinos. En ocasiones llegan a estructurarse mediante emplazamientos en zonas costeras con lugares de trabajo en los cuales se comienza a evidenciar una cierta intensificación del uso de los mismos (Ramos Muñoz y Cantillo Duarte 2009, 46-48). Además, se marca el inicio de una explotación de ictiofauna de gran tamaño en ciertas partes del Mediterráneo como evidencia la cueva del Cíclope en Alónnisos (Guerrero Ayuso 2009, 7). Así también, resultan de gran interés los registros arqueológicos de Tybrind Vig en Dinamarca donde la mayoría de aporte proteico de las últimas comunidades mesolíticas proviene de los recursos acuáticos (Pickard y Bonsall 2004) y en donde se encontraron monóxilas simples que pudieron constituir la tecnología naval utilizada para su explotación (Guerrero Ayuso 2009, 68). Del mismo modo, resulta interesante la presencia de ictiofauna de aguas profundas en la cultura Jōmon en periodos neolíticos, mismo periodo donde se registran una considerable cantidad de canoas monóxilas (Johnstone 1980, 194).

Con la aparición de las sociedades productoras neolíticas parece mantenerse en ciertos ámbitos geográficos el proceso de intensificación al tiempo que se inicia un proceso de apropiación de los recursos sobre un medio natural y un paisaje que empieza a ser socializado (Ramos Muñoz y Cantillo Duarte 2009, 51-52; Cantillo Duarte et al. 2010, 107-8). La pesca y el marisqueo siguen manteniendo un peso importante en el entramado económico y los registros arqueológicos con restos de recursos acuáticos se intensifican. En la zona del estrecho de Gibraltar contamos con asentamientos pesqueros estacionales como El Retamar en Puerto Real donde se evidencian actividades de pesca y marisqueo, procesamiento y consumo (Ramos Muñoz y Cantillo Duarte 2009, 51; Cantillo Duarte et al. 2010, 108). Registros similares existen en las paleoislas de San Fernando o Cádiz que evidencian procesos de distribución hacia el interior que requirieron del uso de artilugios náuticos y en la zona malagueña en las cuevas de Nerja, Bajandillo u Hoyo de la Mina (Ramos Muñoz y Cantillo Duarte 2009, 56-61). También en el área norteafricana de Ceuta con la cueva de Benzú, y la de Tanger con las cuevas Achakar, Mugharet, el Kahil, Mugharet, Caf That el Gar, etc., con mucha importancia de los recursos marinos (Ramos Muñoz y Cantillo Duarte 2009, 61).

Estos procesos se intensificarán en periodos posteriores al Neolítico con sociedades jerarquizadas de tipo jefatura o estados primigenios y la producción obtenida entrará en circuitos de distribución costera o fluvial (Ramos Muñoz y Cantillo Duarte 2009). En estos procesos creemos que los artilugios náuticos tuvieron que empezar a tener un papel fundamental en su captura y transporte.

Por último, hay que tener en consideración que los procesos de explotación continuada de los ambientes acuáticos pueden conllevar un proceso de sobreexplotación de las especies capturadas, entrando en una situación de rendimientos decrecientes[9] que empujaría a las comunidades prehistóricas a prácticas de movilidad para conservar la sostenibilidad del medio (Mannino y Thomas 2002, 453). Ahora bien, tampoco deberíamos descartar la hipótesis que, en el contexto de un ecosistema acuático predominante a partir de la subida del mar en el Holoceno, las comunidades costeras aprovecharan nuevas oportunidades económicas aun cuando la presión demográfica del grupo no lo obligaba (Mannino y Thomas 2002, 466). En cualquier caso, estos movimientos estacionales pudieron suponer una base importante para la creación de corredores acuáticos que impulsaran el desarrollo de la tecnología naval. Por ejemplo, "*la pesca de túnidos pudo constituir, mejor que los intercambios comerciales, el motor que desarrolló en fechas muy tempranas la náutica egea*" (Guerrero Ayuso 2009, 89).

4.1.2 Los artilugios náuticos y las prácticas pesqueras

Al analizar el rol de los artilugios náuticos en las actividades de adquisición de recursos acuáticos observamos que, en ciertos momentos, existió una convivencia muy marcada entre la pesca y la evolución de la tecnología naval. La causa por la cual consideramos que las actividades de aprovechamiento y explotación de recursos acuáticos suponen la base material en la cual se sustentó la creación y desarrollo primigenio de la tecnología naval prehistórica, radica en el hecho que las actividades de pesca simple no requieren de una tecnología naval muy elaborada. No se abordará en este capítulo las capacidades náuticas de los artilugios náuticos prehistóricos (ver capítulo 5) pero resulta conveniente hacer una serie de apuntes sobre las tipologías navales empleadas en las actividades de aprovechamiento y explotación de recursos acuáticos. La etnografía demuestra que las balsas y canoas están muy ligadas a las actividades de pesca (Guerrero Ayuso 2006a, 10). Por poner unos ejemplos, contamos con numerosos testimonios de balsas utilizadas en tareas de pesca costera en la isla de Mornington en Australia, en la isla de Rameswaram en India, en Sri Lanka, en Bengala y en las costas de Brasil, África o China (Guerrero Ayuso 2009, 24-32). Así también, en el grabado de Theodorus de Bry para la obra de Girolamo Benzoni de 1572 sobre las tribus aborígenes de Puerto Viejo en Ecuador (Figura 14) puede observarse en el fondo del mismo lo que bajo nuestro punto de vista es el uso de dos pequeñas balsas tripuladas por dos individuos que emplean una red de pesca manual y no algún tipo de vela simple como planteaba Guerrero (2009, 29). Aspecto que parece verse reflejado también en sus propios relatos:

"A lo largo de toda la costa de este mar, los indios son habilísimos pescadores; las barcas que emplean, tanto para pescar, como para navegar, son a manera de armadita formada por tres, cinco, siete, nueve u once palos larguísimos, y semejantes a una mano, pues el palo de en medio es más largo que los demás" (recogido en Guerrero 2009, 28).

Las embarcaciones tipo cestas y las embarcaciones de pieles también son artilugios ampliamente utilizados en las actividades de pesca. Así se observa por ejemplo en el río Mekong, en Rodesia, en el Tíbet, en la India o en zonas de Norteamérica (Guerrero Ayuso 2009, 251). Lo mismo es aplicable a las embarcaciones de juncos que son utilizadas en tareas de pesca en la actualidad en las costas de Perú y el lago Titicaca (Guerrero Ayuso 2009, 181).

[9] Cuando se sobrepasa la capacidad de sustentación, entendida ésta como el límite de seres humanos que pueden vivir en un medio ambiente determinado, la producción empezará a disminuir como consecuencia del daño irreversible al ecosistema. Sin embargo, cuando se rebasa el punto de los rendimientos decrecientes, la producción puede mantenerse estable o incluso continuar creciendo, aun cuando se produzca menos por unidad de esfuerzo debido a la creciente escasez o empobrecimiento de uno o más factores ambientales (Harris 1983, cap. 4).

Figura 14. Grabado de Benzoni de 1572 de balsas de la región de Puerto Viejo en Ecuador. Balsa de gran envergadura al frente y prácticas de pesca sobre balsas simples al fondo. Sin restricciones de copyright conocidas.

En el caso de las canoas monóxilas contamos con una serie de restos arqueológicos de cronologías mesolíticas/neolíticas que parecen indicar su orientación hacia la pesca. Son los casos de Montceaux 1 y 2 o Noyen-sur-Seine en Francia, Dümmerlohausen en Alemania o Tybrind Vig en Dinamarca (Guerrero Ayuso 2009, 66). Desde el punto de vista etnográfico tenemos ejemplos del uso de monóxilas simples por ejemplo en las Islas Trobriand donde la *kewo'u*, la embarcación más simple del complejo naval trobriandés, era utilizada para tareas de pesca (Malinowski 1922) (Figura 15). Entre las poblaciones maoríes algunas *waka taua* menores eran utilizadas para estas labores (Evans 2014). Por otro lado, contamos con una gran cantidad de monóxilas mejoradas con tablas en la costas de Sri Lanka como protagonistas de prácticas pesqueras (Kapitän 1987a, 1987b, 1988, 1989, 1991).

Esta amplia variedad de tipologías navales asociadas a tareas de pesca o explotación de recursos acuáticos puede ser la evidencia material de un proceso evolutivo en el cual tecnología naval y prácticas pesqueras se fueron retroalimentando mutuamente y dando lugar a una evolución paralela. Por ejemplo, es probable que la pesca de cierta ictiofauna de gran tamaño como el atún requiriera de una tecnología naval más compleja y eficaz, problemática que pudo ser solventada con la fabricación y uso de monóxilas mejoradas (Guerrero Ayuso 2009). De manera similar, las prácticas pesqueras de grandes mamíferos marinos en la costa norte de California pudieron promover la fabricación de embarcaciones de mayores dimensiones y con mejores capacidades náuticas (Jobson y Hildebrandt 1980, 170). Ahora bien, para poder realizar una afirmación de este tipo queda aún por determinar si la necesidad de obtener recursos acuáticos más complejos fue el causante de dicha evolución o si, por el contrario, la propia evolución naval, como respuesta a otros procesos socioculturales, sentó las bases tecnológicas necesarias para actividades pesqueras más complejas.

En este sentido, consideramos que las actividades de pesca *offshore* y sobre todo en alta mar supusieron una complejidad técnica difícilmente asumible por comunidades cazadoras-recolectoras, aspecto más dudoso en el caso de las comunidades productoras del Neolítico. No tan solo por la complejidad material asociada a la construcción de artilugios náuticos complejos sino más bien por la inviabilidad de estas prácticas en cuestiones de rendimiento neto, por no mencionar que probablemente no fueran prácticas necesarias desde un punto de vista de la dieta comunitaria. En el caso de las sociedades jerarquizadas de tipo jefatura o estados primigenios, unas prácticas de este tipo serían algo más factibles pero quizás tampoco altamente frecuentes, aunque entrarían en consonancia con sus bases económicas de control y apropiación del proceso productivo, división del trabajo y capacidad de movilizar mano de obra.

Figura 15. Monóxila mejorada con tablas de las costas de Papúa Nueva Guinea usada en tareas de pesca. Foto de Bronislaw Malinowski en 1922.

4.2 La circulación de personas, productos y animales por vía acuática

4.2.1 Movimientos poblacionales durante el Pleistoceno y el Holoceno

La circulación de personas y los movimientos migratorios por vía acuática, con especial importancia aquellos realizados a largas distancias, tuvieron sin duda alguna un papel fundamental en el desarrollo de la tecnología naval prehistórica. Sin embargo, establecer el origen de dichos movimientos resulta a día de hoy y en base al escaso registro arqueológico disponible una tarea compleja, aunque no por ello descartable. Para encontrar los datos más sólidos y relevantes al respecto debemos echar la mirada al ámbito del Pacífico. Pese a que existen dudas al respecto, el registro arqueológico existente parece evidenciar restos de ocupación humana con cronologías de entre 1.02 y 0.7 millones de años en seis sitios diferentes de la Isla de Flores (Bednarik 1997, 185-86, 2003, 43; Broodbank 2006, 201; Leppard y Runnels 2017, 510). Un ambiente que aún en el Último Máximo Glacial (a partir de ahora *LMG* por sus siglas en inglés) se encontraba separado del continente por un estrecho de agua de por lo menos 20-30 kilómetros (Broodbank 2006, 201). De ser evidencias verídicas, estaríamos ante movimientos por vía acuática a través del mar de al menos dos espejos de agua llevados a cabo por poblaciones de *homo erectus*, lo que abre el debate sobre la capacidad de éstos para construir y gobernar embarcaciones. Para ello debieron contar con una serie de atributos específicos ya que, según lo que proponen ciertos autores, la navegación marina requiere de un lenguaje articulado y una capacidad simbólica compleja (Bednarik 1997, 360), una conciencia espacial y temporal que permita entender el paisaje terrestre y marino en donde se desarrolla (Farr 2006, 92), y la capacidad de nadar (Johnstone 1980, 3). A partir de esta base Robert Bednarik (1997, 360) considera que las poblaciones de *erectus* serían capaces incluso de emprender travesías marinas sin vista de la costa. Si bien parece ser una interpretación sobrevalorada, las capacidades náuticas de los humanos pre-modernos es un tema de análisis que a día de hoy se sustenta en demasiados pocos datos arqueológicos como para adoptar una posición a favor o en contra. Menos dudas al respecto parecen existir sobre el proceso de poblamiento de Australia que recientes hallazgos establecen en por lo menos 65 mil años de antigüedad (Clarkson et al. 2017). Para su realización grandes contingentes de personas tuvieron que realizar travesías de al menos 70 kilómetros sin escalas cruzando la línea de Wallace (Guerrero Ayuso 2006a, 11; Hiscock 2013, 4). Del mismo modo, la presencia de obsidiana datada hace 30.000-32.000 años en yacimientos del centro de Japón proveniente de la isla de Kofu parece indicar que las comunidades paleolíticas de la zona tenían una tecnología naval capaz de cruzar el océano (Habu 2010, 161). Por otro lado, la colonización del continente americano a través del estrecho de Bering hace aproximadamente 40.000 años puede ser un elemento de análisis interesante porque, aun siendo ésta una colonización terrestre facilitada por el puente de tierra existente entre Siberia y Alaska durante la regresión de los océanos, todo parece indicar que los casquetes de hielo existentes en América del Norte en esas cronologías obligaron a una expansión hacia el sur a través de las costas y mediante el uso de la navegación (Johnstone 1980, 5; McGrail 2001, 396; Otte 2013, 72-73; Llamas et al. 2016). Así también, en torno al tercer milenio a.C. parece evidente la existencia de contactos a través de este mismo estrecho que configurarían entre otras cosas una evidente similitud cultural y tecnológica entre las poblaciones inuit de Alaska y las koryaks de Siberia (McGrail 2001, 397).

Aunque los eventos de colonización en el Pleistoceno pudieron ser puntuales y de corta duración (Farr 2010, 182; Leppard y Runnels 2017, 514), no hay ninguna duda que este tipo de travesías marinas requirieron de un conocimiento previo en materia de navegación y paisaje marítimo. Así también, supusieron la puesta en marcha de un proceso de producción naval, por muy rudimentario que éste fuera. Si bien los viajes experimentales realizados por Bednarik (2003), con balsas construidas mediante el uso de instrumental lítico y materiales autóctonos, parecen demostrar la viabilidad de este tipo de navegaciones, los modelos construidos son a nuestro modo de ver demasiado complejos para las capacidades económicas de las poblaciones del Pleistoceno. Por lo tanto, es mucho más probable que este tipo de travesías pudieran haber sido llevadas a cabo mediante el uso de balsas simples como las registradas etnográficamente en India que no requieren de una tecnología instrumental compleja y que probablemente serían capaces de realizar con eficacia este tipo de travesías marinas (Figura 16).

Figura 16. Balsa india de 3 troncos (*kattumaram*) vista en el puerto de Madras a finales del siglo XIX. Foto de A.T.W. Penn. Copyright de Christopher Penn. Reproducida con permiso.

En el ámbito europeo-mediterráneo los datos que podrían sustentar movimientos humanos por mar a medias o largas distancias durante el Pleistoceno son todavía muy escasos y controvertidos. Por ejemplo, se ha registrado industria lítica atribuible al Paleolítico Inferior y Medio en islas griegas no conectadas al continente durante la regresión como lo son Creta, Gavdos, Naxos y potencialmente Melos y Cefalonia (Leppard y Runnels 2017). Sin embargo, hay quien pone en duda la rigurosidad del estudio de dichos materiales (Broodbank 2006, 205). En cualquier caso, estaríamos ante las evidencias más sólidas de movimientos humanos por mar anteriores al Paleolítico Superior en el ámbito mediterráneo debido a la insularidad del territorio donde se encuentran. De ser así, estas ocupaciones pudieron haber sido realizadas por poblaciones neandertales que sabemos que eran capaces de explotar recursos marinos y confeccionar elementos de madera rudimentarios (Hardy y Moncel 2011; Aranguren et al. 2018; Rios-Garaizar et al. 2018). Ahora bien, la escasez de restos arqueológicos puede responder no tanto a la dificultad técnica que conllevaban este tipo de travesías sino más bien al escaso interés trófico que las islas[10] pudieron ofrecer a las comunidades del Pleistoceno y al balance energético desfavorable que suponía una empresa marítima de esas características (Leppard y Runnels 2017). El tipo de tecnología naval empleada en dichos movimientos es aún un aspecto a resolver, pero del mismo modo que en el caso australiano, es difícil pensar en artilugios náuticos complejos, no tanto por la dificultad técnica de su confección sino más bien por el alto costo económico/energético de dicha producción que puede que no fuera ni necesaria ni rentable. Las balsas de tres troncos serían según Guerrero (2006a, 11) el artilugio náutico más acorde con las capacidades de la tecnología lítica neandertalense.

Durante el Paleolítico Superior todo parece indicar que existió un aumento en los movimientos poblacionales por vías acuáticas. Los indicios más importantes provienen, en primer lugar, del yacimiento auriñaciense de Fontana Nuova en Sicilia datado hace aproximadamente 30 mil años y que evidencia el cruce por mar del estrecho de Mesina (Broodbank 2006, 206). Del mismo modo se registra presencia humana en periodos próximos al *LGM* en la Cueva de Corbeddu o en el yacimiento de Santa Maria de is Acquas, ambos en Cerdeña. Aún en periodos de regresión la travesía a Cerdeña suponía un mínimo de 15 kilómetros de navegación marina (Broodbank 2006, 206).

En lo que respecta a la zona del Círculo del Estrecho, contamos con algunas evidencias interesantes a destacar para cronologías del Pleistoceno. En primer lugar, existe una clara similitud tipológica en las tecnologías líticas ya desde el periodo Achelense o modo 2 entre Europa y el norte de África (Ramos Muñoz 2012, 187-88; Otte 2013, 69). Esta hipótesis se ve reforzada por la existencia de similitudes importantes en los procesos de elaboración de los productos, las cadenas operativas y la elaboración de núcleos, lascas e industrias retocadas que puede observarse tanto en el suroeste de la península ibérica como en el norte de África (Ramos Muñoz et al. 2015, 467). Cabe destacar que como apuntan ciertos autores (Broodbank 2006, 201) la similitud de la industria lítica a ambos lados del Mediterráneo podría responder a procesos de convergencia derivados del uso de materias primas similares, más aún teniendo en cuenta que no estamos ante ámbitos geográficos insulares.

Las embarcaciones que pudieron formar parte de estos supuestos intercambios es aún un tema por resolver. Pese a la cierta cercanía que existiría entre las dos orillas del estrecho en periodos de máxima regresión, generando distancias por ejemplo de entre 7 y 11 km entre Tarifa y Hauma (Bednarik 1999, 278; McGrail 2001, 97), e incluso creándose pequeñas islas entre medio (Ramos Muñoz et al. 2011, 131), las condiciones náuticas del estrecho suelen ser complejas y pudieron no suponer navegaciones sencillas. En el pasado se realizaron algunas experiencias de arqueología experimental que intentaron unir ambas orillas mediante el uso de balsas de cañas o balsas sobre pieles hinchadas pero no se obtuvieron resultados concluyentes (Bednarik 2001).

Los datos apuntan a que durante el Pleistoceno los posibles movimientos marítimos responderían a ocupaciones puntuales sin continuidad que pudieron ser provocadas por situaciones de estrés ecológico en el lugar de origen (Broodbank 2006; Leppard y Runnels 2017). En cualquier caso, estas evidencias demuestran la capacidad de las últimas comunidades cazadoras-recolectoras de emprender navegaciones de envergadura y por ende de confeccionar artilugios náuticos más o menos complejos. En este sentido, la tecnología naval pudo tener un rol significativo en las comunidades cazadoras-recolectoras facilitando intercambios prácticos y simbólicos que estimularían la integración como así también un beneficio evidente en el costo del desplazamiento de personas, sobre todo en zonas con una orografía terrestre difícil de transitar (J. E. Arnold 1995).

Son las comunidades cazadoras-recolectoras tardías del Mesolítico y sobre todo las primeras sociedades agrícolas del Neolítico las que protagonizarán un aumento considerable de las travesías marinas y una ocupación mayoritaria de las islas del Mediterráneo (Farr 2010, 181). Constatamos procesos migratorios para estas cronologías en el ámbito del Pacífico donde las poblaciones de Taiwán, Melanesia o Polinesia muestran una relación genética de entre el 20% y el 100% con las poblaciones de Asia continental (Cox 2013). Esto evidenciaría travesías marinas de hasta 150 kilómetros de distancia. Evidencias similares encontramos en el archipiélago japonés en el periodo Jōmon inicial (Habu 2010), lo que supondría navegaciones de hasta aproximadamente 40 kilómetros de distancia. En el Mediterráneo contamos con recientes estudios genéticos que apuntan a una clara relación genotípica entre las poblaciones neolíticas PPNB de la zona de la actual Siria y las poblaciones actuales de Chipre y Creta (Fernández et al. 2014). Estos datos se reafirman con la constatación de presencia humana en Chipre en el yacimiento de Aetokremnos en el X milenio a.C. y posteriormente en el IX y VIII en yacimientos como Shillourokambos, Kissonerga Mylouthkia y Tenta (Farr 2010, 180). En dichas cronologías el nivel del mar se encontraba entre 55 y 60 metros por debajo del nivel actual y dejaría la travesía a tierras chipriotas en 65-69 kilómetros desde Anatolia o 100-145 kilómetros desde el levante sin posibilidad de escalas intermedias (Broodbank 2006, 209; Farr 2010, 180). Así también, contamos con hasta 9 sitios

[10] Cabe apuntar que no sabemos con certeza si las comunidades cazadoras-recolectoras del Pleistoceno que emprendieron travesías marinas a nuevos territorios eran conscientes de que navegaban hacia una isla (Farr 2010, 182).

arqueológicos mesolíticos en las islas de Cerdeña y Córcega (Broodbank 2006, 213) y ocupación neolítica precerámica en el yacimiento de Knossos en la isla de Creta en el 7.000-6.700 a.C. (Farr 2010, 181). Del mismo modo, las colonizaciones de Malta en el VII milenio a.C., de las Islas Baleares en el VI milenio a.C., o la recolonización de Gran Bretaña a través del estrecho de Calais a inicios del VI milenio a.C., supusieron navegaciones de 65, 83 y 36 kilómetros respectivamente (McGrail 2001, 100 y 170). Por otro lado, la Isla de Cedros en Baja California fue ocupada como mínimo hace 8.500 años mediante travesías marinas de 23 kilómetros en trayecto directo o 15 y 7.5 kilómetros haciendo escala en la Isla Natividad (Des Lauriers 2005, 350). Los relatos de época colonial hablan de que dichas travesías servían para el mantenimiento de los contactos entre la isla y el continente a nivel socioeconómico a través del transporte de personas y materiales, entre ellos la obsidiana (Des Lauriers 2005, 350).

La obsidiana es un recurso que aporta valiosísima información en lo que refiere al establecimiento de redes de navegación en el Mediterráneo. Por ejemplo, la presencia de obsidiana de Melos en la Cueva de Franchthi con cronologías de 10.900-10.800 a.C. evidencia navegaciones totales de 120 kilómetros con escalas de entre 20 y 35 kilómetros (Broodbank 2006, 208; Farr 2010, 180). Esta obsidiana, procedente de 4 puntos básicos de aprovisionamiento (Pantelaria, Lipari, Palmarola y Monte Arci en Cerdeña), se distribuía mediante dos redes principales, una desde Lipari hacia el Mediterráneo occidental y otra desde Melos hacia el Egeo (Farr 2006, 86). Éste es en esencia un fenómeno preponderantemente marítimo que pudo remontarse hasta el Paleolítico Medio y supone un elemento clave a la hora de analizar el Mediterráneo durante periodos mesolíticos y neolíticos. Junto a los objetos que se transportaban viajaban personas con habilidades, creencias e ideas que sin lugar a dudas tuvieron un papel relevante en la configuración de relaciones sociales y comerciales. No existe un consenso en torno al tipo de embarcaciones utilizadas en estas navegaciones, siendo las embarcaciones de juncos una posibilidad a tenor de su presencia en la memoria oral de la isla de Corfu (Johnstone 1980, 60) y a los trabajos experimentales de Harry Tzalas (Tzalas 1995). Otra opción podría ser algún tipo de monóxila mejorada como las que aparentemente se representan en las embarcaciones cicládicas de la clase "Siros" y de la clase "Naxos" (Johnstone 1980, 61-64; McGrail 2001, 106-10; Guerrero Ayuso 2009, 89-93) (Figura 17).

En el ámbito del estrecho de Gibraltar, parece existir una cierta continuidad en los procesos de semejanza económica y cultural a ambos lados del mismo, encontrando tanto en el sur peninsular como en el norte africano similitudes en enmarques cronológicos, tipos de depósitos, patrones de asentamiento, pautas de enterramiento, representaciones ideológicas en fenómenos artísticos, tecnología lítica, tipología cerámica, etc. (Ramos Muñoz 2012, 195; Otte 2013). Nuevamente carecemos de evidencias arqueológicas o iconográficas que puedan sustentar hipótesis referentes a las tipologías navales que potencialmente pudieron usarse en cronologías mesolíticas/neolíticas.

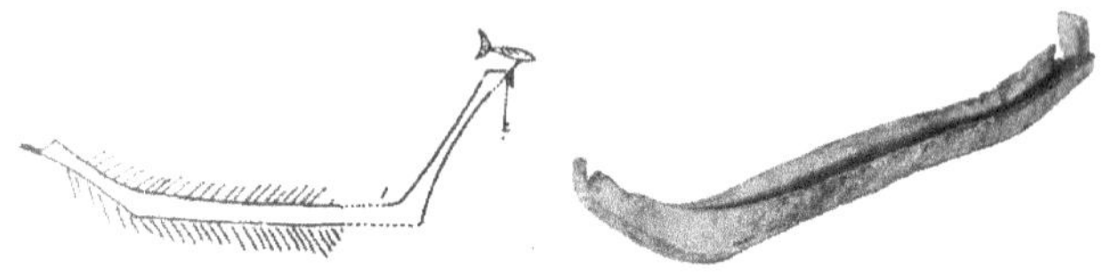

Figura 17. Representacion iconográfica cicládica de la clase "Syros" (izq.). Calco de Lucien Basch 1987. Terracota de la clase "Naxos" (der.). Foto de Francis Laveque. Reproducida con permiso.

Únicamente en el ámbito canario contamos con relatos coloniales que hacen referencia al uso de balsas sobre pieles hinchadas o balsas de troncos de 2-3 metros de longitud para realizar navegaciones entre las islas mediante la utilización de corrientes favorables:

"Del canal que divide las dos islas de Lanzarote y Fuerteventura [...] en su punto más estrecho, que está en frente de Montaña Roja y de la Punta de Mascona, tiene nueve millas; y en el más ancho, frente al Papagayo, tiene diez [...] No es muy agitado, ni tiene mucho fondo [...] y es de tan pacífica navegación (por más que corra mucho), que hace pocos años, una mujer lo pasó a nado, con ayuda de odres atadas juntas" Torriani, 1592/1978 recogido en Mederos Martín y Escribano Cobo (2005, 855-57).

Por otro lado, una representación iconográfica en la pared rocosa de La Baranda en el municipio de El Sauzal (Tenerife) ha sido interpretada por Guerrero (2009, 180) como una posible embarcación de junco dotada de velamen (Figura 18). El barquiforme del Barranco de Adonay en la misma isla (Guerrero Ayuso 2009, fig. V-8) quizás podría ser interpretado de forma similar. En cualquier caso, el cierto aislamiento que se le supone al archipiélago canario hasta la llegada de los europeos en el siglo XIV invita a tener prudencia al relacionar sus tradiciones navales con las del resto del África noroccidental aunque no sería un aspecto para nada llamativo si tenemos en cuenta que hasta tiempos recientes las embarcaciones de juncos eran vistas en las costas de la antigua ciudad de Lixus (Guerrero Ayuso 2009, 177). Esta misma tradición constructiva parece evidenciarse en las presentaciones de temática naval del abrigo de la Laja Alta (Jimena de la Frontera), pinturas que según nuevas propuestas cronológicas podrían situarse en el IV milenio a.C. (comunicación personal, Antonio Morgado, octubre 2017).

En resumen, las evidencias expuestas apuntan a un aumento exponencial de las prácticas de navegación en el Mediterráneo y Europa a partir del Mesolítico con un aparente foco inicial en el ámbito oriental que casi sin lugar a dudas se desarrolló de forma más o menos paralela a evoluciones regionales de navegación en Occidente, aspecto que nunca debe ser olvidado.

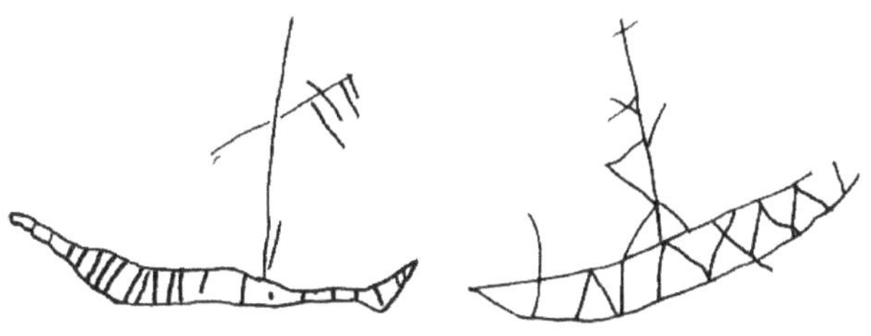

Figura 18. Barquiforme de La Baranda (izq.) y barquiforme del Barranco de Adonay (der.). Calcos de Mederos y Escribano (2008, fig. 20; 2005, fig. 3.1). Reproducidos con permiso.

En cualquier caso, parece evidente que movimientos poblacionales de estas características requieren de una logística compleja y coordinada que evidencian procesos de organización social y producción de tecnología naval incluso por parte de las ultimas sociedades cazadoras-recolectoras. A su vez, la navegación y los artilugios náuticos que los hacían posible pueden ser interpretados como elementos claves en el desarrollo de mecanismos de integración social ya que los cuerpos de agua ofrecen posibilidades importantes para el intercambio material y la creación de redes sociales entre grupos humanos (Carabias, Lira, y Adán 2010). La intensidad de dichos mecanismos, en función de la cantidad de personas y objetos transportados, tuvo que tener irremediablemente una repercusión en el ámbito naval ya que la capacidad de carga de una embarcación afecta no solo al cargamento sino al número de pasajeros que es capaz de albergar.

Aunque muy probablemente responda a su buena capacidad de conservación, resulta llamativo el aumento exponencial de canoas monóxilas a partir de cronologías mesolíticas y neolíticas en ámbitos geográficos variados, como consecuencia posiblemente de un aumento directamente proporcional de la navegación y la expansión marítima. Por ejemplo, contamos con fragmentos de embarcaciones o embarcaciones completas en el centro y norte de Europa (B. Arnold 1995), sur de Europa (Fugazzola Delpino y Mineo 1995), Japón (Habu 2010), China (McKinnon 2016), África (Garba 2006), América (McGrail 2001; Carabias, Lira, y Adán 2010), etc. Ahora bien, teniendo en consideración que las monóxilas simples no son artilugios ni eficaces ni seguros en navegación marina, muchas de ellas debieron ser utilizadas en ríos o lagos. Aun sin saber a ciencia cierta qué tipologías de embarcaciones fueron utilizadas en cada una de estas navegaciones constatadas, todo parece indicar que el mundo naval comienza a adquirir un peso social y económico considerable y en el cual las embarcaciones de base monóxila empiezan a adquirir un papel protagonista. Éste aspecto que se intensificará en periodos posteriores de la Prehistoria Reciente.

4.2.2 Circulación de animales y plantas a través del mar

Sea cual sea la causa de los movimientos migratorios así como si los mismos fueron realizados por la sociedad en su conjunto, sectores de la misma o incluso familias particulares (Leppard 2014), parece evidente que dichos movimientos se realizaron de forma organizada y conllevaron el traslado de personas, objetos, semillas e incluso animales (Broodbank y Strasser 1991). Esto pudo ser compatible con unas posibles primeras travesías experimentales que sirvieron a modo de punta de lanza (Bednarik 1997, 360; Guerrero Ayuso 2006a, 26). Existen estudios al respecto de la circulación de plantas por vía marítima en cronologías prehistóricas en zonas del océano Índico (Fuller et al. 2011) o en zonas de las costas sudoccidentales de Norteamérica (J. E. Arnold 1995, 741). Sin embargo, su transporte no supone un desafío náutico relevante. En cambio, el transporte de animales si pudo condicionar la tecnología naval empleada en sus configuraciones morfológicas y mecánicas. La presencia de animales a bordo de embarcaciones de carga en periodos prehistóricos y protohistóricos parece bien documentada a través de la iconografía y las fuentes literarias (Guerrero Ayuso 2004, 143-44). Así también, distintos estudios bioarqueológicos sobre restos óseos de fauna prehistórica han podido determinar que la circulación de animales por vía marítima pudo ser una práctica bastante más habitual de lo que en un principio se imaginaba. Por ejemplo, tenemos constancia de la introducción de cerdos al este de la línea de Wallace durante el proceso de expansión neolítica desde el Asia continental hacia el Sudeste Asiático y Oceanía (Larson et al. 2007). Del mismo modo, la excavación de numerosos sitios arqueológicos japoneses parecen indicar el transporte de jabalíes desde la isla de Honshu al centro de Japón durante el periodo Jōmon (Habu 2010, 163). En el ámbito europeo, se tiene constancia de la existencia de ciervo rojo en distintas islas británicas separadas del continente fruto de "*viajes marinos de larga distancia asociados al transporte de ganado durante el Neolítico*" (Stanton, Mulville, y Bruford 2016, 6). En la ámbito de la península ibérica algunos estudios en los últimos años han encontrado muestras de burro o asno (*Equus asinus*) con filiación genética norteafricana en periodos calcolíticos en la zona de Lisboa (Cardoso et al. 2013). Del mismo modo, se ha constatado una filiación genética considerable entre el sur de la península ibérica y el norte de África en poblaciones de bovinos de la Edad del Bronce (Anderung et al. 2005) y quizás también entre las de caballos (Leonard y Vilà 2014).

Si bien es cierto que especies como los ciervos o los elefantes son capaces de hacer travesías a nado de hasta 7 y 48 kilómetros respectivamente (Bednarik 2003, 44-45; Stanton, Mulville, y Bruford 2016, 2), la vinculación genética entre especies animales continentales e isleñas o entre dos ámbitos continentales separados por espejos de aguas de grandes dimensiones tiene que responder a un fenómeno de transporte de ganado intencionado que incluso podría conllevar el traslado de grandes cantidades de individuos (Stanton, Mulville, y Bruford 2016, 6). Es interesante resaltar que existen numerosas representaciones iconográficas en cronologías prehistóricas en las cuales se observan barquiformes y figuras zoomorfas, en ocasiones aparentemente vinculadas. Es el caso, por poner solo un ejemplo, de las pinturas rupestres de la Cueva de las Palomas en España. Aunque por lo general dichas figuras no han sido relacionadas directamente con las embarcaciones representadas no deberíamos descartar, ante la evidencia de una circulación innegable de animales por vía marítima, que dichas escenas sean en realidad composiciones conjuntas en las cuales los animales y las embarcaciones forman parte de un mismo discurso iconográfico. Así se ha interpretado una representación iconográfica en el sudeste de Naxos en Grecia (Figura 19), y así es como creemos que podrían reinterpretarse muchas de las representaciones iconográficas de temática naval existentes.

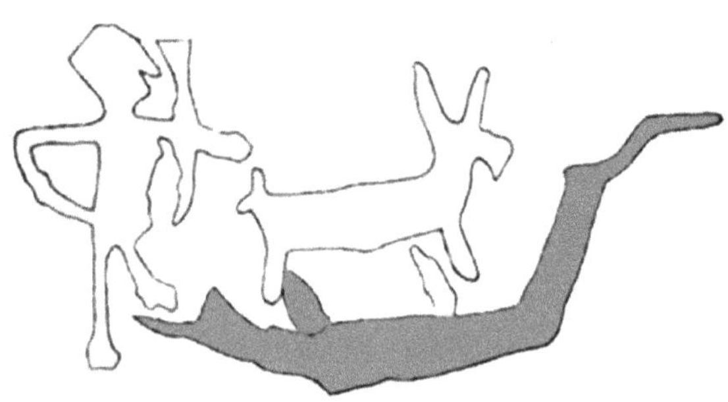

Figura 19. Barquiforme del sudeste de Naxos (Grecia) donde se observa el transporte de un animal. Calco de Francis Laveque. Reproducido con permiso.

Ahora bien, este tipo de prácticas tienen una serie de repercusiones en el aspecto naval debido a que, a diferencia del transporte de plantas, el transporte de animales supone un desafío náutico en términos de capacidad de carga, resistencia estructural y estabilidad dinámica (ver capítulo 5). Tenemos que tener en consideración que el transporte de animales no es una tarea sencilla y que la envergadura de los animales puede suponer un problema en términos náuticos. Por ejemplo, si analizamos datos zootécnicos de especies animales actuales como un valor de referencia más o menos estimativo que puede ser de utilidad para el análisis que nos ocupa, nos encontramos con que un espécimen de bóvido adulto tiene un peso medio aproximado de 750 kilos, similar al de un caballo adulto que puede rondar los 600 kilos. Un peso de estas características supone un desafío estructural importante para una embarcación como las que previsiblemente se usaban en la prehistoria. En primer lugar, por el esfuerzo que supone transportar un cargamento de tal peso. En segundo lugar, porque el movimiento normal de un animal puede conllevar un traslado de grandes cantidades de peso de un lado a otro de la embarcación comprometiendo su estabilidad transversal o longitudinal. Evidentemente, la fijación de estos animales mediante atados o similares podía evitar su movimiento y por ende solventar el problema de estabilidad, pero en cualquier caso estamos ante un tipo de elemento dinámico que supone mayores desafíos que el transporte de objetos. Finalmente, cargar un animal de semejante dimensiones dentro de un artilugio náutico de estas características tampoco sería una tarea baladí. Probablemente se requeriría del uso de rampas y embarcaciones con poco francobordo. Por estas razones, a tenor de los datos aportados por el transporte de otro tipo de elementos de envergaduras similares (Hazell y Fitzpatrick 2006), parece lógico pensar que embarcaciones como las canoas monóxilas simples o mejoradas con tablones en las bordas no serían el artilugio más idóneo, precisamente por su escasa capacidad de carga y su estabilidad transversal reducida. Probablemente embarcaciones del tipo balsas complejas o monóxilas mejoradas a modo de catamarán serían soluciones más eficaces, aunque de las segundas no se tiene constancia en el ámbito europeo. Artilugios náuticos de estas características utilizados en el transporte de ganado se han registro por ejemplo entre los aborígenes de las Islas Andamán (Guerrero Ayuso 2006a, 25), en la región de Malabar en India con la *jangār,* un catamarán confeccionado sobre dos canoas monóxilas (McGrail 2001, 268), o en grandes balsas del Amazonas.

Todo lo expuesto lleva a pensar que, como planteaba Guerrero (2006a, 26), los primeros transportes de animales pudieron componerse de especies de dimensiones más reducidas y pesos más comedidos como pueden ser las cabras, las ovejas, los cerdos o los ciervos. En cualquier caso, con tal de aumentar la cantidad de individuos transportados y garantizar una mayor seguridad en el viaje, podría suponerse que los animales que viajaban a bordo de embarcaciones eran en su mayoría crías que madurarían en el lugar de destino ya que, por ejemplo, el peso de un ternero tras el destete se reduce hasta los aproximadamente 175 kilos. En este sentido, no parece casual que en función de los datos analizados el transporte de animales de gran envergadura se dé precisamente en periodos avanzados de la Prehistoria Reciente, donde las capacidades náuticas y las tipologías navales estarían mucho más desarrolladas.

Tabla 2. Tabla resumen de las características zootécnicas de algunas especies animales relevantes.

Animales	*Especie*	*Rango de medidas (en cm)*		*Rango de peso*	*Peso medio en adultez*	*Periodo de destete*	*Peso al destete*
		Largo	*Altura*				
Vaca	*Bos taurus*	250	120-150	147 - 1363 kg	750 kg	6 meses	175 kg
Caballo	*Equus caballus*	220-280	142-183	227 - 900 kg	600 kg	24 meses	300 kg
Asno	*Equus asinus*	200	79-160	80 - 480 kg	250 kg	5 meses	-
Cerdo	*Sus scrufa domestica*	153-240	55-120	66 - 277 kg	130 kg	2-3 meses	57 kg
Oveja	*Ovis aries*	120-180	65-127	20-200 kg	80 kg	6 meses	17,5 kg
Cabra	*Capra hircus*	115-170	64	9-113 kg	45 kg	4-5 meses	30-40 kg
Ciervo	*Cervus elaphus*	160-270	75-150	67-497 kg	154 kg	2-5 meses	56,5 kg

* Los datos se han obtenido de la Animal Diversity Web de la Universidad de Michigan y la Animal Ageing and Longevity Database de la Universidad de Liverpool.

4.2.3 El intercambio de productos y materias primas por vía marítima

Por último, debemos tener en consideración que la circulación de personas y objetos no se realiza únicamente con el objetivo de colonizar una nueva área geográfica si no que, por el contrario, la mayor parte de dichos movimientos se realizaron en el marco de intercambios entre poblaciones ya asentadas en el territorio. La presencia de industria lítica en zonas insulares que se ha mencionado anteriormente parece estar ligada más a los procesos de colonización que a fenómenos de intercambio de productos o materias primas, aunque sería conveniente no descartar por completo la posibilidad que las comunidades cazadoras-recolectoras del Pleistoceno pudieran incurrir en prácticas de intercambio simple (Bate 1986, 8). Por el contrario, a partir del Neolítico las evidencias de circulación de productos en el ámbito europeo y mediterráneo son numerosas. En este sentido, la obsidiana será probablemente el mayor indicio de navegaciones prehistóricas debido a su gran difusión en el mediterráneo a partir del VI milenio a.C. y la facilidad para rastrear su procedencia (Broodbank 2006, 213). A los datos ya aportados anteriormente se suma la presencia de obsidiana de Pantelaria en sitios de Lampedusa, Malta, Sicilia y la costa tunecina desde mediados del VI milenio a.C. (Camps 1986, 40; Zilhão 2014, 196). Así también, se registra obsidiana de Lipari en la península itálica, en las islas Tremiti, Palagruža, Sušac y en Dalmatia (Farr 2010, 182). En este contexto, resulta sumamente interesante el hallazgo de un núcleo de obsidiana trabajado en las aguas que separan la península itálica de Córcega y que los descubridores atribuyen a una posible navegación de época prehistórica (Riccardi 1992).

En lo que respecta a otros objetos, la presencia de cerámicas cardiales en Tánger (Broodbank 2006, 213), las cuevas de Magharat el-Khil y Kaf Taht el-Ghar (Martínez Sánchez et al. 2017, 2) o las islas Chafarinas (Poyato Holgado y Hernando Grande 1988; Guerrero Ayuso 2010, 32) podrían ser evidencias de interconectividad a ambos lados del estrecho de Gibraltar debido a la similitud en la decoración y la técnica de realización con las cerámicas cardiales peninsulares (Poyato Holgado y Hernando Grande 1988; Martínez Sánchez et al. 2017, 12).

No debemos olvidar que todos estos posibles intercambios de productos por vía marítima se enmarcan dentro de un contexto general del Neolítico europeo donde se observa una distribución muy importante de materias primas como la variscita, el jade y posteriormente algunos metales que posiblemente fueron transportados por el océano Atlántico, lo que demuestra el papel significativo que muy probablemente jugó el mar en dicha distribución (Domínguez-Bella et al. 2016). Por ejemplo, desde el IV milenio a.C. se registra un comercio o circulación importante de hachas de piedra en las islas británicas, dentro de un proceso de neolitización con un profundo carácter marítimo y en el cual las embarcaciones de pieles serían las principales protagonistas (Johnstone 1980, 12-123 y 130-32). De forma similar, contamos con evidencias arqueológicas que constatan actividades de intercambio entre comunidades de granjeros y grupos de cazadores en un conjunto de islas del río Elba en las proximidades de Hamburgo-Boberg (Ellmers 1996, 19). Procesos similares de circulación de minerales y objetos preciosos se han registrado en el ámbito japonés (Habu 2010, 163).

A partir de estudios etnográficos sabemos que la circulación e intercambio de productos o materias primas por vía marítima en sociedades tribales no solo es totalmente factible, sino que incluso pueden constituirse como un elemento clave y vertebrador en los entramados socioculturales de una serie de comunidades vecinas. Así lo demuestra el *kula* practicado en las Islas Trobriand, un circuito cerrado de intercambio entre distintas tribus isleñas estrictamente regulado, donde sus integrantes adquieren unos deberes y obligaciones vitalicias, y el cual posee una periodicidad y unas rutas marítimas bien marcadas (Malinowski 1922). Envergadura similar tiene el comercio y transporte marítimo de megalitos (*stone money*) en la isla de Yap, elementos que constituyen importantes símbolos de riqueza, estatus y poder (Hazell y Fitzpatrick 2006, 13). En definitiva, este tipo de prácticas socioeconómicas son un claro incentivo de producción naval para las sociedades tribales isleñas o costeras que viven en convivencia con el mar al tiempo que pudieron suponer un vehículo de ascenso social debido a que la posesión o control de las embarcaciones daba acceso privilegiado a actividades, productos e información del extranjero (J. E. Arnold 1995).

Al adentrarnos en la Prehistoria Reciente europea observamos una continuidad en la dinámica de circulación de productos con especial importancia de las materias primas y los objetos manufacturados. En el ámbito del estrecho de Gibraltar contamos con evidencias significativas de intercambios de productos entre el sur peninsular y la zona norteafricana, un fenómeno que no solo afecta al norte de África ya que conocemos de la existencia de otros procedentes de diferentes partes del Mediterráneo como pueden ser el ámbar báltico, objetos metálicos como las puntas de palmela, el marfil asiático (Schuhmacher y Banerjee 2012) e incluso a finales del Bronce peninsular las importaciones de algunas cerámicas de origen micénico (Gilman 1993). Sin embargo, son los intercambios con la vertiente africana los que nos evidencian procesos de navegación marítima y uso de tecnología naval. Por un lado, contamos con algunos estudios que han identificado la presencia de marfil norteafricano tanto en la zona sur de Portugal (Schuhmacher, Cardoso, y Banerjee 2009, 987 y 989) como en el sudoeste español (Schuhmacher y Banerjee 2012, 292). En el caso portugués, yacimientos como Leceia presentan registros de marfil de *Loxodonta africana africana* ya desde periodos pre-campaniformes algo que no sucede en la cara mediterránea del sudoeste peninsular en la cual el marfil es básicamente de procedencia asiática al menos hasta el Calcolítico final cuando comenzamos a tener marfil norteafricano (Schuhmacher, Cardoso, y Banerjee 2009). Otro de los elementos interesantes a analizar son las cáscaras de huevo de avestruz de procedencia claramente africana que comienzan a registrarse en la península desde periodos calcolíticos y que se extienden al menos hasta la Primera Edad del Hierro (San Nicolás Pedraz 1975; Poyato Holgado y Hernando Grande 1988). En contrapartida contamos con una serie de objetos de procedencia peninsular en ámbitos marroquíes que posiblemente pudieron ser intercambiados por los productos anteriormente mencionados (Tarradell 1959; Gilman y Harrison 1977; Poyato Holgado y Hernando Grande 1988; Ramos Muñoz 2012; Cantillo Duarte et al. 2014). Destacan las puntas de palmela, los brazaletes de arquero u otros objetos metálicos y especialmente la cerámica de tipo campaniforme. Existen registros de cerámica campaniforme en el norte de África en yacimientos como la cueva de Gar Cahal, la cueva del cabo Achakar, la cueva de Caf Taht el Gar y quizás también en la cueva de Dar Es Soltan, la Cueva de los Contrabandistas de Temara y la cueva de Merzeg (Poyato Holgado y Hernando Grande 1988, 319; Ramos Muñoz 2012). Todas ellas podrían tener una relación tipológica con las cerámicas campaniformes observables en las zonas del sur de Portugal y el sudoeste de España (Tarradell 1959; Gilman y Harrison 1977; Guilaine 2004).

Todos estos intercambios tienen importancia en el ámbito naval debido a tres aspectos principales. En primer lugar, el intercambio de productos por vía marítima resulta ser sin duda alguna uno de los mayores incentivos para el desarrollo de una tecnología naval compleja que pueda hacer frente a las travesías necesarias de forma segura y fiable. Por otro lado, la dinámica de dichos intercambios y su evolución a lo largo del tiempo pudo tener una repercusión evidente en la capacidad de carga de las embarcaciones, como resultado del proceso de interdependencia que existe entre la producción, el transporte y el consumo (Nieto 1996). Creemos que, aunque en escalas infinitamente menores, funcionaria de la misma manera que en la Antigüedad. Por último, aunque en el ámbito europeo los materiales intercambiados que se constatan no suponen por sí mismos un problema a la hora de transportarlos (excepto en el caso que se los transportara en grandes cantidades), existen ciertos objetos que por sus propias características físicas suponen un desafío náutico de envergadura. Es el caso por ejemplo del ya mencionado transporte de megalitos en Micronesia que pueden alcanzar los 2 metros de diámetro y hasta 2.6 toneladas de peso (Hazell y Fitzpatrick 2006, 12) o el transporte costero de viviendas que solían hacer las poblaciones nootkan de la Columbia Británica mediante el uso de canoas amarradas a modo de balsa (J. E. Arnold 1995, 741). De forma similar a lo comentado anteriormente en referencia al transporte de animales, este tipo de objetos son por sí mismos un condicionante evidente de las características morfológicas y mecánicas de la tecnología naval que será empleada para su traslado.

4.3 La tecnología naval en el marco de la guerra prehistórica

Definimos la guerra como "*un combate armado entre grupos humanos que constituyen agrupamientos territoriales o comunidades políticas diferentes*" (Harris 1983, 289). En base a dicha definición se puede afirmar que la guerra probablemente fuera practicada por los cazadores-recolectores del Paleolítico, pero sólo a pequeña escala y esporádicamente a tenor de los datos etnográficos. Posteriormente cobraría mayor importancia durante el Neolítico entre las comunidades agrícolas organizadas en poblados y adquiriría una intensidad notoria en el marco de las sociedades organizadas mediante jefaturas o estados primigenios (Harris 1983, cap. 9). Aunque no podemos entender la guerra como una característica innata a las sociedades humanas sino más bien como una "*actividad desarrollada durante la evolución cultural al igual que el comercio, el trabajo, etc.*" (Harris 1983, 294-95), es evidente que ha estado presente en la gran mayoría de las sociedades conocidas (Armit et al. 2006).

Al contrario, la guerra naval, entendida ésta como el combate armado sobre un medio acuático en el cual las embarcaciones cumplen un papel estratégico como armas de combate, no parece desarrollarse hasta periodos más tardíos con desarrollos socioculturales y económicos más complejos. En dichos periodos, la necesidad de combatir sobre el agua pudo suponer uno de los elementos principales de la evolución de las técnicas de construcción naval y de la aparición de nuevas tipologías de embarcaciones. Tanto es así que autores como McGrail (2001, 148) sitúan la guerra como un factor importante para el desarrollo de ciertas técnicas de construcción naval en el Mediterráneo oriental como la unión mediante mortajas, lengüetas y clavijas. En el caso de las sociedades prehistóricas con estructuras sociales pre-estatales no se tiene constatado el uso de embarcaciones como armas de guerra en combates navales aunque desde el II milenio a.C. en Oriente parecen empezar a diseñarse y construirse con ese propósito (Johnstone 1980, 80). Sin embargo, el uso de artilugios náuticos en el marco de prácticas de guerra en sociedades pre-estatales está bien documentado etnográficamente y, si bien es muy probable que dichas prácticas no supusieron un factor determinante en su evolución tipológica y morfológica, pudieron condicionar la incorporación de ciertos detalles o elementos interesantes de analizar.

Tenemos constancia etnográfica de la utilización de canoas de guerra por ciertas comunidades del Pacífico. Es el caso de las *waka taua* de las comunidades maoríes de Nueva Zelanda, embarcaciones del tipo monóxila mejorada con tablas en las bordas y que según relatos coloniales podían alcanzar los 25 metros de largo:

"La canoa más larga que vimos era de ochenta y cuatro pies de largo, seis pies de ancho, y cinco pies de profundidad... Fue hecha con un solo tronco de kauri ahuecado, y levantado unos dos pies con tablas firmemente atadas entre ellas y al tronco principal, con piezas de lino puestas entre ellas" (Major R. A. Cruise 1820 recogido en Evans 2014)[11].

El principal objetivo de esta embarcación era transportar guerreros a la batalla para lo cual se adornaban en proa y popa. En el caso de algunas *waka taua* menores usadas para otras tareas los ornamentos eran retirados (Evans 2014). En cualquier caso, las *waka taua* eran un símbolo que formaba parte del maná tribal de las comunidades maoríes, razón por la cual si bien no cumplían un papel activo en el propio combate eran un elemento estratégico dentro de las prácticas de guerra como un elemento simbólico que adquiría un estatus espiritual (Evans 2014). No debemos olvidar que la guerra en sí misma puede articularse como un acto simbólico (Armit et al. 2006, 2).

Figura 20. Grabado de una canoa de guerra vista en el río Aruwimi (Congo) durante la expedición de Henry Morton Stanley en c. 1890. Sin restricciones de copyright conocidas.

En las islas del sector occidental del conjunto que conforman las Islas Salomón también contamos con información etnográfica sobre sociedades de tipo jefatura que contaban con un sistema activo de intercambio y saqueo con base en el lago Roviana con anterioridad a la llegada de colonos europeos a finales del siglo XVIII (Walter y Sheppard 2000). El comercio roviandés estaba fuertemente ligado a un ciclo de violencia ritualizado que suponía una conexión espiritual entre los vivos y los muertos (Walter y Sheppard 2000). Los intercambios y las invasiones se extendían en ocasiones a territorios que se encontraban a 200 kilómetros de distancia y en ellas, adquiría un papel fundamental las *tomoko*, canoas de guerra que suponían "*el mayor símbolo de poder*" entre los roviandeses (Walter y Sheppard 2000, 297). Las canoas eran lugares sagrados de conexión entre los vivos y los muertos y el lugar de rituales o ceremonias que afianzaban el poder de las jefaturas, lo que les otorgaba un papel

[11] Versión en inglés: "*The largest canoe we saw was eighty-four feet long, six feet wide, and five feet deep ... It was made of a single kauri tree hollowed out, and raised about two feet with planks firmly tied together and to the main trunk, with pieces of the flax-plant inserted through them*".

crucial dentro de un entramado social complejo. Si bien la entrada de colonos europeos modificó de forma considerable las estructuras sociales y económicas de la zona, existen relatos que nos hablan de auténticas flotas navales que involucraban a cientos de hombres y decenas de canoas en prácticas de guerra a larga distancia (Walter y Sheppard 2000, 298):

"Fue un día horrible para Ingova [...] Su estrategia de ataque era ingeniosa. Él empezaría con cada canoa de guerra que tuviera (sobre veinte o treinta, gobernadas con la fuerza de quinientos o seiscientos hombres bronceados, duros, musculados y de piel negra)" (Elkington 1907, 99)[12].

Figura 21. Canoa de guerra samoana. Museum of New Zealand - Te Papa Tongarewa. Sin restricciones de copyright conocidas.

También en el Pacífico, relatos del siglo XIX hablan del avistamiento en las Islas Gambier de grandes balsas transportando alrededor de 20 guerreros en navegaciones marinas de hasta 25 millas náuticas (McGrail 2001, 321).

En el ámbito americano sabemos del uso de grandes canoas monóxilas para asaltos guerreros que podían llegar a transportar según los datos aportados un total de 50 remeros y 25-30 combatientes (McGrail 2001, 423). Los habitantes de la Isla de Nutka, por ejemplo, poseían una canoa diseñada especialmente para su uso en la guerra que resultaba esencial para transportar guerreros, realizar ataques rápidos, llevar cabezas de trofeo o celebrar los triunfos (J. E. Arnold 1995, 740 y 742). Por otro lado, en zonas del Pacífico sur contamos con relatos coloniales que hablan del uso de canoas indígenas en tareas militares para frenar el avance hispano, aprovisionamientos logísticos y acciones ofensivas, incluso enfrentamientos navales (Carabias, Lira, y Adán 2010, 93).

Figura 22. Guerreros y embarcaciones de guerras en escenas iconográficas del yacimiento Svenneby Svenneby (Tanum, Suecia). Calco personal sobre foto de Gerhard Milstreu, Tanum Rock Art Museum Underslös. Utilizada con permiso.

En el caso de la prehistoria europea no contamos con evidencias directas del uso de artilugios náuticos en actividades de guerra, pero sin embargo sí contamos con ciertos indicios indirectos. En el ámbito escandinavo contamos con una ingente cantidad de representaciones iconográficas navales de tipo arte parietal que ilustran una larga tradición marítima en la zona con la presencia de monóxilas, embarcaciones de pieles y embarcaciones de tablas (Ling 2012) (Figura 22). Estas representaciones junto a otras de carácter no náutico muestran características ideales y genéricas de la guerra durante la Edad del Bronce (Ling 2012). Debido a las dimensiones de los artilugios náuticos representados, el largo de las mismas, la tripulación numerosa y su asociación recurrente a escenas de conflicto han sido interpretadas como pequeñas embarcaciones de guerra para transportar bandas de guerreros en expediciones de saqueo (Ling 2012, 480). Tanto el posible uso de estas embarcaciones en escenarios de guerra como su valor social y simbólico entronca con los ejemplos etnográficos anteriormente expuestos y ponen de manifiesto la relevancia de este tipo de embarcaciones en el entramado social de las sociedades prehistóricas europeas, al menos en lo que respecta a la Edad del Bronce.

En el ámbito peninsular no contamos por desgracia con documentos iconográficos de semejante envergadura, pero una representación iconográfica sobre un vaso cerámico del poblado ibérico Edeta-Liria en Valencia (Figura 23) presenta un combate naval sobre dos embarcaciones que

[12] Versión en inglés: "*That was an awful day for Ingova [...] His mode of attack was an ingenious one. He would start out with every war canoe he possessed (some twenty or thirty, manned with a force of five or six hundred men—swarthy, hard, muscular, dark-skinned men).*"

han sido interpretadas como monóxilas simples con velas sobre pértigas (Guerrero Ayuso 2009, 80). Si bien la datación del conjunto arqueológico (s. IV-III a.C.) se escapa del marco cronológico de este trabajo consideramos que es una muestra relevante que demuestra al menos para cronologías del primer milenio la existencia de prácticas de guerra que incorporan el uso de artilugios náuticos simples.

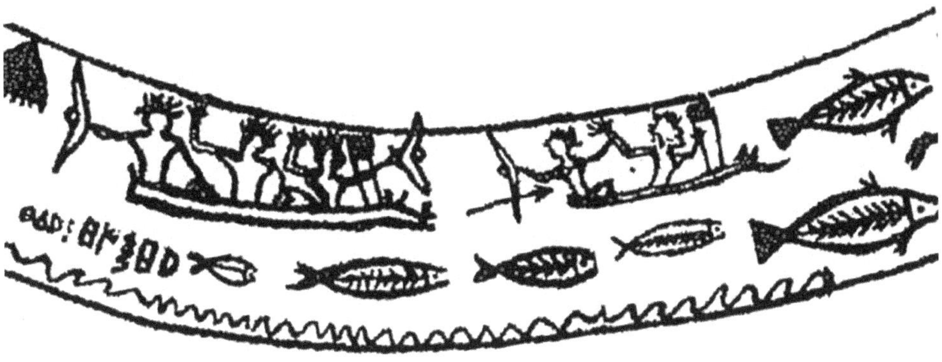

Figura 23. Vaso cerámico ibérico con representaciones de posibles monóxilas simples en escena de guerra. Museo de Prehistoria Domingo Fletcher, Valencia. Calco de Carmen Aranegui. Reproducido con permiso.

Con lo expuesto anteriormente nos reiteramos en la idea que las embarcaciones de guerra en la prehistoria, debido a que su papel principal era el transporte de guerreros y no su uso como arma de combate, seguramente no fueron el elemento más importante a la hora de condicionar la evolución tipológica y morfológica de la tecnología naval. Probablemente, el artilugio náutico utilizado para llevar a cabo dicha función fue diseñado en base a otras necesidades materiales y adaptado a una función diferente.

Ahora bien, si se diera el caso que las prácticas de guerra motivaron navegaciones a larga distancia con anterioridad a la explotación de recursos acuáticos o al transporte de personas, objetos y/o animales, podríamos considerarlas como un condicionante socioeconómico de primer orden en la evolución de la construcción naval. No olvidemos que en el marco de la económica prehistórica, la guerra entre sociedades de tipo banda o aldea era un fenómeno regional que implicaba ajustes de población y recursos.

CAPÍTULO 5

LOS CONDICIONANTES NÁUTICOS: CAPACIDADES DE NAVEGACIÓN DE LAS EMBARCACIONES PREHISTÓRICAS

"La canoa vuela, la canoa vuela por la mañana, la canoa vuela al amanecer, la canoa vuela como una bruja voladora"
Conjuro *kadumiyala* para inaugurar la navegación (Malinowski 1922, 380)

Resulta evidente que la motivación socioeconómica será la que pondrá en marcha el proceso de producción naval y determinará la función del futuro artilugio náutico. Ahora bien, no podemos olvidar que una embarcación es, en su concepción esencial, un medio de transporte pensado y diseñado para moverse por el agua que se enfrenta a la enorme complejidad de desarrollar sus movimientos en la unión de dos elementos, agua y aire, que están en constante movimiento (Pomey 2011). Por lo tanto, la estructura tiene unas limitaciones estructurales y unos condicionantes náuticos que se imponen al mismo en función del espacio náutico que ocupe, vinculándose la estructura con su función final (Pomey 2011). Para hacer frente a estos condicionantes, el sistema arquitectónico debe contar con la hidrodinámica, la flotabilidad, la estabilidad, la estanqueidad y la solidez necesaria en función del espacio náutico en el cual se va a desarrollar la navegación (Pujol i Hamelink 2009). Al respecto cabe señalar que los ambientes marítimos son los que sin ningún lugar a duda presentan los mayores desafíos a solventar en lo que a tecnología naval se refiere. Por razones de espacio no se analizarán los condicionantes propios de la navegación (vientos, corrientes, mareas, referentes costeros, etc.) pero resulta evidente que son de vital importancia debido a su relación intrínseca con la tecnología naval. Existen ciertos trabajos sobre la materia que si bien en su gran mayoría no están enfocados en la prehistoria pueden resultar de gran utilidad para entender la importancia de los condicionantes náuticos en los sistemas de navegación (Morton 2001; Medas 2004; Bar-Yosef Mayer et al. 2015; Cerezo Andreo 2018). Si se tendrán en consideración los sistemas de propulsión y gobierno ya que son relevantes dentro del proceso de concepción de la embarcación y pueden condicionar su forma final (Pomey 2011, 29 y 31).

Definir las capacidades náuticas de los artilugios náuticos prehistóricos en base a estos factores es una tarea realmente compleja que requiere, bajo nuestro punto de vista, un análisis cuantitativo profundo. Por otro lado, partiendo de la base de que siempre existirán en los ambientes marinos ventanas de idoneidad que permitirán navegar con capacidades tecnológicas reducidas, la definición de las capacidades náuticas debe realizarse mediante el establecimiento de las condiciones mínimas necesarias para realizar con eficacia marinera[13] navegaciones en las condiciones más regulares de un espacio náutico determinado. Por esta razón el objetivo principal de este capítulo no es intentar definir por completo estas capacidades sino más bien realizar una serie de hipótesis sobre las mismas relacionando las formas geométricas de dichos artilugios con una serie de conceptos básicos que proceden del mundo de la ingeniería naval y la teoría del buque[14]: flotabilidad, estabilidad, movimiento y resistencia estructural[15]. Dichos análisis se efectúan a partir de la observación de las formas geométricas básicas de la embarcación, las características materiales de la materia prima empleada, la información etnográfica disponible y los datos obtenidos de los proyectos experimentales de navegación con embarcaciones de tipología prehistórica que, si bien en muchos casos no responden a los criterios científicos más adecuados, aportan una serie de datos muy interesantes de

[13] Por eficacia marinera podemos entender, a partir del concepto *seaworthy* empleado por Jobson y Hildebrandt (1980), un artilugio náutico capaz de realizar una navegación dada de forma regular, eficaz y segura.
[14] La Teoría del Buque es una aplicación de la geometría y de la mecánica al estudio del buque, considerado como estructura que está flotando, parcialmente sumergido en el agua, parcialmente en el aire, o totalmente sumergido en el agua, y que puede moverse con seis grados de libertad en su interacción con la mar y el aire (Olivella Puig 1995, 17).
[15] La explicación de estos conceptos se ha sintetizado a partir del trabajo de Antonio Bonilla de la Corte (1979).

analizar. En ningún caso deben entenderse estos análisis como constitutivos de aproximaciones matemáticas sino más bien como una serie de apuntes que pueden recogerse de la bibliografía sobre el tema que nos permitirán generar algunas hipótesis de trabajo para ser analizadas con profundidad en el futuro. La clasificación tipológica de los diferentes artilugios náuticos prehistóricos ha seguido el siguiente criterio (Johnstone 1980; McGrail 2001; Guerrero Ayuso 2009): balsas, embarcaciones de junco, embarcaciones monóxilas o de base monóxila, embarcaciones de pieles, embarcaciones de corteza y embarcaciones tipo cestas. Los flotadores y las embarcaciones de tablas primigenias no son analizadas en profundidad debido a que escapan ligeramente de los objetivos establecidos. Se ha decidido usar un ordenamiento por tipología y materiales en vez de una catalogación por espacio náutico de navegación o tipos de usos. Esto se debe a que los condicionantes analizados tienen una mayor o menor incidencia en función principalmente del material empleado y su respuesta a las fuerzas físicas impuestas por la navegación. No obstante, resulta evidente que el ámbito de navegación impondrá diferentes condicionantes en función de sus características por lo cual a lo largo del análisis se tiene en consideración el espacio náutico por el cual dichas embarcaciones navegaban de forma habitual.

5.1 Flotabilidad

La flotabilidad es la capacidad de un cuerpo para sostenerse dentro de un fluido. En el caso de las embarcaciones estas deben mantener una posición definida con respecto a la superficie del agua. Dicha posición se obtendrá en el caso de los artilugios náuticos prehistóricos de dos formas diferentes. Por un lado, contamos con aquellos artilugios que deben su flotabilidad a las propias características intrínsecas de los materiales con los cuales están construidos y a los cuales podemos denominar como auto-flotantes. Por el otro, aquellos que obtienen su flotabilidad al recibir un empuje vertical y hacia arriba igual al peso del agua desalojada según lo establecido en el principio de Arquímedes. En base a estas características podremos considerar el desplazamiento del buque en sus diferentes condiciones de peso muerto y carga. Esto resulta de vital importancia porque determinará la línea de flotación de la embarcación cuando esta se encuentra adrizada y las dimensiones de la carena y el francobordo. Si bien es cierto que en navegación fluvial el nivel de la línea de flotación y el francobordo no es un elemento de extrema importancia por la inexistencia general de olas (McGrail 2001, 59) si lo será en el caso de las navegaciones marinas.

5.1.1 Balsas

De todos los artilugios náuticos de los cuales tenemos constancia arqueológica, iconográfica o etnográfica, seguramente las balsas sean en su origen las más primitivas debido a que su realización es la que requiere menor índice de desarrollo instrumental. Por desgracia no contamos con evidencias arqueológicas de las mismas aunque se han encontrado modelos en miniatura en yacimientos precolombinos de Chile (Johnstone 1980, 8). Constituyen un elemento autoflotante insumergible que no necesita prácticamente de ningún tipo de proceso constructivo más allá de la unión de los diferentes troncos mediante atados. El tipo de materiales que generalmente suelen ser empleados en estos artilugios (troncos de madera, cañas de bambú, fardos de juncos, etc.) suelen aportar una capacidad de flotación muy elevada. Sin embargo, debemos tener en cuenta que al permanecer en el agua los elementos constructivos, principalmente la madera y el junco, absorben líquido de forma progresiva, aumentando el peso total de la embarcación y por lo tanto resintiendo la flotabilidad del conjunto. Por esta razón las balsas deben ser sacadas del agua con frecuencia para ser desmontadas y permitir su secado, prácticas que han sido documentadas por ejemplo en poblaciones de Kerala o Bengala (Guerrero Ayuso 2009, 26) (Figura 24).

Figura 24. Balsas indias (*kattumaram*) desmontadas para su secado en las costas de Kerala, India. Foto de Colin Palmer. Proyecto "Traditional Boats in Context" de la Universidad de Southampton. Reproducida con permiso.

Si bien la flotabilidad suele resultar elevada, son artilugios que cuentan con un francobordo prácticamente inexistente y en los cuales el agua pasa entre el entramado constructivo dejando la balsa semisumergida (Hazell y Fitzpatrick 2006, 17). Este fenómeno la hace ineficaz para cierto tipo de tareas como el transporte de materiales no resistentes al agua. Esta circunstancia pudo conllevar la aparición de dos soluciones básicas: el añadido de elementos longitudinales y transversales o el aumento general del tamaño de la balsa. En primer lugar, contamos con balsas que colocan elementos longitudinales en los bordes laterales a modo de "borda" y elementos transversales en los bordes posterior y anterior a modo de "espejo de proa y popa". Así se aumenta el francobordo y se dificulta el embarque de agua. Es el caso por ejemplo de algunas balsas en Vietnam (*ghebe*) en la cual los dos troncos finales laterales son de mayores dimensiones que el resto (McGrail 2001, 294) o de ciertas balsas de Mozambique o la India que cierran todo el conjunto con troncos de mayor envergadura (Guerrero Ayuso 2009, 26 y 31). En ocasiones se suelen colocar una segunda línea de troncos sobre estos elementos longitudinales colocados a modo de borda (McGrail 2001, 294), técnica que muy posiblemente terminaría desembocando en auténticos barcos de troncos como los *kala-maran* de la India (McGrail 2001, 264), o artilugios similares en Namibia (Greenhill 1995, 80), Kenia u Omán (Guerrero Ayuso 2009, 33) (Figura 25).

Figura 25. Embarcaciones de troncos con bañera del lago Baringo, Kenia. Foto de Iman Heijboer, reproducida con permiso. Extraída de la plataforma Flickr el 25/04/2018 sin modificación posterior.

Una solución alternativa a esta problemática la aportan las balsas construidas sobre un conjunto de pieles de animales hinchadas de las que se tienen constancia etnográfica en Irán, Palestina, Pakistán, Albania, Marruecos, India, China, Ecuador y quizás las Islas Canarias (Hornell 1942, 38-40; Johnstone 1980, 186; McGrail 2001, 263 y 351; Mederos Martín y Escribano Cobo 2005, 857; Guerrero Ayuso 2009, 19) (Figura 26). Además existen ejemplos iconográficos en relieves mesopotámicos del siglo VIII-VII a.C. (McGrail 2001, fig. 3.12). Esta tipología de balsa que recibe el nombre de *kelek* en el ámbito marroquí separa de forma considerable la balsa de la superficie del agua y aporta una serie de ventajas con respecto a una balsa convencional ya que permite, al separar la superficie utilizable de la línea de flotación, transportar productos que no soportan la humedad. Asimismo permite y garantiza la seguridad de la embarcación ya que si una de las pieles se rompe el resto mantienen el conjunto a flote (McGrail 2001, 68). De misma tipología pero mayores dimensiones es una balsa sobre dos grandes pieles de focas que se observó en Valparaíso a inicios del siglo XIX (McGrail 2001, 405). Finalmente, una solución similar pero haciendo uso de distintos materiales encontramos en un tipo de balsa china que posiblemente se construían sobre recipientes cerámicos (McGrail 2001, 351; Guerrero Ayuso 2009, 20).

Por último, como ya se ha mencionado, la segunda solución a esta problemática de francobordo consistiría en la ampliación del tamaño de la balsa. El aumento del diámetro de los troncos utilizados o bien la superposición de diferentes entramados de los mismos permitirían separar la superficie de la embarcación del agua. Si bien no contamos con una gran cantidad de evidencias arqueológicas o iconográficas sobre el uso de grandes balsas en época prehistórica existen algunos ejemplos etnográficos destacables como podrían ser las grandes balsas de Filipinas, Taiwán o Vietnam (Guerrero Ayuso 2009, 31-32) (Figura 27).

Figura 26. Balsa sobre pellejos inflados en Narbagh, Irán. Foto de Sir Aurel Stein en 1912. Internet Archive Book Images. Extraída de la plataforma Flickr el 23/04/2018, con modificación de encuadre posterior. Sin restricciones de copyright conocidas.

Otro ejemplo serían las supuestas balsas del Pacífico sur americano si damos por buenos grabados de época colonial sobre poblaciones aborígenes de Sudamérica (Johnstone 1980, 224-27) o ciertos relatos coloniales como los que Jorge Juan y Antonio Ulloa realizaron en 1748 en el marco de su famosa expedición por tierras americanas:

"Compónense estas balsas de cinco, siete o nueve palos de una madera, que aunque allí no la conocen por otro nombre que el de balsa, los Indios del Dairem la llaman puero. Ésta es una madera blanquizca, fofa y tan ligera, que un muchazo levanta y transporta fácilmente un trozo de tres ó cuatro varas de largo y un pie de diámetro. Con ella forman la balsa, y sobre ésta un piso de tablas de caña, en el qual construyen un cubierto a dos aguas, y en lugar de palo para la vela, la arbolan con una cabria de dos mangles, y en las que tienen trinquete, otra de la misma forma [...]

[...] La carga que regularmente suelen soportar las grandes, es de cuatrocientos á quinientos quintales, sin que la inundación del agua la ofenda, pues no entran en ellas golpes de mar, ni puede llagar á ella el agua que bate

entre los palos." (Recogido en Guerrero Ayuso 2009, 30)[16].

En cualquier caso, no es seguro el uso de este tipo de balsas en contextos prehistóricos del Pleistoceno o del Holoceno temprano.

Figura 27. Modelo de balsa con velamen de Taiwán. Foto de James Hornell. Extraída desde Hornell (1934, lámina VIII, fig. 2).

Esta gran capacidad de flotación que caracteriza a las balsas permitirá una capacidad de carga muy elevada. Según algunas experimentaciones[17] una balsa de bambú es capaz de transportar hasta un 52% de su propio peso (Hazell y Fitzpatrick 2006, 17). Pruebas realizadas con balsas de 3 capas de bambú de 18.3 metros de eslora por 4.6 metros de manga permitieron transportar 7 toneladas de peso con calados de escasos 41 centímetros (Hazell y Fitzpatrick 2006, 17). Por otro lado, un relato de mediados del siglo XIX[18] sobre los ríos del norte de la India habla del transporte de grandes cargamentos por río mediante el uso de balsas sobre pellejos inflados en cortos periodos de tiempo:

"El paso del río se realizó con deris, o pieles infladas. Mi grupo consistía en aproximadamente trescientas personas, dieciséis caballos y mulas, y alrededor de 200 maunds [=7.000 kg aprox.] de cargamento y pertrechos. Treintaiuno transportistas, cada uno gobernando una piel, llevaron todo al otro lado en algo menos que una hora y media. El río Sutlej tenía aproximadamente 45 metros de ancho y discurría a una ratio de velocidad de 8 kilómetros por hora" (Moorcroft y George 1825, 40)[19].

Del mismo modo, las grandes balsas americanas de doble capa de troncos que describe Francisco Pizarro por las costas del Pacífico serían capaces de transportar, según ciertas estimaciones, unos 30 toneles de cargamento o 50 hombres y tres caballos (McGrail 2001, 401). Las estimaciones de porte que se hicieron para la balsa de Brigg suponen que sería capaz de transportar 26 ovejas y 4 personas, lo que supondría un peso total de 1.54 toneladas y 25 centímetros de calado, o 17 bóvidos junto a 6 personas, lo que supondría un peso total de 7.16 toneladas y un calado máximo de 46 centímetros (McGrail 2001, 188). Cabe destacar que el puntal estimado para esta embarcación es de 35-55 centímetros, por lo cual dichas cargas supondrían un francobordo muy limitado y por lo tanto la viabilidad para navegar con olas sería muy reducida.

5.1.2 Embarcaciones de juncos

Figura 28. Embarcación de papiro navegando con cargamento en el lago Tana, Etiopía. Foto de Noreen Hirschfeld, reproducible bajo licencia Creative Commons (CC BY 2.0). Extraída de la plataforma Flickr el 19/04/2018.

En lo que respecta a las embarcaciones de juncos, debido a las características intrínsecas del material empleado en este tipo de artilugio (juncos, totora, papiro, etc.) se obtienen estructuras ligeras, autoflotantes y con un alto grado de flotabilidad (Guerrero Ayuso 2009, 157). A su vez, por su gran impermeabilidad no permiten la creación de vías de agua en caso de roturas lo que aumenta la seguridad de la embarcación (Heyerdahl 1983, 36). Aun así, es cierto que en contacto prolongado con el agua, principalmente la salada, los juncos tienden a endurecerse

[16] Se respeta la ortografía original de la cita.

[17] Por la ya expresado en el capítulo 1.4, debemos tomar ciertos recaudos a la hora de utilizar los datos procedentes de prácticas de arqueología experimental.

[18] En este tipo de relatos realizados por exploradores o aventureros no deberíamos descartar la existencia de magnificaciones de los fenómenos observados con el objetivo de dar mayor renombre a los viajes llevados a cabo. Por esta razón, los datos cuantitativos procedentes de estas fuentes que se citan en este capítulo deben ser tomados con mucha precaución.

[19] Original en inglés: *"The passage of the river was effected on deris, or inflated skins. My party consisted of about three hundred persons, sixteen horses and mules, and about two hundred maunds of merchandise and baggage. Thirty-one watermen, each managing a skin, conveyed the whole across in little more than an hour and a half. The Setlej was about one hundred and fifty feet in breadth, and was running at the rate of five miles an hour."*

y a ganar peso (Heyerdahl 1983, 25-26), lo que puede resentir la flotabilidad final. De todas maneras, la flotabilidad de estas embarcaciones puede ser mejorada mediante el uso de ciertos elementos adicionales. Por ejemplo, los pescadores de las tribus awazim en Kuwait hacían una embarcación de juncos que disponía de doble fondo y entre los cuales se colocaban ramas secas que aumentaban la flotabilidad al navegar (Johnstone 1980, 174). De manera similar, algunos cronistas del siglo XIX dejan constancia de una embarcación de juncos en las islas Chatam en Nueva Zelanda en la cual se introducían en su interior pieles de lomo de toro hinchadas para conseguir una mayor flotación (McGrail 2001, 320).

En cualquier caso los ejemplos etnográficos y experimentales nos demuestran que estamos ante embarcaciones capaces de transportar una cantidad muy considerable de carga, aunque bien es cierto que en estas ocasiones suelen navegar con la borda prácticamente a nivel de la línea de flotación (Guerrero Ayuso 2009, 179) (Figura 28). Las embarcaciones más grandes del lago Titicaca de entre 4.5 y 6 metros de eslora eran capaces de transportar 12 pasajeros con sus equipajes (McGrail 2001, 404). La embarcación experimental construida por Tzalas (1995, 447) dentro del proyecto *Papyrella*[20] fue capaz de transportar a 6 pasajeros y 30 kilos de carga en una embarcación de 5.48 metros de eslora y 1.50 de manga. Por último, probablemente el mayor ejemplo de capacidad de carga en condiciones de flotación segura lo aporta las embarcaciones experimentales Ra I y Ra II de Heyerdahl (1983) [21] que transportaron 6 pasajeros a bordo junto a instrumental, vivires, una caseta de resguardo, mástiles, velas, cabuyería, etc.

5.1.3 Embarcaciones monóxilas o de base monóxila

Las embarcaciones de casco monóxilo, debido a que en su gran mayoría están construidas con maderas duras y pesadas, suelen poseer una flotabilidad sensiblemente inferior al resto de tipologías analizadas en este capítulo. Tanto es así que según la clasificación de Béat Arnold (1995) una monóxila simple es aquella en la cual el 90% del conjunto corresponde a la obra viva. Esto conlleva que, aunque sean capaces de transportar una cantidad importante de peso, su borda tan baja no la convierte en una embarcación idónea para navegaciones marítimas con oleaje (Guerrero Ayuso 2009, 74-75). La evolución hacia monóxilas mejoradas con tablas en las bordas o con plataformas a modo de catamarán, probablemente con el objetivo de aumentar la capacidad de carga, contribuirá a obtener francobordos más elevados.

La capacidad de carga en las monóxilas simples se ve condicionada por el tamaño de la embarcación, que viene determinado por el diámetro del tronco con el cual se confeccionó. A partir de análisis etnohistóricos se ha estimado que por ejemplo las monóxilas simples utilizadas por los aborígenes chilenos en el momento del contacto con colonos europeos eran capaces de transportar entre 500 y 2000 kilos de peso según el tamaño y muy excepcionalmente hasta 4 toneladas y media (Carabias, Lira, y Adán 2010, 95). Sin embargo, este tipo de relatos no siempre dejan plasmada de forma fidedigna las dimensiones de las embarcaciones que registraban.

Figura 29. Monóxila con batanga, plataforma de cargamento y plataforma de contrapeso en las islas Santa Cruz, Islas Salomón. Foto de Lucas Walter H. en 1904. Rautenstrauch-Joest-Museum - Cultures of the World, Photographic Archive, Inv.-No. 17230. Reproducida con permiso.

Las monóxilas mejoradas con tablas en las bordas aportarán un evidente aumento de la capacidad de carga. Por ejemplo, a las *tsukupin* de la isla de Yap, que suelen tener 9-9.5 metros de eslora, 0.75-1 de manga y 1.15 de puntal, se les presupone una flotabilidad positiva segura con cargamentos de hasta 6.350 kilos y con un francobordo de aproximadamente 40 centímetros (Hazell y Fitzpatrick 2006, 18). Por otro lado, las *bandar manché* de India (con

[20] La embarcación realizada en el marco del proyecto Papyrella resulta de gran interés debido a que fue llevada a cabo con unos objetivos científicos muy claros y asumibles. Su tamaño y características constructivas la convierten en un artilugio náutico factible de ser realizado por sociedades prehistóricas. Aun así, debe destacarse que el proceso de construcción no fue llevado a cabo mediante medios técnicos y herramientas "prehistóricas".
[21] Si bien es cierto que las réplicas Ra I y Ra II se basaron en modelos iconográficos del antiguo Egipto, tanto sus dimensiones como los objetivos de las travesías no se ajustan a las realidades técnicas, económicas y sociales de las sociedades prehistóricas. Aun así, son experiencias útiles para entender ciertos aspectos de la mecánica estructural de este tipo de embarcaciones.

esloras de entre 6 y 15 metros) eran capaces de cargar hasta 18 toneladas de peso (McGrail 2001, 267-68) y las grandes canoas de época incaica en Perú podrían haber cargado hasta 60-70 toneladas (Johnstone 1980, 224). En el caso de las monóxilas mejoradas de Sri Lanka nos encontramos también con capacidades de cargas considerables pero debido a que el casco monóxilo solía ser muy estrecho el cargamento se disponía en unas plataformas colocadas encima de los brazos que sujetaban la batanga (Kapitän 1987a, 140) (Figura 29).

Figura 30. Catamarán de Samoa con 53 pasajeros a bordo. Foto de Alfred James Tattersall en c. 1918. Museum of New Zealand - Te Papa Tongarewa. Sin restricciones de copyright conocidas.

La estrategia de disponer el peso del cargamento en plataformas pudo suponer progresivamente una evolución hacia las embarcaciones de tipo catamarán, que según los datos etnohistóricos y etnográficos serían capaces de transportar gran cantidad de personas u objetos (Figura 30). Los catamaranes de las islas Marquesas podían transportar entre 40 y 50 personas (Lewis 1994, 79), mientras que si hacemos caso a los relatos del capitán Cook, las de Tahití con hasta 27 metros de eslora podían llegar a los 144 pasajeros y entre 8-10 tripulantes (McGrail 2001, 337). Del mismo modo este tipo de artilugio era capaz de transportar entre 1 y 3 toneladas de cáscaras de coco sin ningún tipo de inconveniente (Lewis 1994, 79; McGrail 2001, 337).

5.1.4 Embarcaciones de corteza

La corteza es un material que debido a su gran ligereza aporta una flotabilidad muy elevada aunque su alta capacidad para absorber agua durante la navegación la puede resentir (Vairo 1995). Por otro lado, debido a su fragilidad no suelen ser capaces de transportar mucho peso cuando se usan de forma simple como sucede por ejemplo en Australia, Brasil, Rodesia, Venezuela, Canadá, Borneo o Java (Johnstone 1980, 17; Vairo 1995; McGrail 2001). Aún así, son capaces de transportar más de un pasajero sin ningún inconveniente en aguas tranquilas (Figura 31).

Figura 31. Aborígenes del río Murray pescando desde una embarcación simple de corteza. Foto de Charles Bayliss en 1886. National Library of Australia. Sin restricciones de copyright conocidas.

En cambio, existen otras dos tipologías que suelen conseguir un mayor francobordo que beneficia la carga de peso. La primera consiste en embarcaciones de una sola pieza donde los extremos laterales se doblan y cosen entre sí para formar la proa y popa o bien donde los extremos de las puntas se curvan con ayuda del fuego y se impermeabilizan las juntas con arcilla o elementos similares (Vairo 1995). Este tipo de embarcaciones se han registrado por ejemplo en Australia, Tasmania, Islas Salomón o Borneo (Vairo 1995, 95-120). La segunda tipología consiste en embarcaciones construidas con diferentes trozos de corteza que se cosen entre sí, las cuales eran usadas por ejemplo en Tierra del Fuego o Canadá (Vairo 1995). En estas últimas las capacidades de cargas podían ser considerables. Las experimentaciones de Vairo[22] en aguas fueguinas permitieron transportar 155 kilos de carga y dos tripulantes en una embarcación de 3.46 metros de eslora y 0.70 de manga con un aumento de calado de tan solo 10 centímetros (Vairo 1995, 66). Por otro lado, las canoas de corteza de las comunidades beothuk de Terranova en Canadá se diseñaban con la parte central de la borda muy elevada casi a la misma de altura que la proa y la popa, creando un francobordo muy irregular que podía ser utilizado para cargar y descargar pesos (Vairo 1995, 112). Por lo tanto, estamos ante

[22] Las experimentaciones llevadas a cabo por Vairo se ciñeron de manera bastante rigurosa a las informaciones disponibles en fuentes coloniales y etnográficas sobre el proceso de construcción de este tipo de artilugios. Ciertas fases del proceso no se ajustaron por completo a una posible realidad precolonial. Por ejemplo, se utilizaron herramientas o medios de transporte modernos por necesidades propias de la investigación. Sin embargo, los datos obtenidos pueden ser de gran utilidad y su extrapolación a sociedades precoloniales del sur de la Patagonia es asumible.

embarcaciones con una capacidad de carga considerable que en ocasiones, según las estimaciones de Johnstone (1980, 21), podrían llegar a transportar hasta 1 tonelada de peso.

5.1.5 Embarcaciones de pieles

Las embarcaciones de varillas forradas con pieles suelen tener, debido a la naturaleza de sus materiales, unas muy buenas capacidades de flotación. Esto en buena medida se debe a su escaso peso que suele ser la mitad del de una embarcación de tablas de iguales dimensiones (McGrail 2001, 183).

Figura 32. Pescador galés (Mr. W. Stant) portando su coracle en la espalda. Foto de James Hornell. Extraída desde Hornell (1936b, lámina III, fig. 1).

Por esta circunstancia son embarcaciones que, aun estando cargadas, suelen disponer de un francobordo amplio que impide el embarque de agua durante la navegación (Johnstone 1980, 30). Existe alguna excepción como puede ser el caso de los *kayaks/baiderkas* que suelen disponer de un francobordo muy limitado pero que disponen de un conjunto cerrado que impide la entrada de agua (McGrail 2001, 413). Tal es la ligereza de las embarcaciones de pieles que muchas de ellas solían ser transportadas manualmente por una persona sin mayor problema e incluso era tradición en Irlanda o Gales llevarlas colgando en la espalda (Figura 32).

Por otro lado, el hecho que necesariamente estén recubiertas con diferentes tipos de resinas (Guerrero Ayuso 2009, 245) hacen que la permeabilidad del conjunto sea muy baja y por lo tanto el tiempo prolongado en el agua no modifica en exceso sus capacidades de flotación.

Pese a que pueden aparentar una cierta debilidad estructural lo cierto es que estas capacidades de flotación les permitían transportar grandes cantidades de cargamento, sobre todo en aguas calmas (Greenhill 1995, 94). Este aspecto puede observarse en algunas representaciones iconográficas del ámbito mesopotámico en las cuales se representa una supuesta embarcación de pieles transportando un gran cargamento por el río (McGrail 2001, 67) (Figura. 33). Un tipo de transporte que dejaba reflejado Heródoto en sus relatos:

"Estos barcos se construyen unos muy grandes y otros menores, los más grandes llevan una carga de hasta cinco mil talentos. En cada barco va un asno vivo, y en los más grandes van muchos" (Heródoto, 1, 194, 3)[23].

Figura 33. Posible embarcación de pieles representada en el palacio de Senaquerib. Heidelberg University Library, "A second series of the monuments of Nineveh", lámina 12. Reproducible bajo licencia Creative Commons (CC-BY-SA 3.0), con modificación de encuadre posterior.

De manera equivalente, en las navegaciones experimentales que realizaron Johnstone y Mastrander con la nave Kalnes[24] se consiguió cargar 12 sacos de 50 kilos cada uno y 6 tripulantes reduciendo el francobordo en tan solo 17.5 centímetros (Johnstone 1980, 111). Los *umiak* de la zona de Alaska, que solían medir de media unos 9

[23] Traducción extraída de Guerrero Ayuso (2009, 250). Versión en griego: "*ἰθύνεται δὲ ὑπό τε δύο πλήκτρων καὶ δύο ἀνδρῶν ὀρθῶν ἑστεώτων, καὶ ὃ μὲν ἔσω ἕλκει τὸ πλῆκτρον ὁ δὲ ἔξω ὠθέει. ποιέεται δὲ καὶ κάρτα μεγάλα ταῦτα τὰ πλοῖα καὶ ἐλάσσω: τὰ δὲ μέγιστα αὐτῶν καὶ πεντακισχιλίων ταλάντων γόμον ἔχει. ἐν ἑκάστῳ δὲ πλοίῳ ὄνος ζωὸς ἔνεστι, ἐν δὲ τοῖσι μέζοσι πλεῦνες*". Herodotus, with an English translation by A. D. Godley. Cambridge. Harvard University Press. 1920.

[24] Los datos que se desprenden de estas experimentaciones son de gran utilidad en lo que refiere a las capacidades de navegación de este tipo de embarcaciones ya que la réplica sigue con mucha rigurosidad las formas y características conocidas sobre este tipo de artilugios. En cambio, los datos del proceso de construcción no resultan tan relevantes debido a que se emplearon técnicas y herramientas modernas.

metros de eslora por 2 de manga, transportaban entre 10 y 20 pasajeros y eran capaces de embarcar hasta 5 toneladas de cargamento aproximadamente (Ames 2002, 26 y 29). Por el contrario, los *kayak* de la misma región tenían capacidades de carga mucho más limitadas y generalmente estaban destinados a albergar 1 o 2 pasajeros y sus pertrechos personales (Ames 2002, 26).

5.1.6 Embarcaciones tipo cesta

Las embarcaciones de tipo cesta, de las cuales se tiene constancia etnográfica en la península arábiga, Mesopotamia, Zimbabue, India, Vietnam o los ríos chinos Yangtze, Yalung y Mekong (Johnstone 1980, 186; McGrail 2001, 60 y 265; Guerrero Ayuso 2009, 251) (Figura 34), cuentan con un casco formado por un trenzado de mimbre o similar de extremada ligereza que se suele impregnar con algún elemento impermeabilizador (ver capítulo 6.1.2).

Figura 34. Tres mujeres navegando en embarcaciones tradicionales tipo cesta de Vietnam. Foto de Madeleine Deaton, reproducible bajo licencia Creative Commons (CC BY 2.0). Extraída de la plataforma Flickr el 23/04/2018 sin modificación posterior.

Estas dos características le confieren a este tipo de estructuras una gran capacidad de flotación y una elevada estanqueidad (McGrail 2001, 266; Guerrero Ayuso 2009, 245). Así lo evidencia su uso reiterado como embarcaciones tipo ferry por los habitantes de India, que en sus modelos de mayores dimensiones (4.2 metros de diámetro y 1 de puntal) eran capaces de transportar entre 30 y 50 personas o 4 toneladas de arroz (McGrail 2001, 265). De igual modo, en aguas vietnamitas se solían usar embarcaciones de estas características en pares sosteniendo una plataforma entre ellas que servía para transportar alrededor de 6 caballos por los ríos (McGrail 2001, 295).

5.2 Estabilidad

Un buque está en equilibrio cuando partiendo de un desplazamiento determinado, pesos y empujes iguales, su centro de gravedad y su centro de carena están en la misma vertical. Por lo tanto, la estabilidad de un buque es la capacidad que tiene de recuperar su posición cuando la pierde por alguna causa. Dicha causa puede ser de carácter externo (viento y olas) o interno (movimientos de pesos dentro del buque). En este sentido existen dos tipos de estabilidades: la longitudinal (estática) y la transversal (estática y dinámica). Si bien la primera no suele dar problemas por el tamaño prominente de eslora que suele caracterizar a las embarcaciones, la segunda resulta esencial en el desempeño de la embarcación en la mar. Sin embargo, tanto en una como en la otra el traslado del centro de gravedad por la acción del movimiento de pesos en el interior del buque puede comprometer la estabilidad general de la embarcación. Por último, la estabilidad transversal también se verá afectada de forma considerable por la acción de embarque y desembarque de pesos.

5.2.1 Balsas

Debido a su gran amplitud de manga y su escasa obra muerta las balsas poseen de manera habitual un nivel de estabilidad transversal y longitudinal muy elevado, circunstancia que hace innecesario la inclusión de elementos adicionales a la embarcación que mejoren este parámetro. Sin embargo, se ha registrado en Nueva Zelanda una tipología de balsa peculiar que añade a la balsa principal una segunda estructura de pequeñas dimensiones unida mediante travesaños, elemento que podría aportar un mayor grado de estabilidad de la misma forma que lo hace la batanga en el caso de las embarcaciones de base monóxila como se analizará más adelante (McGrail 2001, 320).

Figura 35. Jangada brasileña en la Praia do Mucuripe en Fortaleza. Foto de Stivan Faludi y Lindavo Bezerra dos Santos en 1952. Instituto Brasileiro de Geografia e Estatistica. Sin restricciones de copyright conocidas.

También debemos tomar en consideración que si bien la estabilidad de estos artilugios resulta elevada estará condicionada por la distribución de pesos en su superficie.

De esta manera el traslado de pesos hacia los costados o las extremidades puede producir un movimiento del centro de gravedad y un grado de escora no asumible. En este sentido, nos encontraremos con el punto de máxima estabilidad en el centro de la embarcación, perdiéndose la misma a medida que nos trasladamos hacia los extremos, excepto en aquellos casos en los cuales el peso se distribuya de forma homogénea. Las propuestas de Hazell y Fitzpatrick (2006) apuntan en esta dirección.

Como veremos más adelante muchos de estos artilugios hacen uso de velas que pueden ir desde simples velas de fortuna a sistemas vélicos fijos con arboladura. La presencia de arboladura y velamen aporta a la embarcación un peso mayor en su obra muerta lo que en combinación con la acción del viento sobre la vela puede comprometer la estabilidad del artilugio que, recordemos, carece de calado. Para solventar esta circunstancia puede observarse que algunas balsas hacen uso de orzas laterales o centrales que si bien no tienen por misión principal compensar la estabilidad transversal ayudan al propósito (McGrail 2001, 402). Así se observan en las grandes balsas de Taiwán (Johnstone 1980, 189), la *jangada* brasileña (Guerrero Ayuso 2009, 27) (Figura 35) o algunas balsas de Coromandel (Johnstone 1980, 190). En otros ámbitos geográficos este inconveniente se soluciona mediante el uso de batangas como así parece quedar evidenciado en las grandes balsas de transporte en aguas de Filipinas que hacen uso de largas batangas a babor y estribor (Guerrero Ayuso 2009, fig. II-24) o en ciertas balsas de la India (McGrail 2001, 264).

5.2.2 Embarcaciones de juncos

En lo que respecta a la estabilidad de las embarcaciones de juncos contamos con un conjunto de fondos planos y que generalmente presentan una buena amplitud de manga, lo que suele proporcionar una estabilidad transversal considerablemente alta. Es cierto que algunas embarcaciones como los caballitos de totora peruanos o algunas embarcaciones del lago Chad tienen una relación entre eslora y manga mucho más acusada (Guerrero Ayuso 2009, 179 y 181), lo que por norma reducirá la estabilidad general. Aun así, los caballitos de totora peruanos son utilizados para la navegación marina y suelen comportarse de forma muy eficaz en el capeo de las olas. De la misma forma, la embarcación experimental del proyecto Papyrella se enfrentó a condiciones de mar de hasta 6 puntos en la escala Beaufort, con olas de hasta 1.50 metros, navegando de forma adecuada (Tzalas 1995, 453). En cualquier caso, si la estabilidad resultante no cumplía con las necesidades de navegación podían adoptarse otras soluciones como puede ser la unión de dos embarcaciones de forma lateral (McGrail 2001, 404), solución que como posteriormente veremos es utilizada con las embarcaciones monóxilas.

De la misma forma que ya se ha comentado en el caso de las balsas el uso de velas de las cuales se tiene constancia iconográfica y etnográfica (McGrail 2001, 403), afectaría negativamente a la estabilidad del conjunto. No conocemos ningún sistema estabilizador, orza o similar cuyo uso haya podido constatarse en este tipo de embarcaciones.

5.2.3 Embarcaciones monóxilas o de base monóxila

Pese a tener una obra viva muy desarrollada, las monóxilas simples son artilugios con una escasa estabilidad transversal, debido a que cuentan con mangas muy reducidas. Solo en aquellos casos en los cuales se cuenta con troncos de grandes diámetros es posible realizar monóxilas simples o mejoradas que no requieren de ningún elemento adicional que mejore la estabilidad transversal. Así sucede con las canoas maoríes de Nueva Zelanda o las embarcaciones de las comunidades haida del actual Canadá (McGrail 2001, 424; Evans 2014) (Figura 36). En el resto de casos la estabilidad transversal debió mejorarse de diferentes maneras.

Figura 36. Canoa monóxila de las comunidades kwakiutl de Canadá en una ceremonia de boda. Foto de Edward S. Curtis en 1914. Curtis (Edward S.) Collection. Library of the Congress. Sin restricciones de copyright conocidas.

En primer lugar, los costados centrales de la monóxilas pueden ser expandidos hacia el exterior con la ayuda del fuego haciendo que se gane estabilidad pero perdiendo algo de francobordo en dicha zona. Para evitar que la madera recupere su forma habitual se suelen colocar varas o elementos transversales que lo impiden. Contamos con evidencias etnográficas de este tipo de prácticas en el noroeste de Europa, Finlandia, Estonia, India, América, etc. Sin embargo, no cualquier tipo de madera permite esta tarea (Johnstone 1980, 49-50).

En segundo lugar, pueden instalarse troncos laterales por fuera de la borda a nivel de flotación para que funcionen como estabilizadores. Este tipo de técnica se ha constatado en las monóxilas de Columbia (McGrail 2001, 425). De manera similar, las embarcaciones de la Isla Cedros en Norteamérica añadían rollos de juncos en las bordas de un elemento monóxilo no ahuecado para impedir escoras muy pronunciadas (Des Lauriers 2005, 351-52) (Figura 37). En cualquier caso, esta embarcación no parece tener un paralelo en ninguna otra parte del mundo.

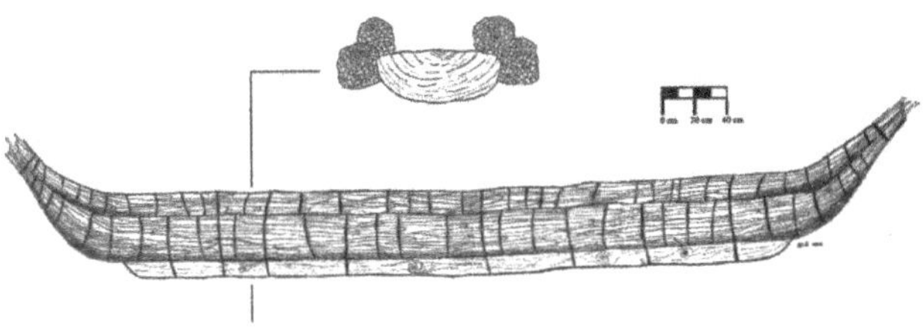

Figura 37. Reconstrucción esquemática de una posible embarcación protohistórica de la Isla Cedros. Dibujo de Claudia García-Des Lauriers. Extraída con permiso desde Des Lauriers (2005, fig. 3).

En tercer lugar, se pueden unir dos o más monóxilas entre sí de forma horizontal generando una embarcación de mayor manga. Este tipo de solución se vio muy favorecida por la introducción de las herramientas líticas en el proceso de producción naval que permitieron realizar bordes con formas más complejas y precisas que facilitaban la unión con otros elementos (Guerrero Ayuso 2009, 73). En Polonia aún hoy pueden verse embarcaciones tradicionales en el río Dunajec que cuentan con hasta un total de 5 monóxilas unidas que no presentan problemas de propulsión ni maniobrabilidad (Johnstone 1980, 48) (Figura 38).

Figura 38. Embarcación tradicional del río Dunajec (Polonia). Foto de Mariusz Cieszewski, reproducible bajo licencia Creative Commons (CC BY-ND 2.0). Extraída de la plataforma Flickr el 04/05/2018.

Este tipo de solución es de uso extendido ya que se ha registrado en Oceanía, India, Albania, España, Rusia y Escandinavia (Johnstone 1980, 49). Por otro lado, las monóxilas de Øgårde 3 (c. 3190 a.C.), Veirup I (2770 a.C.) y La Marmotta (5630-5260 a.C.) o la canoa doble de Surnuinmäki en Finlandia parecen mostrar evidencias del uso de estrategias de estas características (Fugazzola Delpino y Mineo 1995; McGrail 2001, 172).

En cuarto lugar, el elemento monóxilo puede partirse por la mitad para posteriormente introducir un elemento central a modo de cala, de manera tal que se consigue el mismo propósito que en el caso anterior pero se gana una superficie utilizable mayor. Este tipo de solución se constata arqueológicamente de forma clara en embarcaciones como las de Ferriby o la de Dover encontradas en Inglaterra (McGrail 2001).

Figura 39. Canoa moderna con batanga doble de las costas de Filipinas. Foto de Bernard Spragg. En dominio público. Extraída de la plataforma Flickr el 23/05/2018.

Por último, la estabilidad transversal se puede mejorar mediante el uso de batangas. Este tipo de solución es muy típica de las monóxilas mejoradas con tablas en las bordas que, al crecer verticalmente y aumentar considerablemente su francobordo, ven muy resentida su estabilidad transversal, sobre todo cuando navegan con vela. Sin embargo, también se utilizan en monóxilas simples de mucha eslora que incorporan velamen como sucede por ejemplo en los casos de las monóxilas de Madagascar, Pemba, Lamu, Ecuador, etc. (Hornell 1944, 170-73; Johnstone 1980, 124) (Figura 39).

Existen dos maneras de utilizar este tipo de elemento. Por un lado, las embarcaciones que disponen de una batanga de grandes dimensiones la colocan siempre a barlovento de manera tal que cuando el viento escora el buque a sotavento la batanga actúa como contrapeso por la fuerza que ejerce en el agua al estar sumergida. En algunas embarcaciones se creaba una plataforma del lado contrario de la embarcación para contrarrestar el peso del flotador con el peso de tripulantes en caso de que se volviera muy excesivo (McGrail 2001, 327) (Figura 29). En muchas de las monóxilas de Sri Lanka puede observarse que el mástil de la embarcación se amarraba tanto al casco como a los brazos de la batanga (Kapitän 1987a, 1988, 1991), quizás para evitar que se hundiera en exceso. Por otro lado, las monóxilas que usan batangas simples o dobles de escasa entidad como se observa por ejemplo en Sri Lanka funcionan mediante otra mecánica (Kapitän 1987a, 1987b, 1988, 1989, 1991). En este caso la tabla o tronco que hace las funciones de estabilizador, al carecer del peso necesario para ir sumergido, se coloca a escasa distancia del agua de manera tal que al escorarse la embarcación la presión que ejerza sobre la superficie mantenga la estabilidad del conjunto. En ambos casos, las batangas se suelen poner a una distancia equivalente a 1/3 del largo de la monóxila (McGrail 2001, 325) y debemos destacar que este es un elemento de uso marino (Guerrero Ayuso 2009, 80).

No disponemos de ningún indicio arqueológico de la existencia de batangas durante la prehistoria, siendo del siglo IX d.C. las representaciones iconográficas más antiguas donde se ven representadas (Johnstone 1980, 50). Sin embargo, algunos estudios lingüísticos evidencian que al menos en el Pacífico el concepto batanga existía desde el 1.500 a.C. (McGrail 2001, 318).

Por último, la evolución de las monóxilas hacia las dobles monóxilas con plataforma a modo de catamarán supondrá la aparición de un artilugio náutico de gran estabilidad debido a la amplitud de manga. Los *jangar* o *bandar* de la India se conformaban de dos monóxilas simples a una distancia de 1.5 metros que se unían mediante una plataforma de bambú (McGrail 2001, 267-68). Los *pahi* de Tahití y del archipiélago de Tuamotu o los *tongiaki* de Tonga hacían uso de dos canoas gemelas con una plataforma de grandes dimensiones y velamen que posibilitaban la navegación oceánica en mar abierto (Lewis 1994, 56-57). En el caso de la *ndrua* de Fiyi, las dos canoas que se usaban eran de diferente tamaño, la menor de la cuales funcionaba a modo de "batanga" (Lewis 1994, 58). En cualquier caso, estos tres últimos ejemplos cuentan con canoas de tablas y no con monóxilas.

5.2.4 Embarcaciones de corteza

Para hablar de la estabilidad de este tipo de embarcaciones debemos tener en cuenta que son artilugios principalmente diseñados para navegar en ríos o aguas interiores (Johnstone 1980, 21). Las embarcaciones simples que ya se han mencionado anteriormente disponen de una estabilidad transversal muy reducida y son muy sensibles al desplazamiento de pesos, aunque en ocasiones esa circunstancia se podía utilizar de forma favorable para levantar la proa de la embarcación y capear mejor las olas (Vairo 1995, 65). En cualquier caso, estaríamos ante embarcaciones destinadas a aguas calmas que no supondrían un desafío muy considerable en lo que refiere a la estabilidad, si bien es cierto que las embarcaciones de las tribus yámanas de Tierra del Fuego o de las comunidades beothuk de Terranova se usaban en navegaciones marinas, en algunos casos incluso de cierta envergadura (Johnstone 1980, 410; McGrail 2001, 410). En el caso de las primeras, la estabilidad se obtenía gracias a la existencia de un fondo plano. En experimentaciones realizadas se comportó de forma muy estable aun con calados que no superaban los 5 centímetros, permitió cargar y descargar pesos de forma segura y consiguió navegar escorada sin embarcar agua (Vairo 1995, 63-64).

5.2.5 Embarcaciones de pieles

La estabilidad de las embarcaciones de pieles estará estrictamente ligada a su forma, que como se observa etnográficamente son del todo variadas. En el caso de las embarcaciones tipo *coracle* (Gales), *curragh* (Irlanda), *umiak/baidara* (Alaska/Chukotka) o *kowas* (Tíbet) las formas tienden a ser de tipo esferoidal, de poco calado, fondo plano y con un puntal muy distinto a las embarcaciones de tablas (Guerrero Ayuso 2009, 247) (Figura 40).

Estas características en principio aportarían una estabilidad transversal elevada, aunque debido a su ligereza el traslado de pesos en su interior podría producir grados de escora incompatibles con navegaciones marinas. Esta puede ser la razón por la cual los *umiak* eran provistos de estabilizadores laterales cuando eran utilizados para cazar ballenas, tarea que puede provocar movimientos bruscos por parte de la tripulación (McGrail 2001, 417). En cualquier caso estaríamos ante embarcaciones en esencia estables que incluso presentaban buen rendimiento en condiciones adversas de mar y en el capeo de las olas (Johnstone 1980, 27; McGrail 2001, 182).

Figura 40. Kowak del Tibet. Foto de Tania Liu, reproducible bajo licencia Creative Commons (CC BY-ND 2.0). Extraída de la plataforma Flickr el 19/04/2018.

Estas premisas no son aplicables al caso de los *kayaks/baiderka* que por contar con poca manga, una eslora considerable (ratio E/M= 9.5-15 a 1), un puntal reducido (ratio E/P= 10-40 a 1) y escaso peso (15-20 kilos) suelen ser embarcaciones con una estabilidad transversal muy escasa (McGrail 2001, 417-19). Tanto es así que las medidas de la embarcación se adaptan a las medidas del palista que la gobernará para de esa manera conseguir una buena distribución de pesos (McGrail 2001, 419). Como en cualquier otra embarcación, el movimiento aporta estabilidad a este tipo de artilugios pero en reposo suelen ser extremadamente inestables (McGrail 2001, 419). Debido a estas circunstancias, en ocasiones se ataban dos *kayak* entre sí con tal de mejorar este factor (McGrail 2001, 419).

5.2.6 Embarcaciones tipo cesta

En lo que refiere a la estabilidad de las embarcaciones tipo cestas cabe realizar algunas aclaraciones. Por lo general este tipo de artilugio náutico posee unas formas circulares o elípticas con unos fondos relativamente planos o ligeramente cóncavos. Existen excepciones en la *zaimas* o las *jillabies* de zonas arábigas, que tienen formas alargadas y terminaciones de proa y popa similares a las de una canoa, o en las grandes cestas mixtas de las costas vietnamitas que tienen formas similares a auténticos barcos (McGrail 2001, 60 y 294) (Figura 41). En cualquier caso, estamos ante embarcaciones con formas que favorecen la estabilidad transversal y longitudinal al navegar. Sin embargo, la gran mayoría de ellas son utilizadas en ríos o lagos, lugares con condiciones náuticas que no suelen suponer desafíos considerables y, por lo tanto, un análisis de estabilidad no tendría demasiado recorrido. Solo en el caso de las grandes cestas vietnamitas se tiene constatada la práctica de navegación marina hasta 2 millas de la costa (McGrail 2001, 295), pero no suponen en ningún caso un ejemplo extrapolable.

Figura 41. Embarcación tipo cesta alargada de Vietnam. Foto de David Loong, reproducible bajo licencia Creative Commons (CC BY-SA 2.0). Extraída de plataforma Flickr el 20/04/2018 con modificación de encuadre posterior.

5.3 Movimiento del buque

Por movimiento del buque entenderemos la capacidad de éste para desplazarse por la superficie del agua. Las posibilidades de movimiento estarán determinadas por la capacidad del buque para contrarrestar las resistencias que genera el agua (resistencia por fricción, resistencia directa, resistencia por formación de olas) y/o el aire a su avance. Este aspecto vendrá determinado por las capacidades hidrodinámicas y aerodinámicas del buque, los sistemas de propulsión (vela o remos) y los sistemas de gobierno. En base a estos elementos y las condiciones del medio (velocidad del viento, fuerza de la corriente, altura de las olas, etc.) se obtendrá la velocidad potencial de la embarcación. Por otro lado, no debemos olvidar que en los ríos existe la posibilidad de remolque, práctica registrada etnográficamente (McGrail 2001, 59) que si bien no debió suponer una generalidad no podemos pasar por alto.

5.3.1 Balsas

Debido a la muy poco desarrollada obra muerta, las balsas son artilugios con capacidades aerodinámicas relativamente favorables ya que no oponen resistencia al viento, aunque evidentemente no poseen la forma más idónea. Sin embargo, su frontal plano no le confiere una gran capacidad hidrodinámica por lo cual el desplazamiento por el agua resulta menos eficaz que en otros artilugios náuticos. Esto deriva en unas ratios de velocidad generalmente bajas. Para producir una mejora en las capacidades hidrodinámicas algunas balsas utilizan un tronco con una forma natural curvada que es colocado en el centro de la estructura y que sobresale del resto. Así se evidencia por ejemplo en las balsas de Australia, Coromandel o el Nilo blanco (Johnstone 1980, 8; McGrail 2001, 320). En Bengala esta forma se consigue mediante la creación de una pieza de madera bien tallada que se coloca en la proa y que se une al resto mediante atados (McGrail 2001, 264; Guerrero Ayuso 2009, 26). En Sri Lanka la solución adoptada es el arqueo de los troncos en su llegada a proa para crear una forma en punta más hidrodinámica que ayuda en el capeo de las olas (Guerrero Ayuso 2009, 26). Por otro lado, en la isla de Fiji esta problemática se resuelve confeccionando una balsa ostensiblemente más estrecha en proa que en popa, generando una planta de forma triangular que evidentemente aporta mayor hidrodinámica (Hornell 1931, 354) (Figura 42). En el caso de las grandes balsas taiwanesas la hidrodinámica se conseguía mediante una superficie marcadamente arrufada que mantenía la proa elevada (Johnstone 1980, 189). Por último, como es evidente, las embarcaciones de troncos que evolucionan de las balsas aportan unas cualidades hidrodinámicas

Figura 42. Balsa triangular de la isla de Fiji. Foto de James Hornell. Extraída desde Hornell (1931, fig. 11b).

sensiblemente mejores debido a las formas que pueden conseguirse.

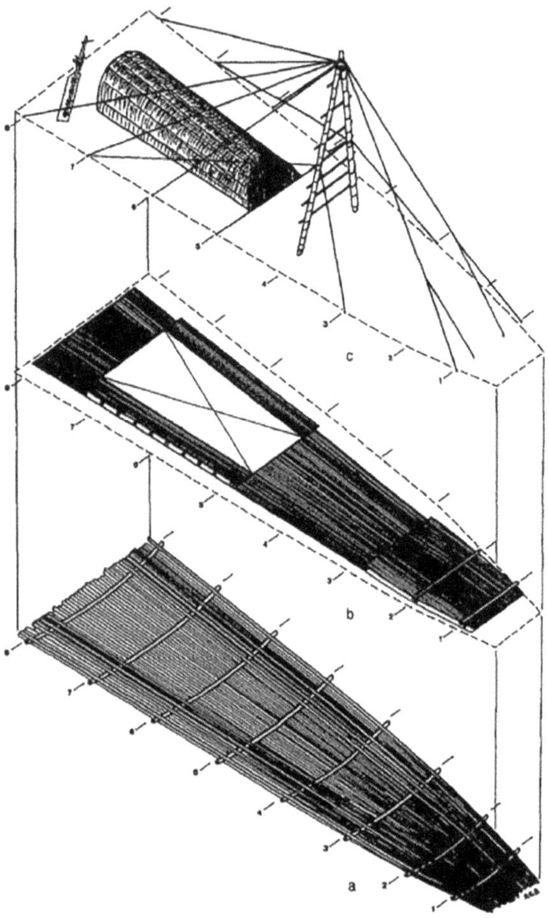

Figura 43. Despiece de la Balsa Nale Tasih 2. Dibujo de Robert Bednarik, extraído con permiso desde Bednarik (1999, fig. 1).

En lo que respecta a los sistemas de propulsión se ha constatado el empleo de velas de diferente índole aunque el uso de remos suele ser la opción prioritaria incluso en los sistemas de propulsión mixtos (Guerrero Ayuso 2009, 24). Aparejos de diferente índole se han registrado por ejemplo en las balsas de India cuando soplaba el monzón, en las *ghebe* vietnamitas que aseguraban sus mástiles en los troncos transversales de la embarcación, en las grandes balsas de Taiwán o China, en Tonga, en Mangareva, en la isla de Yap, en el Caribe y en las *jangadas* brasileñas (Johnstone 1980, 234; McGrail 2001, 264, 294 y 320; Guerrero Ayuso 2009, 27). Como ya se ha mencionado la velocidad que este tipo de artilugios podía alcanzar no sería muy elevada aunque algunos ejemplares podrían tener un comportamiento marinero más que decente. Según McGrail (2001, 351) las balsas taiwanesas podrían alcanzar velocidades medias en torno a los 3 nudos y serían capaces de ceñir hasta 67 grados y medio. Por otro lado, Hazell y Fitzpatrick (2006, 18) consideran que podrían alcanzarse velocidades medias de 2 nudos con cargamentos de 2 toneladas e incluso 5 nudos en condiciones favorables de viento y corriente. Datos similares pueden desprenderse de los viajes experimentales de Bednarik (2003, 48) que con el modelo Nale Tasih 2[25] tardó 13 días en realizar una navegación sin escala entre el puerto de Kupang y el sur de la isla Melville (Figura 43).

Teniendo en cuenta que la travesía sería como mínimo de 770 kilómetros en línea recta, estaríamos ante velocidades que superarían ligeramente 1 nudo de media. Este mismo cálculo nos lleva a velocidades prácticamente idénticas en el viaje de la Kon-Tiki realizado por Heyerdahl (1983)[26].

El gobierno de las balsas podía hacerse mediante el uso de palas, largos bastones para impulsarse con el fondo marino o incluso algún tipo de timón lateral (Johnstone 1980, 191). En el caso del uso de remos el rumbo podía ser rectificado por los propios palistas.

Debido a su configuración plana y su escaso calado las balsas son artilugios que tienden a producir un alto grado de deriva en condiciones de fuertes corrientes o vientos, factor que se incrementa en el caso de usar vela. Por esta razón la efectividad para navegar largas distancias se ve limitada. En este sentido resulta sumamente interesante el empleo de orzas en ciertas embarcaciones tradicionales de Taiwán o en las *jangadas* brasileñas (Johnstone 1980, 189; Guerrero Ayuso 2009, 27) (Figs. 26). Si bien pueden ayudar ligeramente a la estabilidad transversal como se ha mencionado anteriormente, su objetivo principal es ayudar al gobierno y a reducir la deriva lateral (Johnstone 1980, 190). Así quedó plasmado en los relatos de Jorge Juan y Antonio Ulloa de 1748 sobre las balsas del Pacífico americano donde manifestaban lo siguiente:

"Lo mas particular de esta embarcacion es que navega y bordea, quando tiene viento contrario, lo mismo que cualquiera de quilla, y van tan segura en la direccion del rumbo que se la quiera dar, que discrepa muy poco de él. Esto lo logra con distinto artificio que el del timon, y se reduce á tablones de tres a quatro varas de largo y media de ancho, que llaman guares [orzas], los quales se acomodan verticalmente en la parte posterior ó popa, y en la anterior ó proa entre los palos principales de ella;

[25] Los trabajos experimentales de Bednarik cuentan con la gran ventaja de haber sido realizados con tecnología lítica y siguiendo de forma rigurosa las capacidades técnicas de las sociedades prehistóricas. Aun así, en el caso de los modelos Nale Tasih estamos ante embarcaciones a mi modo de ver demasiado complejas para poder ser atribuidas a sociedades del Pleistoceno e incluso a las primeras comunidades del Holoceno. No tanto desde un punto de vista técnico sino más bien desde una perspectiva socioeconómica.

[26] En lo que respecta a la expedición Kon-Tiki y a otras experiencias similares como la Expedición Atlantis, estamos ante embarcaciones construidas mediante métodos no tradicionales, de envergaduras sobredimensionadas y utilizadas en rutas marinas que no parecen responder a ningún indicio arqueológico o histórico. Si bien es cierto que nos aportan datos interesantes sobre algunas de las capacidades náuticas aquí analizadas son en cualquier caso experiencias muy poco extrapolables desde el punto de vista contextual.

por cuyo medio, y el ahondar unos en el agua, y sacar alguna cosa otros, consiguen que orze, arrive, vire de bordo, por delante ó en redondo, y se mantenga á la capa según convenga [...]" (recogido en Guerrero Ayuso 2009, 30)[27].

La aparición de tres orzas en un registro arqueológico precolombino en Perú (Johnstone 1980, 229; McGrail 2001, 402) parecen prueba fehaciente de la posibilidad de su empleo en periodos prehistóricos.

5.3.2 Embarcaciones de juncos

Las embarcaciones de juncos suelen disponer de unas formas que les aportan unas capacidades hidrodinámicas y aerodinámicas muy positivas incluso para capear oleaje. Esto se debe a que las formas de las embarcaciones, con proas y popas elevadas que tienden a curvarse hacia el interior, viene dada en buena medida por la propia forma del junco y la curvatura que adopta al ser atado y tensado (Tzalas 1995, 446). Por esta razón, son embarcaciones con buen comportamiento en navegación marina y con ratios de velocidad favorables. Por ejemplo, la embarcación Papyrella fue capaz de mantener una velocidad media de 0.89 nudos, siempre y cuando los remeros fueran experimentados (Tzalas 1995, 453). En los experimentos de Heyerdahl (1983, 37), las expediciones Ra I y Ra II alcanzaron velocidades de 4-5 nudos a los inicios de la navegación y 2 nudos cuando el junco estaba empapado, dando medias de 3 nudos en la mayoría del trayecto. Ahora bien, pese a sus buenas capacidades hidrodinámicas es una embarcación que por constar de fondos planos suele tener una importante tendencia a la deriva, sobre todo aquellas que hacen uso de vela. La embarcación Papyrella tuvo una deriva total de 9 millas en un trayecto total de 72 millas y media (Tzalas 1995, 453), lo que supone un 12,4% del total. En lo que respecta a la maniobrabilidad, si el peso total de la embarcación es demasiado excesivo ésta se reduce de forma drástica impidiendo así la navegación con viento de proa o ceñida (Johnstone 1980, 100).

En lo que concierne a la propulsión este tipo de embarcaciones suele hacer uso generalmente de remos (de pala o sobre chumaceras) o largos bastones para impulsarse con el fondo como los vistos en el lago de Santa Giusta en la provincia de Oristán en Cerdeña (McGrail 2001, 22; Guerrero Ayuso 2009, 170 y 181) (Figura 44).

Además, se ha registrado el uso de velas en lagos y en aguas interiores así como en iconografía del periodo Naqada III aunque no suele ser lo más habitual (Johnstone 1980, 75-77; McGrail 2001, 18-19 y 404). En el caso egipcio encontramos velas triangulares invertidas que no encuentran paralelos en otras partes del mundo y que podría responder a una adaptación a las condiciones climáticas del Nilo (Guerrero Ayuso 2009, 175). En el lago Titicaca se ha registrado el uso de velas fabricadas en totora a modo de estera, de forma rectangular en sentido vertical en las embarcaciones de mayor envergadura o cuadra en las embarcaciones menores (Guerrero Ayuso 2009, 181). En lo que refiere al empleo de velas cabe destacar que, por la falta de un elemento central de fijación, los mástiles que las soportan suelen ser bípodes o trípodes que se fijan en los rollos de babor y estribor y siempre en el tercio proel de la embarcación (Guerrero Ayuso 2009, 181, 174 y 163).

Figura 44. Embarcación tradicional sarda (*fassoni*) en fiesta conmemorativa del lago de Santa Giusta en la provincia de Oristán (Cerdeña). Foto de Nebunell, reproducible bajo licencia Creative Commons (CC BY-SA 2.0). Extraída de la plataforma Flickr el 26/04/2018.

El gobierno puede realizarse mediante el uso de timones laterales y en raras ocasiones de codaste, aunque esta última posición sirve también para impulsarse y maniobrar lentamente la embarcación (Guerrero Ayuso 2009, 181). En el caso de las embarcaciones de juncos del lago Titicaca se realiza mediante el uso de grandes timones de aleta o codaste (Guerrero Ayuso 2009, 181). En la expedición Ra II se utilizó un doble timón lateral, construido a partir de datos iconográficos del antiguo Egipto, unido mediante un travesaño por encima de la popa que se amarraba a un entramado de madera también ubicado en la misma zona de la embarcación (Heyerdahl 1983, 29). Las navegaciones experimentales comprobaron que un timón de estas características resultaba útil en lo que refiere a la maniobrabilidad pero que no era seguro para navegar con fuerte oleaje ya que si se producía un golpe de ola muy fuerte el timón rompía el amarre y la estructura a la cual se fijaba. Esto se solucionó mediante el empleo de un chicote más fino que funcionaba a modo de "fusible", rompiéndose ante la tensión y evitando la rotura del conjunto.

[27] Se mantiene la ortografía original de la fuente.

5.3.3 Embarcaciones monóxilas o de base monóxila

Las monóxilas simples suelen contar con unas formas geométricas que podríamos considerar que favorecen las capacidades hidrodinámicas y aerodinámicas. Aunque así es en efecto, tenemos que tener en consideración que debido al peso de la madera y la gran cantidad de obra viva anteriormente mencionada oponen una resistencia al agua mayor de la que se observa en otro tipo de tipologías náuticas. Esta circunstancia que podría ser desfavorable en lo que respecta a la facilidad para desplazarse se compensa con las ventajas que aporta el peso para cortar el agua al navegar (Hazell y Fitzpatrick 2006, 19). Por otro lado, las formas más bien "aquilladas" de este tipo de embarcaciones sumado a la presencia considerable de obra viva pueden contribuir a la reducción de la deriva, aunque esto no debe aplicarse por las razones ya explicadas con anterioridad a las monóxilas ampliadas con cala plana.

En el caso de las monóxilas mejoradas que usan sus batangas sumergidas a barlovento la capacidad hidrodinámica se verá reducida por la resistencia de la misma con el agua, aunque los cascos finos y alargados les daban un potencial de velocidad elevado (McGrail 2001, 352). Para contrarrestar este inconveniente algunas monóxilas disponían de un casco asimétrico algo más ancho en la mitad que corresponde al lado de la batanga. Según los relatos de carpinteros de ribera tradicionales del Pacífico este diseño permitía contrarrestar el empuje que generaba la batanga al navegar lo que resultaba en una menor deriva y la posibilidad de navegar más ceñido al viento (Lewis 1994, 76) (Figura 45).

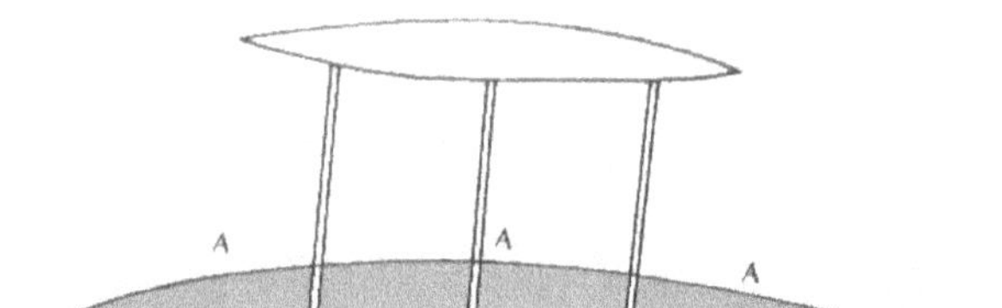

Figura 45. Esquema de casco asimétrico en una canoa monóxila con batanga. La curvatura A-A-A se representa de forma exagerada. Dibujo de Davis Lewis. Extraído con permiso desde Lewis (1994, fig. 13).

Algunas monóxilas de Sri Lanka añaden unas orzas laterales a la embarcación que consiguen reducir la deriva y ayudan al gobierno (Kapitän 1987a, 1987b). Con el objetivo de obtener unas formas más favorables para el capeo de las olas algunas monóxilas mejoradas de grandes dimensiones de Mombasa, Zanzíbar o Dar es-Salam añadían una pieza elevada en la proa (Hornell 1944, 174). Algo similar se realizaba en las *madel-oruwa* con un tablero de proa que se alza intencionalmente (Kapitän 1988, 223) (Figura 46). Por último, las embarcaciones de tipo catamaranes serán las que probablemente mejores capacidades hidrodinámicas presentan debido a la presencia de dos cascos monóxilos y al hecho de que no es necesario el uso de batangas para asegurar la estabilidad transversal.

Figura 46. Embarcación de pesca patai cerca de Colombo (Sri Lanka) con tabla en proa elevada. Foto de James Hornell, extraída con permiso desde Hornell (1943, lámina 3, fig. 2).

En lo que respecta a la propulsión, las monóxilas simples solían hacer uso de remos aunque en ocasiones se podían utilizar ciertas velas de fortuna como suplemento (Guerrero Ayuso 2009, 84). Ya se ha mencionado la presencia de velas en algunas monóxilas simples de Madagascar o Lamu (Hornell 1944). Aunque los datos aportados por el Proyecto Monoxilon[28] (recogido en Guerrero Ayuso 2009, 87) demuestran que las monóxilas simples podrían llegar a ser eficaces en navegaciones marinas (al menos las de grandes dimensiones), la realidad etnográfica y arqueológica parece apuntar a que eran en esencia artilugios náuticos de aguas interiores o ríos. Por lo tanto, las velas no eran del todo necesarias (Guerrero Ayuso 2009). Así parece evidenciarse también en las experimentaciones de Tychý por el Egeo. Desgraciadamente no disponemos de datos claros sobre cuál es la velocidad que un artilugio de estas características podía alcanzar al propulsarse con remos.

Las monóxilas mejoradas con tablas en cambio hacían un uso muy frecuente de velas, aunque los remos también formaban parte de los métodos de propulsión. Por ejemplo, en las monóxilas de Sri Lanka vemos el uso de velas y remos de diferentes tipologías de forma alternada (Kapitän 1987a, 1987b, 1988, 1989, 1991). En embarcaciones como las *loku-oruwa*, *madel-oruwa*, *pokrissa-oruwa*, etc. (Kapitän 1987a, 142, 1988, 225, 1989, 139), se instalan una serie de rieles por sobre la borda o por fuera de la misma en donde se amarran los remos de diferentes tamaños. Mucho se ha discutido sobre el sistema de boga que puede emplearse en este tipo de embarcaciones y coincidimos plenamente con Guerrero en que si bien la boga de pie o de rodillas puede ser efectiva en aguas tranquilas no sería la más adecuada para la navegación con mar rizado (Guerrero Ayuso 2009, 92). La antigüedad del uso de remos no puede asegurarse pero conocemos la

[28] El Proyecto Monoxilon consistió en la realización de navegaciones y comprobaciones experimentales en el Mediterráneo mediante el uso de una réplica de la canoa monóxila de La Marmotta. Esto les confiere a los datos obtenidos una fiabilidad e importancia muy considerable.

existencia de remos en los yacimientos de Holmegård y Ulkestrup Lyng con cronologías de 7.190-7.060 a.C. y 7.140-7.090 a.C. respectivamente, coincidentes con las cronologías de las canoas monóxilas más antiguas conocidas en Europa (Guerrero Ayuso 2009, 67).

En lo que respecta a las velas conocemos su uso en una importante cantidad de localizaciones: Sri Lanka, Zanzíbar, Islas Trobriand, Oceanía, etc. (Kapitän 1987a; Malinowski 1922; McGrail 2001, 331-34; Guerrero Ayuso 2009, 84-85). Como demuestra la etnografía, este tipo de artilugios arbolados tenían unas capacidades de navegación marina y unos índices de velocidad muy elevados. Los *tusukupin* de la isla de Yap serían capaces de alcanzar velocidades constantes de entre 2 y 4 nudos (Hazell y Fitzpatrick 2006, 19); las *bala-oruwa*, *loku-oruwa* y *pala-oruwa* de Sri Lanka podían alcanzar los 8-9 (Kapitän 1987a, 139 y 142, 1987b, 285), y las *pambān manché* de la India eran capaces de llegar a los 11 nudos según algunos relatos coloniales (McGrail 2001, 266). Sin embargo, aquellas que hacen uso de batangas enfrentaban un inconveniente que merece la pena comentar. Ya se ha señalado que las monóxilas que usan batangas simples de grandes dimensiones deben colocarla siempre a barlovento. Esto conlleva que si el viento cambia de dirección o la embarcación necesita virar 180 grados la batanga quedará a sotavento y no será útil. Por esta razón, el mástil y la propia batanga pueden ser desmontados y recolocados de manera tal que la popa se convierta en la proa y se navegue en la dirección contraria, lo que requiere unas proas y popas diseñadas con unas formas tales que puedan ser intercambiables (Figura 47).

Estas prácticas fueron muy bien registradas y explicadas por Malinowski (1922, 209-11), Lewis (1994, 60-61) o Kapitän (1987b, 283 y 291) tras sus trabajos en el Pacífico y Sri Lanka. En el caso de los catamaranes esta maniobra se podía realizar de la misma manera aunque en aquellos en los cuales la proa y la popa eran intercambiables el mástil se fijaba en el centro de la embarcación para que no sea necesario desmontarlo (McGrail 2001, 325).

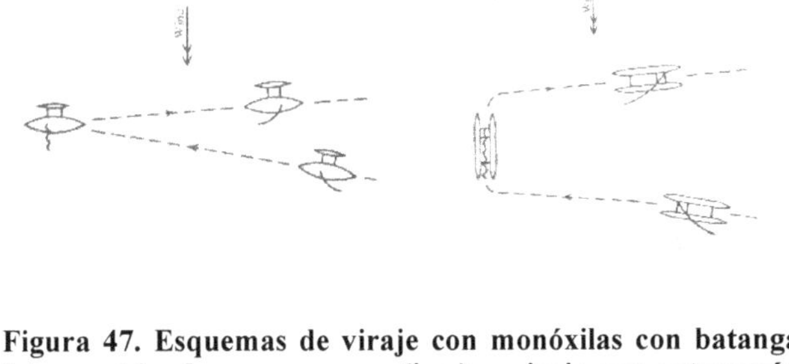

Figura 47. Esquemas de viraje con monóxilas con batanga intercambiando proa y popa (izq.) y viraje con catamarán con mástil centrado (der.). Dibujo de David Lewis. Extraído con permiso desde Lewis (1994, figs. 5 y 6).

En el caso de los catamaranes la propulsión parece ser principalmente con velas. Aquellos que se sustentaban en canoas de tablas y que permitían realizar navegaciones oceánicas en mar abierto, como por ejemplo los de la región de Tahití-Tuamotu o los de la región de Tonga-Samoa, tenían índices de velocidad elevados (Lewis 1994, 55). Los *tongiaki* eran capaces, según relatos, de alcanzar velocidades de 7 nudos (Lewis 1994, 70).

El gobierno de este tipo de artilugios se podía realizar de diferentes maneras. Las monóxilas simples solían gobernarse con los propios remos que servían de propulsión. Sin embargo, las monóxilas mejoradas que usan velas pueden contar con algún tipo de timón o pala de gobierno. En las *bala-oruwa*, *loku-oruwa* o *pala-oruwa* de Sri Lanka el gobierno se realizaba con la orza lateral que se manejaba con el pie, o la mano en caso de mar revuelto (Kapitän 1987a, 139 y 142, 1987b, 285), y en la *pokrissa-oruwa* con un timón de pala corto (Kapitän 1989, 141). En el caso de los catamaranes que hacían largas travesías marinas el gobierno se hacía con grandes timones de palas centrados, laterales simples o laterales dobles (Lewis 1994, 67-76).

5.3.4 Embarcaciones de corteza

Las capacidades hidrodinámicas de las embarcaciones de corteza vienen dadas en buena medida por la forma que adopten. Las tipologías más simples que se observan en el río Orinoco o en el río Darling no tenían prácticamente más tratamiento que una ligera elevación de la proa y por lo general eran útiles únicamente en condiciones favorables de corrientes (Vairo 1995). Sin embargo, las tipologías que pliegan tanto la proa como la popa solían obtener mejores capacidades hidrodinámicas en ríos o lagos (Guerrero Ayuso 2009, 269). En el río Kutenai de la Columbia británica existían embarcaciones que tenían una protuberancia en el "pie de roda" que ayudaba a mejorar el rendimiento en ríos caudalosos con fuertes corrientes (McGrail 2001, 410). Por otro lado, aquellas que debían enfrentarse a navegaciones marinas disponían de unas formas más adaptadas al medio que les otorgaban rendimientos muy solventes al enfrentarse a oleaje (Vairo 1995, 66 y 112). Sin embargo, debido a la ligereza que caracteriza a este tipo de embarcaciones, la navegación con vientos de ceñida no era sencilla (Vairo 1995, 66) y tanto en el caso de las canoas de los beothuk como la de los yámanas era necesario agregar lastre a la embarcación para contrarrestar la ligereza del conjunto (Vairo 1995, 112).

La propulsión se solía hacer con remos y gracias a la ligereza recién mencionada se obtenían velocidades considerables (McGrail 2001, 407), 4 nudos de media de forma constante en el caso de las experimentaciones de Vairo (1995, 66). No disponemos de registro etnográfico del uso de timones o velas aunque estas últimas sí parecen ser mencionadas en algunos relatos coloniales de misioneros que viajaron a Tierra del Fuego y mencionaron el uso de velas confeccionadas con pieles:

"Cuando el viento era favorable, ataban a un palo un cuero, el cual funcionaba como una vela" (Roberto Dabbene 1902 recogido en Vairo 1995, 78).

"Cuando el viento es favorable, emplean un trapo cualquiera o un cuero de foca a guisa de vela; ésta está cosida con ayuda de juncos a una pequeña verga, la cual es soportada por un mástil fijado a uno de los travesaños por la rama flexible de un arbusto pequeño cortado y preparado como mimbre" (Louis-Ferdinand Martial 1882 recogido en Vairo 1995, 78).

5.3.5 Embarcaciones de pieles

Lo comentado respecto a la relación entre la forma y la estabilidad en las embarcaciones de pieles es igualmente aplicable en el caso del movimiento del buque. La forma esferoidal y de fondo plano que como se ha comentado anteriormente caracteriza a muchas de estas embarcaciones no aporta unas condiciones hidrodinámicas o aerodinámicas favorables. Por ser por norma ligeras y contar con un francobordo elevado suelen oponer mucha resistencia al viento lo que les impide navegar de forma eficaz con vientos de ceñida (McGrail 2001, 417). Por las mismas razones, suelen tener problemas al navegar contracorriente (McGrail 2001, 68). Ahora bien, resulta interesante reflejar aquí las ventajas que, según Heródoto, aportaban este tipo de embarcación en zona de ríos caudalosos:

"Luego que han llegado a Babilonia y despachado la carga, venden en almoneda las costillas y toda la paja del barco. Cargan después en sus asnos los cueros, y parten para la Armenia, porque es del todo imposible navegar río arriba, a causa de la rapidez de su corriente. Y por eso también no fabricaban los barcos de maderos, sino de cueros. Cuando arreando sus asnos, llegan a la Armenia, hacen del mismo modo otros barcos" (Heródoto, 1, 194, 4-5)[29].

Las proas más bien planas o cóncavas no le otorgan a la embarcación un buen desempeño para el capeo de olas. Para contrarrestarlo, podía instalarse una pieza de madera curvada que sobresalía por popa y que tenía una funcionalidad crucial en la navegación marina. Los trabajos experimentales con la embarcación Kalnes demostraron que un artilugio náutico de estas características puede disponer de una buena maniobrabilidad, estabilidad, robustez y capacidad de navegación marina, y son prueba fehaciente de la funcionalidad de este elemento (Johnstone 1980, 111-12). Cuando la embarcación se enfrenta a oleaje con su proa, esta pieza curvada hacia arriba se desliza sobre la superficie de la ola utilizando su propia fuerza para levantar la proa de la embarcación y permitir sobrepasarla. De esta manera se evita embarcar agua y se puede mantener un rumbo fijo. Este elemento se observa en infinidad de representaciones iconográficas del mundo escandinavo (Ling, Cornell, y Kristiansen 2017) (Figura 48), lo que demuestra el uso de estas embarcaciones en espacios marinos.

En lo que respecta a la propulsión suelen hacer uso de remos simples o dobles (en el caso de los *kayak*) aunque en aquellos casos en que fueran utilizadas en ríos también podrían haber sido remolcadas desde tierra (McGrail 2001, 419; Guerrero Ayuso 2009, 250). En el caso de las embarcaciones que presentan una planta de forma circular o rectangular (p.e las *coracle* o los *kowas*), lo que es perjudicial para el desplazamiento por el agua es beneficioso para la maniobrabilidad ya que pueden propulsarse desde cualquier posición (McGrail 2001, 265).

Figura 48. Representación de embarcación de piel en arte rupestre del yacimiento Sotetorp 6 Tanum (Tanum, Suecia) donde se observa la presencia del elemento curvado y elevado de proa reconstruido en el modelo "Kalnes". Calco personal sobre foto de Gerhard Milstreu. Tanum Rock Art Museum Underslös. Utilizada con permiso.

En el caso de aquellas que presentan formas más hidrodinámicas las velocidades que se pueden alcanzar haciendo uso de remos son considerables. Por ejemplo, la Kalnes mantuvo una velocidad constante muy cercana a los 3 nudos en su travesía, paradójicamente ayudada por el peso de la carga que facilitaba la tarea de remar (Johnstone 1980, 112). Lo mismo sucede con los *kayaks*/*baiderka* que gracias a que disponen de un casco simétrico y una proa puntiaguda y ligeramente elevada son capaces de alcanzar velocidades altas que resultan cruciales para conseguir cazar grandes mamíferos acuáticos (McGrail 2001, 418). En lo que respecta al empleo de velamen algunos relatos de época colonial apuntan la existencia de velas hechas de intestinos de foca en los *umiak* de Alaska, algo que se constataría etnográficamente (McGrail 2001, 414-17). En este sentido la rigidez del esqueleto de los *umiak*, para nada habitual en el resto de embarcaciones de este tipo, permite la colocación de mástiles en la sobrequilla sin con ello comprometer la integridad de la estructura. Es quizás por esta razón que no contamos con ninguna otra evidencia

[29] Traducción extraída de Guerrero Ayuso (2009, 250). Versión en griego: "*ἐπεὰν ὦν ἀπίκωνται πλέοντες ἐς τὴν Βαβυλῶνα καὶ διαθέωνται τὸν φόρτον, νομέας μὲν τοῦ πλοίου καὶ τὴν καλάμην πᾶσαν ἀπ' ὦν ἐκήρυξαν, τὰς δὲ διφθέρας ἐπισάξαντες ἐπὶ τοὺς ὄνους ἀπελαύνουσι ἐς τοὺς Ἀρμενίους. ἀνὰ τὸν ποταμὸν γὰρ δὴ οὐκ οἷά τε ἐστὶ πλέειν οὐδενὶ τρόπῳ ὑπὸ τάχεος τοῦ ποταμοῦ: διὰ γὰρ ταῦτα καὶ οὐκ ἐκ ξύλων ποιεῦνται τὰ πλοῖα ἀλλ' ἐκ διφθερέων. ἐπεὰν δὲ τοὺς ὄνους ἐλαύνοντες ἀπίκωνται ὀπίσω ἐς τοὺς Ἀρμενίους, ἄλλα τρόπῳ τῷ αὐτῷ ποιεῦνται πλοῖα.*" Herodotus, with an English translation by A. D. Godley. Cambridge. Harvard University Press. 1920.

etnográfica o iconográfica del uso de velas en embarcaciones de pieles, excepto que aceptemos que el petroglifo danés de Karlby-Skibet representa un casco de varillas forrados con pieles (Guerrero Ayuso 2009, 247), hipótesis con la cual no estamos del todo de acuerdo.

5.3.6 Embarcaciones tipo cesta

Por lo comentado anteriormente con respecto a sus formas, las capacidades hidrodinámicas y aerodinámicas de las embarcaciones tipo cestas suelen ser reducidas. Por esta razón, no se les presupone unos índices de velocidad muy elevados, si bien es cierto que no disponemos de datos fiables al respecto.

En lo que respecta a la propulsión suelen hacer uso de remos de diferentes características (de pala, sobre tolete, etc.) que en el caso de las embarcaciones de forma circular, del mismo modo que en las de pieles, pueden disponerse en cualquier posición sin perder maniobrabilidad (McGrail 2001, 266 y 295). Las construidas en Vietnam disponían de velas para aquellas ocasiones en las cuales navegaban en el mar (McGrail 2001, 266).

El gobierno solía realizarse con los propios remos aunque en el caso de las vietnamitas se colocaban unos postes atados o clavados al casco que permitían sujetar un profundo timón en la zona de popa (McGrail 2001, 295). También se instala una orza central en la zona de proa que podía ayudar a reducir la deriva y mantener el rumbo de navegación (McGrail 2001, 295).

5.4 Resistencia estructural

Por resistencia estructural entenderemos la capacidad del buque para resistir los esfuerzos sufridos por la estructura al enfrentarse a las fuerzas generadas por el ambiente acuático. Estos esfuerzos son particularmente importantes cuando nos referimos a navegación marina por el efecto que genera sobre la estructura la acción de las olas, aunque pueden darse en aguas tranquilas si la distribución de carga en el buque no es la adecuada. Navegando entre olas, la estructura del buque atraviesa crestas y senos. Cuando la longitud de onda de la ola es aproximadamente igual a la eslora del buque, se pueden dar dos situaciones que son las más desfavorables para la estructura de la nave, y que según progresa entre las olas se van alternando: el arrufo y el quebranto.

En aquellos casos en los cuales la dimensión predominante sea la eslora frente a la manga, los mayores esfuerzos a que está sometido un buque son longitudinales de flexión, y son máximos en la zona del casco próxima al centro de eslora.

5.4.1 Balsas

Debido a las escasas capacidades hidrodinámicas de estos artilugios, en el caso de tener que enfrentarse a situaciones de oleaje, el juego de esfuerzos sobre la estructura seguramente resultará poco favorable. Así también, la inexistencia de borda y la escasa altura de la superficie transitable produce inevitablemente situaciones de ineficacia e inseguridad en caso de tener que afrontar mala mar u oleaje fuerte. En este sentido las balsas con bordas ya analizadas parecen aportar ventajas ante estas condiciones aunque, bajo nuestro punto de vista, no solucionarían el problema. Sin embargo, la introducción de elementos transversales en la estructura si pudo resultar ser una estrategia que provocó mejoras en la resistencia general de la embarcación. Este tipo de soluciones las encontramos en balsas de Palaos, en las *ghebe* vietnamitas o en las grandes balsas de Taiwán (Johnstone 1980, 8; McGrail 2001, 294 y 351). Así también, en África, India, Melanesia, Nueva Zelanda o Brasil se han registrado balsas de troncos construidas en capas intercaladas que se clavan entre sí con clavijas y que pudieron intentar cumplir el mismo propósito (Johnstone 1980, 8).

Figura 49. Vista de la carlinga sobre caballete y de la pértiga para la botavara de una reconstrucción de jangada brasileña expuesta en el Museu Marítim de Barcelona. Foto de Victor Guerrero, extraída con permiso de BAR publishing (www.barpublishing.com) desde Guerrero (2009, fig. II-17).

En aquellas balsas aprovisionadas con vela resulta fundamental tener en consideración la fijación del mástil debido a las tensiones que éste traslada al conjunto de la embarcación cuando sobre la vela actúa el viento. El hecho de carecer de quilla o de una tabla central robusta hace que esta unión resulte compleja. Si tenemos en consideración que en ciertas balsas como la *jangada* brasileña pueden instalarse mástiles de hasta 8 metros de altura con botavaras proporcionales (Guerrero Ayuso 2009, 27), podemos hacernos una idea de la cantidad de cuerpo vélico y de las tensiones que debe soportar la embarcación al navegar. En el caso de esta embarcación vemos que la solución pasa por la utilización de una carlinga elevada sobre un caballete para sostener el mástil y una pértiga ahorquillada para sostener la botavara en los momentos que no se navega a vela (Figura 49) (Guerrero Ayuso 2009, fig. II-16 y II-17). Sistemas similares observamos en las balsas de Taiwán (Guerrero Ayuso 2009, fig. II-25) a diferencia de las grandes balsas de Guayaquil en las cuales se opta por el uso de un mástil bípode anclado en los costados de babor y estribor (Guerrero Ayuso 2009, fig. II-20).

5.4.2 Embarcaciones de juncos

Las características naturales del junco lo convierten en un elemento duro y elástico (Heyerdahl 1983, 38), aunque como ya se ha comentado anteriormente suelen perder dicha flexibilidad a medida que pasan tiempo en contacto con el agua. En cualquier caso, estamos ante embarcaciones que soportan de manera más que eficaz los esfuerzos de arrufo y quebranto que podían existir en caso de realizar navegaciones marinas con oleaje. Sin embargo, al capear olas deben afrontar el riesgo de partirse a la mitad (Heyerdahl 1983, 26). Este inconveniente se ve mitigado con la construcción del casco en dos partes, como sucede en las embarcaciones del lago Titicaca, y con la introducción de obenques anclados a tres cuartas partes de la popa. También, se suele colocar un cabo que une el extremo de la popa con el eje de crujía de la embarcación. Este último aspecto es muy característico de las embarcaciones de juncos ya que evita que la popa se hunda por efecto del quebranto, haciendo las funciones de muelle (Heyerdahl 1983, 26; Guerrero Ayuso 2009, 158). Este tipo de cabo se ve representado de forma clara en un grabado sobre un cilindro mesopotámico del periodo Jemdat Nasr del 3200 a.C. (Johnstone 1980, fig. 2.5) y quizás también en una pintura sobre un vaso cerámico del periodo predinástico egipcio (Guerrero Ayuso 2009, fig. IV-6). Por otra parte, la resistencia general de la embarcación puede mejorarse mediante la introducción de elementos de madera en la estructura, como se hizo en el caso del proyecto Papyrella, aunque en dicho caso por el contrario se obtuvo menor hidrodinámica y mayor grado de deriva (Tzalas 1995, 453). Así también, el material empleado en las ataduras de los fardos será de vital importancia si no se quiere perder tensión a medida que se navega (Tzalas 1995, 453).

5.4.3 Embarcaciones monóxilas o de base monóxila

Respecto a la resistencia estructural de las embarcaciones monóxilas cabe hacer una serie de distinciones. Las monóxilas simples son artilugios altamente resistentes debido a que se componen de una única pieza, el tronco, que por lo general es de una madera sólida y rígida. El hecho que no sean utilizadas normalmente en navegaciones marinas no responde a su imposibilidad de aguantar las tensiones del oleaje sino más bien a problemas relativos con la estabilidad y el francobordo que ya se han explicitado anteriormente. Las estructuras transversales que ocasionalmente se ponen en su interior cuando son expandidas tampoco tienen por objetivo principal reforzar la estructura, aunque evidentemente contribuyen a ello. Por otro lado, muchas de la monóxilas registradas arqueológicamente muestran una serie de testigos que se dejan durante el proceso de vaciado para controlar el grosor uniforme de la madera a lo largo de la estructura (B. Arnold 1995; Guerrero Ayuso 2009, 74). Creemos que de forma secundaria podrían ayudar a la solidez transversal de la embarcación.

En el caso de las monóxilas mejoradas esta característica se ve mermada. Como resulta evidente el añadido de piezas a la base monóxila, o la partición de la misma para colocar piezas de por medio, genera puntos de debilidad en la estructura. Por esta razón algunas monóxilas mejoradas disponen de elementos transversales de refuerzo, sobre todo aquellas de mayores dimensiones. Estas estructuras pueden observarse por ejemplo en las *madel-oruwa* de Sri Lanka (Kapitän 1988, 227), las *bandar manché* de India (McGrail 2001, 267-68) o en las *kalipoulo* o *masawa* de las Islas Trobriand (Malinowski 1922, 213) (Figura 50). Poco más puede decirse al respecto de este condicionante náutico sin la realización de análisis matemáticos más complejos.

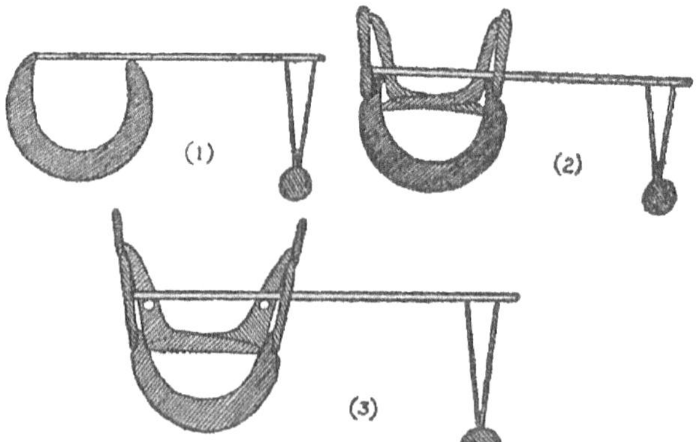

Figura 50. Secciones esquemáticas con refuerzos internos de los tres tipos de monóxilas con batanga de las Islas Trobriand: (1) Kewo'u, (2) Kalipoulo y (3) Masawa. Extraída de Malinowski (1922, fig. 2).

5.4.4 Embarcaciones de corteza

Como ya se ha mencionado con anterioridad este no es un material particularmente sólido, lo que entre otras cosas impide la creación de embarcaciones mayores a partir de embarcaciones de este tipo (Guerrero Ayuso 2009, 269). En otro orden de cosas, la corteza tiende a enrollarse en sí misma en el momento en que se humedece y gana flexibilidad (McGrail 2001, 408). Por esta razón algunas embarcaciones usan ramas transversales para reforzar la estructura y evitar que se aplastara por la presión del agua (Vairo 1995, 96). En el caso de las embarcaciones yámanas esta mecánica se mitigaba mediante la colocación de varas transversales de borda a borda que impedían que la canoa se cerrara mientras eran colocadas las ramas transversales sobre el casco que harían la función de "cuadernas". A partir de ese momento dichas varas pasaban a cumplir la función de "baos" impidiendo que la canoa se abriera hacia el exterior por la presión interna (Vairo 1995, 50). Este último aspecto se solía mitigar mediante el uso de ramas finas para las cuadernas que se rompían levemente (Vairo 1995, 51).

5.4.5 Embarcaciones de pieles

La característica de las embarcaciones de varillas forradas con pieles no les otorga unas cualidades ventajosas en lo que refiere a la resistencia estructural. El esqueleto de madera unido mediante ataduras aporta a la embarcación una estructura elástica y absorbente de energía (McGrail 2001, 183), lo que puede ser beneficioso para contrarrestar las fuerzas del quebranto y el arrufo cuando se navega entre olas. Sin embargo, la debilidad de las pieles no permite obtener una resistencia estructural general favorable y de romperse una de ellas lo más probable es que la embarcación se fuera a pique. Esto produce entre otras cosas que este tipo de embarcaciones tenga un límite máximo de eslora, 18 metros según las embarcaciones más largas que se han registrado (McGrail 2001, 68 y 183). En el caso de los *kayak* o *umiak* del Ártico, para contrarrestar esta problemática las pieles suelen atarse solo en la borda de la embarcación para que en caso de golpear con algún casquete de hielo durante la navegación el entramado de pieles se desplace conjuntamente y permita absorber parte de la energía producida por la colisión (McGrail 2001, 416). En cambio, en las cestas forradas con pieles de búfalo que se usan en los lagos y ríos de la India se suelen colocar hasta 3 marcos simultáneos que refuerzan la estructura (McGrail 2001, 265), aunque estos son espacios náuticos por lo general menos exigentes. La única excepción a lo comentado la presentan los *umiak/baidar*, que gracias a su sólido esqueleto que tiene sus puntos más fuertes en la sobrequilla y las cuadernas, dispone de una solidez estructural elevada que le permite realizar navegaciones en condiciones marinas complejas (Johnstone 1980, 35). En la misma línea, es posible que algunas embarcaciones de pieles tuvieran capacidades similares a tenor de la atribución que se hace a los *curragh* de navegaciones oceánicas en algunas fuentes cristianas (Johnstone 1980, 135) o a ciertas fuentes clásicas que hablan de su uso en el mar:

"Y, en esquifes, surcan [los estrimnios], a grandes distancias, el mar zarandeado por los vientos Notos y el abismo del Océano, poblado por monstruos. En efecto, no suelen ensamblar sus naves con madera de pino, no curvan sus chalupas con la de abeto, como es costumbre, sino que, ¡hecho fantástico!, construyen siempre sus embarcaciones con pieles cosidas, y muchas son las veces que recorren el vasto mar sobre el cuero" (Avieno, Ora Maritima, 101-109)[30].

5.4.6 Embarcaciones tipo cesta

El tupido entramado que caracteriza a este tipo de embarcaciones le aportan una gran resistencia y flexibilidad lo que supone en términos generales una estructura con capacidades de resistencia estructural muy elevada (Guerrero Ayuso 2009, 251). Sin embargo, como ya se ha especificado este tipo de embarcaciones no suelen enfrentarse a los esfuerzos de la navegación marina y por lo tanto no requieren de elementos estructurales complejos. Aun así, ciertas embarcaciones pequeñas como las que se observan en los ríos taiwaneses disponen de bancadas que de forma secundaria pudieron cumplir la función de "baos" (McGrail 2001, 295). En el caso de las grandes balsas taiwaneses, que sí realizan navegaciones en el mar, se suelen colocar unas bordas anchas confeccionadas en madera y un tablón central a modo de quilla que aumentarían considerablemente la resistencia del buque (McGrail 2001, fig. 8.3).

...

A modo de resumen se presenta en la tabla 3 una comparación con la relación de capacidades náuticas en función de la tipología naval analizada. Los números representan valores relativos donde al valor más alto se le supone la mayor capacidad náutica en comparación con las otras tipologías de la misma categoría. En negrita se comparan los valores relativos de las diferentes categorías tomadas éstas de forma general.

[30] Traducción extraída de García Cardiel (2013). Versión en latín: "*Notisque cumbis, turdibum late fretum, et beluosi gurgitem Oceani secant. Non hi carinas quippe pinu texere facere morem, non abiete, ut usus est, curuant faselos, sed rei ad miraculum nauigia iunctis semper aptant pellibus, corioque uastum saepe percurrunt salum*". Editor Mangas y Plácido 1994, 53.

Tabla 3. Tabla comparativa de capacidades náuticas de las diferentes tipologías navales analizadas.

Tipologías navales	*Flotabilidad*	*Estabilidad*	*Movimiento*	*Resistencia estructural*
Balsas	**3**	**6**	**1**	**5**
Balsa simple	2	3	3	2
Balsa cerrada	1	3	2	3
Balsa sobre pieles hinchadas	3	1	1	1
Embarcaciones de juncos	**5**	**5**	**5**	**4**
Tipo caballitos de totora	1	1	2	1
Tipo lago Titicaca	2	2	1	2
Monóxilas	**1**	**2**	**6**	**6**
Monóxila simple	2	1	6	6
Monóxila simple con batanga	2	3	2	5
Monóxila expandida	3	2	3	4
Monóxila ampliada con cala plana	5	6	1	3
Monóxila mejorada con tablas	4	4	4	2
Catamarán	6	5	5	1
Embarcaciones de corteza	**2**	**1**	**3**	**2**
Embarcación de corteza simple	1	1	1	3
Embarcación de corteza mejorada	2	2	2	2
Embarcación de piezas de corteza	3	3	3	1
Embarcaciones de pieles	**4**	**3**	**4**	**1**
Tipo Umiak	1	3	1	3
Tipo Kayak	2	1	3	1
Tipo Coracle	3	2	2	2
Cestas	**6**	**5**	**2**	**3**

CAPÍTULO 6

LOS CONDICIONANTES MATERIALES: DE LA MATERIA PRIMA A LA EMBARCACIÓN

"¡Empuñaré una azuela y golpearé! ¡Entraré en mi canoa, te haré volar, oh canoa te haré saltar"
Conjuro *Ligogu*, Islas Trobriand (Malinowski 1922, 246)

Una vez definida la función a desarrollar y el espacio náutico en el cual la embarcación va a realizar sus navegaciones, el proceso de producción naval debe hacer frente a las bases materiales que lo condicionan. Es evidente que la producción de cualquier artefacto cultural requiere irremediablemente de la utilización de una serie de materias primas que permitan su realización. Ahora bien, para que la producción resulte favorable es indispensable determinar si la disponibilidad, cantidad, calidad e idoneidad de dicha materia prima en función del objetivo propuesto garantizará la realización del proyecto arquitectónico. No debemos olvidar que la existencia de un recurso no determina su uso obligado y que la viabilidad del proyecto arquitectónico estará marcada por las capacidades técnicas disponibles y el rendimiento neto resultante de sus costos asociados. En lo que respecta a los aspectos materiales cualquier embarcación supone un esfuerzo considerable en términos de conocimiento técnico, inversión, medios, suministros, etc. En términos sociopolíticos será fundamental la coordinación, la cooperación y la conjunción de los diferentes agentes involucrados en la producción (Adams 2001; Pomey 2011). En este sentido, nunca deberíamos olvidar que los artilugios náuticos supusieron el mayor desafío tecnológico para la humanidad hasta la irrupción de la aeronáutica en el siglo XX (Muckelroy 1978). Por esta razón se analizará cuáles son las principales materias primas empleadas en la construcción naval prehistórica y las implicaciones económicas de su aprovisionamiento o explotación. Por otro lado, se realizará un análisis de los costos de fabricación en materia de mano de obra, herramientas necesarias, tareas de mantenimiento, etc. Por último, se analizarán los sistemas de propiedad de los artilugios náuticos en la prehistoria por las implicaciones que pudieron tener en el desarrollo del proceso productivo.

6.1 El aprovisionamiento y explotación de materia prima para la producción naval

6.1.1 La madera

Los recursos vegetales, en particular la madera, han sido elementos fundamentales para la supervivencia de las distintas comunidades humanas a lo largo de la historia y por ello se diseñaron diversas estrategias de subsistencia encaminadas a su explotación (Caruso Fermé 2013). Seguramente la búsqueda y adquisición de recursos leñosos suponía una de las actividades más recurrentes dentro de estas estrategias debido a que la leña, tanto por sus cualidades energéticas como por su uso en la cocción de alimentos, supuso siempre para las sociedades preindustriales un elemento estratégico de supervivencia (Allué Martí y García-Antón Trassierra 2006; Caruso Fermé 2015). Así también, la madera se ha empleado como material de construcción de infraestructuras, instrumentos y/o armamento de forma extendida en el ámbito de la prehistoria global, configurándose como un recurso clave en la economía y la vida cotidiana de las sociedades prehistóricas. Esta circunstancia produjo que como bien queda demostrado etnográficamente, las sociedades prehistóricas tuvieran un profundo conocimiento del medio ambiente que les rodeaba, de los recursos vegetales que tenían a su abasto y de las cualidades fisicoquímicas de cada uno de estos (Allué Martí y García-Antón Trassierra 2006, 21; Carabias, Lira, y Adán 2010, 103; Palomo et al. 2013, 391). Además, parece quedar clara la existencia de una selección minuciosa de las materias primas en función de la funcionalidad del objeto producido, lo que ha provocado una enorme diversidad de especies vegetales utilizadas a lo largo del tiempo (Terradas et al. 2012).

En el caso de la construcción naval, la dependencia que existe de la madera es evidente y ha supuesto a lo largo de la historia uno de los factores más determinantes para su evolución y desarrollo. Esto se debe a que las cualidades, formas y tamaños de la madera utilizada resultan cruciales para que el artilugio náutico resultante se desenvuelva de forma eficaz en sus funciones. Si bien por razones evidentes de falta de registro arqueológico sabemos realmente poco del uso e importancia de la madera en la construcción naval prehistórica sabemos que fue uno de los recursos materiales más valiosos en la Antigüedad y que la construcción naval supuso uno de los factores más importantes en la reducción y deforestación de las masas forestales (Allevato, Ermolli, y Pasquale 2009). Es evidente que la magnitud de la producción naval en épocas prehistóricas es infinitamente inferior a la de épocas históricas, pero no podemos menospreciar la importancia de los recursos maderables para las sociedades prehistóricas ni la relevancia que debía tener la búsqueda del equilibro con las masas forestales para la economía de las mismas.

Lamentablemente el análisis de los sistemas de aprovechamiento y explotación de la madera para su uso en la construcción naval prehistórica es a día de hoy un ámbito de análisis muy poco trabajado. Esto muy probablemente responda a la falta de registro arqueológico náutico de estos periodos y a su difícil identificación en el registro existente. Sin embargo, el estudio de la gestión de recursos leñosos o la explotación de madera orientada a la construcción de infraestructuras y a la creación de instrumentos ha sido un tema mucho más analizado desde el ámbito de la arqueobotánica y puede aportarnos una serie de datos interesantes de analizar.

La obtención de recursos leñosos en las sociedades prehistóricas parece haberse desarrollado entre las actividades de tala y recolección (Caruso Fermé, Théry-Parisot, y Piqué Huerta 2013). Pese a lo a veces supuesto, estas estrategias de aprovisionamiento no siempre responden a una ley del mínimo esfuerzo ya que "*lo que determina el reconocimiento social de una especie leñosa como recurso es su integración en el proceso productivo global de una sociedad*" (Buxó i Capdevila y Piqué Huerta 2008, 84). La recolección aun cuando pueda parecer una actividad carente de capacidad técnica supone una estrategia altamente eficaz ya que reduce considerablemente los costos de obtención de un recurso determinado. Por ello, el aprovechamiento de la leña muerta producida por las actividades de poda o por causas naturales fue una actividad relevante en la economía de las sociedades prehistóricas. Ahora bien, como ya se ha mencionado, la recolección de dicha leña pudo realizarse mediante una selección aleatoria de los desechos propios de actividades económicas como la tala y quema de masas forestales (Picornell-Gelabert 2009, 144) o bien mediante estrategias selectivas que primaban las características de la madera recolectada en función de las propiedades que aportaba (Buxó i Capdevila y Piqué Huerta 2008; Caruso Fermé 2015). Los procesos de tala pudieron configurarse como auténticas estrategias productivas e incluso modos de trabajo que en el marco de sociedades agrícolas, y a causa de un aumento de las necesidades de combustible, supusieron un impacto medioambiental muy considerable en la biomasa del entorno (Buxó i Capdevila y Piqué Huerta 2008). Lo que parece evidente es que sea cual sea la estrategia elegida existía un alto grado de conocimiento de las especies vegetales y sus características propias por parte de sociedades preindustriales (Picornell-Gelabert 2009, 15). Asimismo, debemos tener en cuenta que las actividades de combustión permiten la utilización de madera verde, muerta caída o muerta no caída, aunque las últimas son una opción preferible por su menor costo de aprovisionamiento y para evitar los tiempos de secado (Buxó i Capdevila y Piqué Huerta 2008, 88; Caruso Fermé 2015, 291). Por esta razón, en lo que refiere al aprovisionamiento de madera no sólo es relevante las características de la misma sino incluso más, lo concerniente al balance entre el esfuerzo que supone su aprovisionamiento, su transporte y el rendimiento posterior obtenido (Buxó i Capdevila y Piqué Huerta 2008). En cualquier caso, parece evidente que los recursos leñosos con destinos energéticos no tienen una dependencia tan acusada de las características fisicoquímicas de la madera. Diferente es la situación con la madera destinada a la confección de objetos o elementos constructivos que requiere unas características muy determinadas y una calidad más elevada (Allué Martí y García-Antón Trassierra 2006, 24).

La utilización de madera para la confección de objetos o elementos constructivos hace uso de una mayor diversidad de especies en comparación a la adquisición de recursos leñosos, probablemente debido a la necesidad de propiedades fisicoquímicas características en función del uso que se le iba a otorgar al objeto producido (Buxó i Capdevila y Piqué Huerta 2008). Por ejemplo, las comunidades fang de Guinea Ecuatorial realizan una selección minuciosa de la madera en función de sus características cuando va a ser empleada en la confección de objetos (Picornell-Gelabert 2009, 145). Esto conlleva una necesaria intensificación de los procesos productivos, una mayor elaboración e inversión de trabajo a medida que dichos objetos o estructuras arquitectónicas se volvían más complejas y un imprescindible conocimiento de las características intrínsecas de cada madera, así como su distribución espacial en el medio ambiente. En el caso de la construcción, los elementos arquitectónicos suelen constituirse de forma general de una menor diversidad de especies en comparación a las herramientas de trabajo pero es necesaria una selección muy específica de las maderas en función de sus capacidades mecánicas (Buxó i Capdevila y Piqué Huerta 2008). Puede aportarse como ejemplo una visión resumida del ámbito de la península ibérica a partir de la síntesis de Buxó y Piqué (2008). Durante el Pleistoceno los objetos de madera parecen estar vinculados a actividades de caza y recolección de plantas o construcción de estructuras habitacionales a partir de posibles procesos de trabajo implicados en la obtención de la materia prima. Sin embargo, los registros son sumamente escasos y muy dispersos tanto en tiempo como en espacio, lo que impide aventurar algo más que una hipótesis. En el Holoceno la presencia de artefactos de madera se incrementa de forma considerable (canoas, trampas, arcos, estacas, herramientas, etc.) probablemente de la mano de un proceso de intensificación de las prácticas económicas que requirieron de nuevas formas de cultura material. Es a partir de registros de éstas cronologías que podemos entender de manera más precisa las pautas de adquisición, transformación y elaboración de la madera. Por ejemplo, en el poblado neolítico de La Draga ha sido posible determinar que para los mangos de las azuelas se hacía uso de troncos de los cuales salía una nueva rama secundaria, aprovechando las zonas de mayor resistencia de la madera para absorber el impacto de los golpes al usarlas (Buxó i Capdevila y Piqué Huerta 2008, 65). En el caso de los arcos se tenía en cuenta la mayor flexibilidad y resistencia de los últimos anillos de crecimiento del tejo (madera con la cual estaban confeccionados) y se respetaba la morfología natural de la madera para no disminuir la eficacia durante el uso (Buxó i Capdevila y Piqué Huerta 2008, 66). Cabe destacar que muchos de estos objetos eran tratados con fuego para aumentar su rigidez y otorgarles mayor resistencia, aspecto que es una práctica habitual en la construcción de canoas monóxilas (Figura 51).

Figura 51. Uso del fuego para el endurecimiento de la madera registrado en Papúa Nueva Guinea. Foto de Gunter Senft. Reproducida con permiso.

En periodos avanzados de la Prehistoria Reciente se observa una mayor elaboración de las formas, probablemente por las facilidades que introducen las herramientas metálicas, y un aumento de la inversión de trabajo para la adquisición de la madera (Buxó i Capdevila y Piqué Huerta 2008). En estos periodos asistimos a técnicas avanzadas de ebanistería que permiten la confección de objetos complejos como pueden ser los sarcófagos de madera registrados en las Islas Baleares en cronologías del I milenio a.C. (Buxó i Capdevila y Piqué Huerta 2008, 73-74). Algunos de estos sarcófagos resultan de particular interés ya que fueron vaciados mediante herramientas y técnicas muy similares a las empleadas en el vaciado de canoas monóxilas. Disponen además de un sistema de mortajas, lengüetas y clavijas para unir la tapa al ataúd, elemento éste que estará en la base de la arquitectura naval protohistórica y antigua del Mediterráneo (Guerrero Ayuso 2006b, 24).

En el proceso de construcción naval los aspectos observados en referencia al uso de madera en la confección de objetos resultarán de vital importancia para entender los procesos de adquisición y transformación de la materia prima. A falta de información referente a los procesos de producción naval en sociedades prehistóricas podemos hacer uso de información que procede de fuentes clásicas como así también de información etnológica procedente de la carpintería de ribera tradicional que en muchas partes del mundo aún se practica. En lo referente a las cualidades de la madera y su aplicabilidad en construcción naval pueden ser un elemento inicial de referencia.

Como ya se ha mencionado anteriormente el conocimiento de las características intrínsecas de la madera así como de sus cualidades mecánicas parece haber sido una realidad evidente en periodos prehistóricos. Nada hace pensar que esto no pudiera ser aplicable al ámbito de la construcción naval. Pese a la evidente distancia cronológica, algunas fuentes de época arcaica nos demuestran que la elección de la madera para su empleo en construcción naval respondía a un claro conocimiento de sus características y cualidades:

[...] Y le llevó a un extremo de la isla, donde habían crecido altos árboles -chopos, álamos y el abeto que sube hasta el cielo-, todos los cuales estaban secos desde antiguo y eran muy duros y a propósito para mantenerse a flote sobre las aguas [...] (Odisea, V, 235-241)[31]

Más allá de las especies escogidas, debido a las funciones náuticas que va a realizar, una embarcación no puede ser confeccionada con madera que presente desperfectos o alteraciones en su composición interna. Sabemos que la selección y descarte de maderas en mal estado o con desperfectos es una de las actividades primarias en la carpintería de ribera tradicional (Juan-García Aguado 2001, 24). Además, un artilugio náutico necesita unas piezas con unos tamaños y unas morfologías determinadas que muy difícilmente podrían encontrarse de forma regular entre la leña muerta producida de forma natural o por la poda del bosque. La construcción naval en madera hace uso de forma general del duramen de los troncos por lo cual el tamaño y longevidad del árbol también resulta relevante (Juan-García Aguado 2001, 24). Cabe decir también que la savia de la madera recién cortada fomenta

[31] Traducción extraída de Guerrero Ayuso (2003, 65). Versión en griego: "*ἦρχε δ' ὁδοῖο νήσου ἐπ' ἐσχατιῆς, ὅθι δένδρεα μακρὰ πεφύκει, κλήθρη τ' αἴγειρός τ', ἐλάτη τ' ἦν οὐρανομήκης, αὖα πάλαι, περίκηλα, τά οἱ πλώοιεν ἐλαφρῶς*". Homer. The Odyssey with an English Translation by A. T. Murray. Cambridge, MA: Harvard University Press; London: William Heinemann, Ltd. 1919.

la aparición de hongos y bacterias así como la putrefacción de la misma (Juan-García Aguado 2001, 23) lo que posiblemente requeriría el seguimiento de una estrategia específica de cortado y un periodo de curación y secado que generalmente puede extenderse durante una buena cantidad de tiempo. Por ejemplo, las canoas de las comunidades maoríes eran sumergidas en agua dulce, salada o incluso barro durante meses una vez eran confeccionadas (Evans 2014).

Figura 52. Canoas semi-sumergidas en proceso de curación o estacionamiento en Nueva Zelanda. Autor desconocido. Auckland War Memorial Museum Tāmaki Paenga Hira (PH-NEG-C42353). Reproducida con permiso.

Por lo tanto, la recolección no parece ser una estrategia útil a la hora de obtener madera para su empleo en construcción naval y debemos pensar en la necesidad de seleccionar y explotar ciertos árboles del bosque en función del artilugio náutico que se quisiera construir, algo que por otro lado conocemos a través de estudios etnográficos. En el proceso de construcción de canoas en las poblaciones de las islas Trobriand, el experto encargado de la confección y sus allegados dedicaban meses de trabajo a seleccionar y preparar los árboles necesarios para las distintas partes de la embarcación (Malinowski 1922, 404-5). De la misma manera, el *tohunga tarai waka* (experto constructor de las comunidades maoríes) examinaba cuidadosamente los árboles en busca de imperfecciones y, de ser necesario, realizaba a alguno de ellos cortes para influenciar su crecimiento o forma (Evans 2014).

Si bien es cierto que ciertos artilugios náuticos como las cestas, las embarcaciones de pieles o las balsas simples tienen una dependencia menor de la morfología y la calidad de la madera, resulta evidente que el aprovechamiento y explotación de la madera destinada a construcción naval en la prehistoria presenta una complejidad mucho mayor a la de la obtención de leña y considerablemente más importante que la de la fabricación de elementos arquitectónicos u objetos utilitarios. Esto se debe a que el artilugio náutico es el único objeto que debe enfrentarse a las fuerzas físicas y variaciones químicas de gran relevancia que impone el agua (principalmente el mar). Ahora bien, no debemos pasar por alto que todas estas estrategias con seguridad fueron variando en función de la variabilidad medioambiental, los cambios tecnológicos y las necesidades de las comunidades (Caruso Fermé, Théry-Parisot, y Piqué Huerta 2013).

Como ya se ha mencionado, la escasez de registro arqueológico náutico de épocas prehistóricas impide un análisis amplio de cuáles fueron las especies vegetales más utilizadas en las distintas tipologías navales. Sin embargo, contamos con una cantidad considerable de canoas monóxilas, generalmente de periodos prehistóricos recientes que, si bien no representan toda la variedad naval existente, nos permite realizar una serie de reflexiones interesantes. En el anexo 1 se presenta una recopilación de artilugios náuticos de época prehistórica, incluyendo la inmensa mayoría de los procedentes de ámbitos europeos/mediterráneos y algunos ejemplos de otros continentes para tener un punto de comparación más global.

En el ámbito europeo podemos observar como los dos ejemplares más antiguos (Pesse y Noyen-sur-seine) están construidos en pino (*Pinus silvestris*), especie que volveremos a observar en monóxilas más modernas pero que no representará una mayoría. En periodos del VI y V milenio a.C. observamos un uso muy extendido del aliso (*Alnus sp.*) y algunos ejemplares confeccionados en álamo (*Populus sp.*) y tilo (*Tilia sp.*). A partir del Neolítico se observan usos esporádicos de roble (*Quercus sp.*), convirtiéndose en la madera ampliamente mayoritaria a partir de la Edad del Bronce (McGrail 2001, 174).

A modo comparativo podemos observar que en el ámbito sudamericano por ejemplo contamos con ejemplares chilenos que hacen uso del laurel (*Laurelia sempervirens*), el raulí (N*othofagus alpina*) y el ulho (*Eucryphia cordifolia cau*). Estas maderas son fáciles de trabajar, con una resistencia mecánica media y de rápido secado (Carabias, Lira, y Adán 2010, 104). Por otro lado, las dalcas chilenas solían construirse con madera de alerce (*Fitzruya patagónica*), ciprés (*Libocedrus tetragona*) o haya (*Nothofagus betuloides*) (McGrail 2001, 426).

En las zonas de Norte América algunos ejemplares de canoas monóxilas están confeccionados en ciprés (*Cupressus sp.*) o pino (*Pinus sp.*) aunque existen también ejemplares fabricados en roble blanco (*Quercus alba*) (McGrail 2001, 423). En lo que respecta a los *tomol* de las poblaciones chumash solían hacerse con pino o cedro (*Cedrus sp.*) (J. E. Arnold 1995).

En el ámbito japonés nos encontramos con un uso aparentemente predominante del muku (A*phananthe aspera*) y el sugi (*Criptomeria japónica*) (Habu 2010, 163), mientras que en China nos encontramos con un ejemplar construido en pino (*Pinus massoniana*) (McKinnon 2016).

En lo que respecta a África no disponemos de datos arqueológicos sólidos pero la etnografía y la memoria oral del continente parece apuntar a que las maderas más utilizadas en la construcción de canoas eran la caoba africana (*Khaya sp.*), la *Acacia albida*, la *Spondias sp.* y posiblemente algunas especies de palmera (*Borassus sp.*) (Garba 2006, 194). En Senegal los estudios etnográficos realizados han registrado el uso de caoba africana (*Khaya senegalensis*) en la construcción de las tablas de las canoas, manglar rojo (*Rhizophora racenosa*) en la construcción de timones y remos, así como *Detarium senegalensis* en la confección de las bases monóxilas (Piqué Huerta et al. 2016, 225-26).

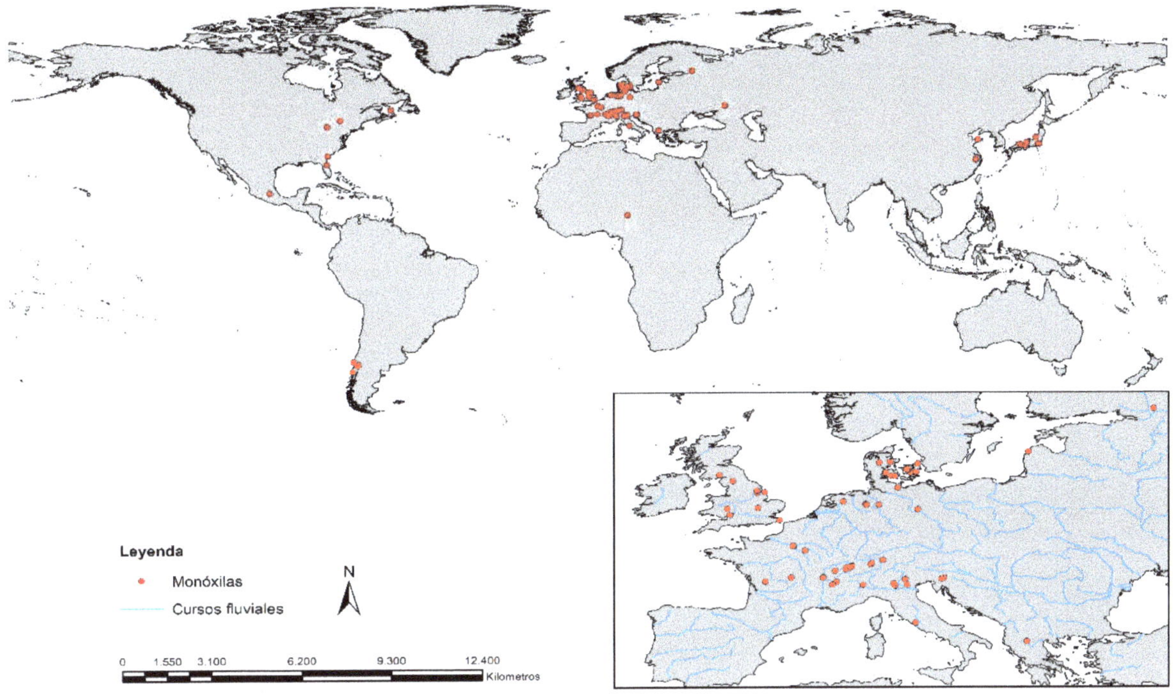

Figura 53. Mapa de localización de los ejemplares arqueológicos analizados en este trabajo. Elaboración propia sobre cartografía global (WGS84) del *United States Geological Survey*.

Analizaremos las características físicas y mecánicas de las maderas empleadas en construcción naval durante periodos prehistóricos. Para ello nos centraremos en el análisis del caso europeo, que si bien dispone de una cantidad limitada de ejemplares arqueológicos puede ser a pesar de ello estadísticamente más relevante. Nos encontramos con los siguientes datos:

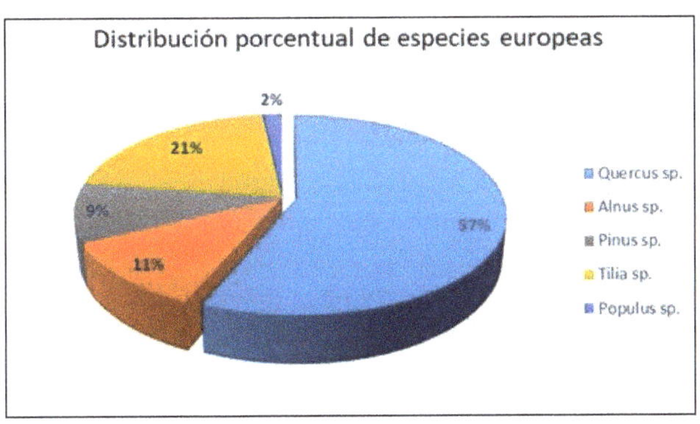

Ilustración 1. Gráfico de distribución porcentual de especies europeas utilizadas en construcción naval prehistórica. Elaboración propia a partir de la información recogida en el anexo 1.

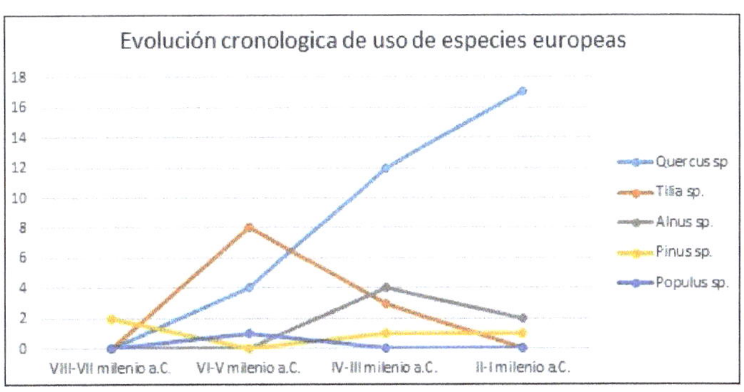

Ilustración 2. Gráfico de evolución del uso de maderas en canoas monóxilas europeas prehistóricas. Elaboración propia a partir de la información recogida en el anexo 1.

Tabla 4. Tabla comparativa de las características físicas y mecánicas de las especies europeas utilizadas en la construcción de canoas monóxilas.

Madera	*Dureza*	*Densidad*	*Resistencia a la torsión*	*Resistencia a la compresión*	*Resistencia a la tracción*	*Impregnación*
Pino	1,9 (blanda)	510 kg/m3	1057 kg/cm2	406 kg/cm2	1020 kg/cm2	< 3mm en duramen
Aliso	1,8 (blanda)	500-550 kg/m3	800 kg/cm2	410 kg/cm2	440 kg/cm2	Total
Álamo	0,69 (blanda)	378 kg/m3	612 kg/cm2	310 kg/cm2	28 kg/cm2	< 3 mm en duramen < 6 mm en albura
Tilo	1,5 (blanda)	395 kg/m3	900 kg/cm2	500 kg/cm2	440 kg/cm2	Total
Roble	5,8 (semi-dura)	710 kg/m3	1070 kg/cm2	580 kg/cm2	1070 kg/cm2	< 3mm en duramen

*La dureza está calculada mediante la escala Monnin, un método empleado para determinar la dureza de las maderas. Los datos sobre dureza, peso, esfuerzo, impermeabilidad, durabilidad, etc., presentados en esta sección han sido obtenidos del "Manual técnico de formación para la caracterización de madera de uso estructural" confeccionado por el Centro de Innovación para la Formación Profesional del País Vasco.

Del análisis comparado de los datos obtenidos se desprenden una serie de reflexiones. Existe una dominante marcada del uso del roble en más de un 50% de los ejemplares arqueológicos registrados. Sin embargo, vemos claramente que el aumento en su uso se realiza de forma paulatina, siendo principalmente importante a partir del IV milenio a.C. y llegando a un pico de hasta casi 10 veces más que el resto de las especies existentes en torno al II y I milenio a.C. Como se verá más adelante esto puede responder a la mejora de las capacidades tecnológicas para trabajar la madera introducidas con el surgimiento de herramientas como la azuela o el hacha a partir del VI-V milenio a.C. También podría responder a la disponibilidad de las especies vegetales en el entorno que nunca resulta uniforme en todos los ámbitos geográficos. Tampoco deberíamos descartar por completo la posibilidad que la presencia mayoritaria de roble responda a su mayor capacidad de conservación en el registro arqueológico en contraposición a otras maderas más blandas y más perecederas. Ahora bien, otra dinámica puede apuntarse en este momento a partir del análisis de la tabla comparada de las características intrínsecas de la madera. Podemos observar como los primeros ejemplares de monóxilas mediterráneas con cronologías más antiguas se construyen de maderas blandas y ligeras (aliso, álamo y tilo), fáciles de trabajar pero que quizás carecen de la dureza necesaria para enfrentar los esfuerzos de la navegación marina. El empleo de roble si bien supone un añadido de peso y una mayor dificultad de trabajo aporta unas cualidades mecánicas mayores al esfuerzo, sobre todo a la tracción, y una menor impregnabilidad en el duramen. En este sentido el pino parece aportar unas características algo inferiores al roble pero una buena relación entre dureza y capacidades mecánicas por lo cual su escaso uso debe responder a otras circunstancias. Quizás se deba a su pérdida en favor de la proliferación del roble como más adelante veremos que sucede en algunos ámbitos del Mediterráneo.

Esta circunstancia no debe extrañarnos ya que tradicionalmente la confección de los elementos estructurales de las embarcaciones (diferentes en función de la tradición y la concepción de construcción) se realizó en maderas duras como el roble debido precisamente a dicha dureza, a su buena resistencia mecánica, su resistencia a hongos y moluscos, y a su buen comportamiento frente a la humedad y el agua salada (Juan-García Aguado 2001, 21). Es interesante resaltar que el roble también tuvo un uso extendido en periodos posteriores a la prehistoria a tenor de lo que nos llega a través de ciertas referencias clásicas:

"Fabrican sus barcos con fondos anchos y prominentes por la proa y la popa, para aprovechar las mareas, en

madera de un tipo de encina que abunda en la zona" (Estrabón 4, 4, 1)[32].

En una canoa monóxila, en donde la fuerza estructural recae en la totalidad del conjunto en sí mismo, la utilización de maderas duras y resistentes parece responder a la misma lógica constructiva. En cambio, tipologías navales más simples como las cestas, las balsas de troncos o ciertas embarcaciones de varillas forradas con pieles permitirían, por sus funciones náuticas, hacer uso de materiales más blandos y flexibles.

En el ámbito del Estrecho de Gibraltar no disponemos de registros arqueológicos náuticos que puedan darnos datos sobre las especies utilizadas en la construcción de embarcaciones. Sin embargo, contamos con estudios polínicos y antracológicos en zonas norteafricanas como la Cueva de Benzú (Ruiz Zapata y Gil García 2013; Uzquiano 2013). Nos aportan información sobre el paleopaisaje de la zona y las especies existentes que pueden servir a modo orientativo sobre la disponibilidad o no de materia prima potencial para la producción naval. En este sentido los análisis realizados nos hablan de unos paisajes abiertos con alta presencia de arbustos y árboles de diferentes especies entre los que destacan: abedúl (*Betula sp.)*, nogal (*Juglan sp.)*, acebuche (*Olea europaea var. sylvestris*), algarrobo (*Ceratonia sp.*), pino (*Pinus sp.*), cedro (*Cedrus sp.)* y diferentes especies de roble caducifolio y perennifolio (*Quercus sp.*) (Ruiz Zapata y Gil García 2013, 541-42; Uzquiano 2013, 547). Sin embargo, a lo largo del Holoceno se observa una sustitución progresiva del pino y el cedro por los distintos taxones de *Quercus sp.*, que se estabilizan en el periodo c. 8.000-7.000 *BP* (Uzquiano 2013, 549). Así también, se registran especies de ribera como el aliso (*Alnus sp.*), el sauce (*Salix sp.*) o el olmo (*Ulmus sp.*).

Desde nuestra perspectiva, y retomando lo expresado anteriormente, parece evidente que la calidad y características físicas de la madera para su aplicación en la construcción naval prehistórica es un tema sumamente relevante a la hora de concebir y construir la embarcación. Ahora bien, debemos tener en cuenta que la obtención, traslado y transformación de maderas duras requiere de unas capacidades técnicas, organizativas e instrumentales que pueden determinar implicaciones socioeconómicas relevantes para la comunidad que lo lleva a cabo. A la hora de enfrentarnos al estudio arqueológico de la construcción naval debemos tener en cuenta lo analizado hasta el momento, es decir, las características específicas de la madera que el proceso requiere y las distintas capacidades de aprovechar y/o explotar el recurso por parte de las sociedades prehistóricas. Esto determinará de forma contundente las características y la evolución de las técnicas constructivas y las tipologías navales. Por esta razón, el análisis de estos procesos nos permitirá adentrarnos en la importancia económica y social de esta producción para dichas sociedades.

Una vez determinada las características de la madera que la producción naval requiere para la confección de un artilugio náutico, debemos pasar a considerar otros factores importantes. El primero y más evidente es la disponibilidad de la materia prima necesaria y la abundancia de la misma, lo que puede determinar sin duda alguna las tipologías navales existentes en un ámbito geográfico determinado. Por ejemplo, según dan a entender ciertos autores, existe la posibilidad de que la inexistencia de canoas monóxilas en periodos anteriores al Mesolítico europeo pueda ser el resultado de la falta de masas forestales adecuadas durante los periodos de glaciación (Johnstone 1980, 113; Medas 1998, 402). Aunque esto no sería un factor de tanta relevancia en las latitudes más meridionales no podemos pasarlo por alto. Del mismo modo, existe la posibilidad de que la falta de troncos de suficiente envergadura sea la principal causa del uso extendido de embarcaciones de junco en Egipto, Mesopotamia o la península arábiga y de las prácticas de importación de maderas desde el Levante o India respectivamente (Johnstone 1980, 10 y 181; McGrail 2001, 16-17).

Ahora bien, para analizar la disponibilidad de materia prima resulta importante tener en cuenta los rangos de acción en los cuales las sociedades prehistóricas podían abastecerse de ella. Según estudios etnográficos y arqueológicos, las comunidades cazadoras-recolectoras tendrían sus áreas de aprovisionamiento en tres niveles: un primero de orden local entre los 6 y los 10 kilómetros, un segundo de alcance regional entre los 40 y 50 kilómetros y un tercero de aprovisionamiento foráneo más allá de los 50 kilómetros (Terradas et al. 2012, 442). En sociedades agropastoriles probablemente estos radios sean más amplios, pero no necesariamente mucho mayores. Mientras que los recursos leñosos suelen ser de obtención local, la madera para la confección de objetos puede seleccionarse y buscarse en lugares más allá del entorno inmediato (Caruso Fermé 2013, 21). Hay que tener en cuenta que la gestión de la madera puede ser, en función de la dispersión, abundancia, distancia, etc., una actividad de alto gasto energético por lo cual a menor desplazamiento mayor obtención de rendimiento (Caruso Fermé 2015). Aunque se han documentado transportes de materias primas desde lugares a distancias comprendidas entre 15 y 70 kilómetros, su elevado coste de obtención permite plantear a algunos autores la posibilidad de que dichos transportes son el resultado no de la explotación directa sino quizás del intercambio con otras comunidades (Terradas et al. 2012). Aunque evidentemente esto es posible, en el ámbito de la construcción naval la adquisición de materias primas en lugares alejados de los núcleos residenciales seguramente fue una práctica habitual. Sabemos que el transporte del tronco necesario

[32] Traducción extraída de Guerrero Ayuso (2009, 101). Versión en griego: "*πλατύπυγα δὲ ποιοῦσι καὶ ὑψίπρυμνα καὶ ὑψόπρῳρα διὰ τὰς ἀμπώτεις, δρυΐνης ὕλης ἧς ἐστιν εὐπορία*". Strabo. ed. A. Meineke, Geographica. Leipzig: Teubner. 1877.

para construir una canoa de guerra maorí podía alcanzar hasta 30 kilómetros de recorrido de forma recurrente (Johnstone 1980, 208). En cualquier caso, no debemos descartar las prácticas de intercambio que por otro lado parecen cada vez más evidentes en el ámbito de la prehistoria europea.

Por todas estas razones, consideramos que el análisis de la explotación de recursos maderables para la construcción naval tiene que ser realizado mediante el establecimiento de la tasa de rendimiento neto resultante entre la energía gastada en la búsqueda, obtención, acarreo y transformación de la materia prima y el rendimiento económico y/o social obtenido por la utilización posterior del artilugio náutico. Las prácticas de acopio y almacenamiento de maderas pueden aumentar las tasas de rendimiento pero están limitadas por el grado de movilidad de las sociedades prehistóricas. En sociedades cazadoras-recolectoras, en las cuales la movilidad resulta un aspecto clave en el desarrollo de su sostenibilidad, este tipo de estrategias no resulta del todo viable (Caruso Fermé 2015). En sociedades agropastoriles, con movilidades más reducidas y menos frecuentes, estas prácticas resultan más habituales (Buxó i Capdevila y Piqué Huerta 2008).

Otro aspecto que en nuestra opinión debemos considerar son las dinámicas medioambientales a largo plazo. Las ocupaciones prolongadas del territorio pueden añadir otro tipo de inconvenientes ya que la explotación sostenida en el tiempo del bosque puede conllevar, en función de la intensidad de la misma, la pérdida de masa forestal (Caruso Fermé 2015). Esto puede derivar en una situación de rendimientos decrecientes que a largo plazo puede provocar una sobreexplotación del medio y la irreversibilidad inmediata de sus recursos. Tampoco debemos olvidar que los bosques han sido históricamente una fuente de recursos materiales, vegetales y animales de primer orden por lo cual su explotación descontrolada puede provocar desequilibrios en la economía interna. Este tipo de problemáticas pudieron resolverse mediante la reducción de la intensidad de la extracción, la creación de medios técnicos de explotación más eficientes o la ampliación del ámbito de actuación pero en caso de no encontrar un equilibrio medioambiental adecuado la pérdida de masa forestal puede revertir en un cambio medioambiental considerable. Si bien en periodos de comunidades cazadoras-recolectoras la demanda no solía superar la oferta y por tanto el desgaste ecológico no debió ser muy significativo (Allué Martí y García-Antón Trassierra 2006, 20), sí pudo serlo en sociedades más complejas. En este sentido, parece quedar claro que la funcionalidad, duración de ocupación de un sitio y la organización social del grupo interactúan y condicionan las modalidades de adquisición y uso de la madera (Allué Martí y García-Antón Trassierra 2006; Caruso Fermé 2013). Esto resulta de crucial importancia en lo que respecta a la producción naval.

Por último, no debemos pasar por alto que más allá de la disponibilidad y abundancia del recurso en el medio, su aprovisionamiento dependerá también de las capacidades técnicas para su explotación. Debemos tener en cuenta que, a diferencia de la obtención de material leñoso, la cadena operativa para la adquisición de madera destinada a la fabricación de objetos, incluidos los artilugios náuticos, es de una complejidad elevada (Allué Martí y García-Antón Trassierra 2006, 25). Por ello requiere de una organización social compleja y de un instrumental determinado. Ahora, cabe preguntarse: ¿la invención de una determinada herramienta produce el inicio de la explotación de un nuevo recurso material o bien la necesidad de explotar un determinado recurso motiva la creación de unas determinadas herramientas y por ende la evolución de las capacidades técnicas de la comunidad? Y en el mismo sentido: ¿la aparición de formas de organización social complejas fueron las que permitieron la explotación de ciertos recursos materiales o bien la necesidad de explotarlos incentivó el advenimiento de formas de organización social y laboral más desarrolladas? En definitiva, podría proponerse que la disponibilidad, proximidad, abundancia, idoneidad, capacidad técnica para su transformación y capacidad social/laboral para su explotación son elementos interdependientes en la elección y obtención de la madera y condicionan de forma clara los sistemas de producción naval prehistóricos.

Lo analizado para la madera puede aplicarse a grandes rasgos al análisis de la explotación y aprovisionamiento de corteza para las embarcaciones construidas con esta materia prima ya que son por definición un producto de territorios madereros (Johnstone 1980). Pese a lo que puede parecer en un primer momento, la obtención de corteza para confeccionar una embarcación debe seguir una serie de requisitos específicos con tal de evitar que la fragilidad de la misma termine haciendo imposible su uso. En primer lugar, debido a que si se seca pierde su flexibilidad volviéndose inservible (Vairo 1995, 20), no es posible utilizar corteza caída mediante técnicas de recolección sino que debe ser extraída de árboles, generalmente de gran envergadura (Johnstone 1980, 23). En segundo lugar, con tal de poder obtener trozos de gran tamaño el proceso de descortezado debía hacerse en periodos específicos del año, entre el fin del invierno e inicios de la primavera según los trabajos experimentales de Vairo (1995, 31). Por último, debido a la imposibilidad de uso una vez seca no es un elemento almacenable y debía ser utilizada de forma inmediata (Vairo 1995, 26).Aun así, algunos relatos explican que en ocasiones algunos trozos de cortezas se mantenían sumergidos en arroyos como reserva en caso de necesitar hacer reparaciones o suplantar canoas:

"La pieza excedente era colocada en algún arroyo para conservarla flexible, y era allí sostenida por medio de piedras" (Samuel Kirkland Lothrop 1928, 144)[33].

[33] Versión en inglés: "*The extra piece was placed under water in a running stream to keep it flexible and was held there by means of stones*" (Lothrop 1928, 144).

Entre las comunidades yámanas y alacalufes del archipiélago fueguino argentino y chileno solía emplearse la corteza del guindo (*Nothofagus betuloides*) por su amplia disponibilidad en la zona y por el hecho de que no suele ser atacada por gusanos (Vairo 1995, 31). En el ámbito de América del Norte había un uso extendido de la corteza de abedúl (*Betula papyrifera*) para la confección del casco de la embarcación. Estas cortezas se extraían en el inicio del verano cuando la resina estaba fluyendo.

6.1.2 Otras materias primas

Sin duda alguna la madera es la materia prima más importante dentro de la producción naval prehistórica pero existen otras de especial relevancia cuando hacemos referencia a determinados tipos de artilugios náuticos. Es el caso, por ejemplo, de las embarcaciones de juncos. Las juncáceas (nombre científico juncaceae) forman una familia de plantas monocotiledóneas parecidas a los pastos, suelen crecer en ambientes húmedos o niveles freáticos y son el elemento principal de este tipo de embarcaciones. Suelen ubicarse en los bajantes de los ríos, las zonas intermareales o los alrededores de los lagos y su explotación puede realizarse a lo largo de todo el año (Beovide 2015, 235). Aun así, si se cortan en periodos específicos su flotabilidad y durabilidad aumentan de forma considerable (Heyerdahl 1983, 37 y 38). Se encuentran en la naturaleza de forma natural pero pueden cultivarse para mejorar ligeramente la disponibilidad y calidad de los mismos (Anne Banack, Rondón, y Diaz-Huamanchumo 2004; Beovide 2015). Este último aspecto tiene vital importancia en lo que se refiere a la producción naval ya que los juncos utilizados para la confección de embarcaciones deben tener unas características determinadas.

No disponemos de una gran cantidad de información respecto al proceso de obtención de estos materiales para la confección de artilugios náuticos aunque contamos con algunos estudios sobre análisis de trazas de uso en herramientas líticas del Holoceno que parecen evidenciar su uso en tareas de corte de especies vegetales blandas no leñosas del tipo junco o similar (Ramos Muñoz 2008, 187). Sin embargo, podemos hacer uso de la información proveniente de estudios etnográficos realizados en comunidades actuales de la costa peruana o el lago Titicaca que tradicionalmente vienen realizando embarcaciones de este tipo (caballitos y balsas de totora) incluso hasta nuestros días (Rondón, Anne Banack, y Diaz-Huamanchumo 2003; Anne Banack, Rondón, y Diaz-Huamanchumo 2004; Beovide 2015). Como se ha dicho anteriormente, el aprovisionamiento de juncos salvajes pudo ser una estrategia viable de captación de este material. Así se realiza en las costas del lago Titicaca (Anne Banack, Rondón, y Diaz-Huamanchumo 2004, 15). Sin embargo, sin un manejo continuo los juncos no suelen adquirir la altura necesaria para su utilización en la construcción de embarcaciones (Anne Banack, Rondón, y Diaz-Huamanchumo 2004, 12). Por esta razón, las comunidades actuales de Perú cultivan grandes extensiones de terreno (hasta 46.7 hectáreas en la actualidad) que reciben el nombre de totorales (Anne Banack, Rondón, y Diaz-Huamanchumo 2004, 12). Tras un periodo de crecimiento, que puede oscilar entre los 6 y los 9 meses, estos totorales aportan juncos de aproximadamente 3 metros de altura que son extraídos mediante el uso de alguna herramienta cortante (Johnstone 1980, 15; Beovide 2015, 234). Posteriormente son clasificados para su uso en los caballitos de totora, una vez que pasaron el periodo de 15 a 20 días de secado (Johnstone 1980, 15; Anne Banack, Rondón, y Diaz-Huamanchumo 2004, 14). Si los rizomas de estos juncos son tratados adecuadamente, un totoral es capaz de aportar un rendimiento aceptable de producción entre 5 y 7 años, momento a partir del cual la altura necesaria ya no es conseguida (Anne Banack, Rondón, y Diaz-Huamanchumo 2004, 14). Ahora bien, también se debe tener en consideración que la realización de un totoral supone un esfuerzo económico inicial muy considerable. Se requiere el trabajo de 3 años de una persona excavando de sol a sol para la creación de un totoral que aporte los juncos necesarios para confeccionar las embarcaciones que serán utilizadas a lo largo de un año (Anne Banack, Rondón, y Diaz-Huamanchumo 2004, 15). Por otro lado, la calidad y abundancia del agua es un elemento fundamental para su buen crecimiento (Anne Banack, Rondón, y Diaz-Huamanchumo 2004, 16) por lo cual su ubicación espacial también es un factor determinante.

Más allá de los juncos existen otros materiales recurrentes en la tecnología naval prehistórica de los cuales por desgracia tenemos muy poca información. Es el caso por ejemplo de ciertas tipologías navales concretas como las embarcaciones de pieles. En este caso podríamos entender las pieles como un producto secundario de actividades de caza o ganadería. Su disponibilidad sería abundante en las latitudes septentrionales donde solían ser usadas de forma recurrente (McGrail 2001).

Otras tradiciones como la asiática han utilizado de manera asidua el bambú para hacer sus embarcaciones (Guerrero Ayuso 2009, 32). El corte de cañas con instrumentos líticos es sencillo y es posible obtener fardos de 40 centímetros de diámetro en aproximadamente 5-10 minutos. Necesitan entre 5 y 6 meses de secado controlado para que no se rompan a la mitad y para obtener su máxima flotabilidad. Así también, en algunas zonas solían ser cortadas en un periodo especial de la fase lunar ya que se creía que de esa manera no serían atacadas por hongos o plagas (Bednarik 2001, 16).

Más allá de estos materiales principales existen otros elementos recurrentes en la producción naval que merecen una mención. Es el caso por ejemplo de los elementos vegetales utilizados para la realización de atados o fijaciones de elementos. Su continua presencia en la práctica totalidad de las tipologías navales prehistóricas (embarcaciones de juncos, monóxilas mejoradas, cestas, balsas, embarcaciones de pieles, embarcaciones de corteza, etc.) contrasta con la escasa información arqueológica que a día de hoy existe al respecto. Sabemos, por ejemplo, que las mujeres y personas mayores de las comunidades maoríes recolectaban el *kikie* y otros elementos vegetales para confeccionar las cuerdas para los atados de las embarcaciones (Evans 2014). Del mismo modo las mujeres de las comunidades indígenas norteamericanas se encargaban de coser las canoas de corteza de abedul con las raíces y resina de la picea negra (*Picea mariana*) que eran utilizadas para los atados y el sellado de la embarcación respectivamente (Johnstone 1980, 21 y 23; Greenhill 1995, 97 y 99; McGrail 2001, 407).

Las actuales comunidades de la costa peruana atan sus caballitos de totora con la cabuya, una soga que se produce a partir de la *Furcraea andina* (Rondón, Anne Banack, y Diaz-Huamanchumo 2003, 37). Para su obtención se cortan pequeños tallos de 1.5 centímetros de espesor aproximadamente, se les retira las espinas y se los deja secar durante 15 minutos. A continuación, se enjuagan con agua y se los golpea contra una roca durante 30 minutos para eliminar las resinas internas y finalmente se los deja secar por 3 horas antes de utilizarlos (Rondón, Anne Banack, y Diaz-Huamanchumo 2003, 37). En Senegal en cambio se utiliza la corteza interior de ciertas palmeras (*Borassus aethiopum* o *Elaeis guineensis*) para atar las diferentes partes de la canoa (Piqué Huerta et al. 2016, 226). Por desgracia la información respecto a este tipo de elementos y su empleo en la construcción naval prehistórica es sumamente escasa y no permite mayores interpretaciones. Una mayor cantidad de datos detallados sobre esta problemática sería de gran utilidad para el estudio que nos ocupa ya que los atados son un elemento clave en la unidad estructural de la mayoría de artilugios náuticos analizados. Aspectos como resistencias, tensiones, costes de producción, etc., deberán ser tenidos en cuenta en el futuro.

Misma importancia tienen los elementos de cabuyeria que forman la jarcia de las embarcaciones así como las velas. Debido a que son elementos construidos en materiales de muy difícil conservación en el registro arqueológico poco o nada sabemos de ellos en lo que refiere a las embarcaciones prehistóricas. En las Islas Trobriand las velas se construían con hojas secas de pandanus (*Pandanus*) que se ataban entre sí en capas dobles (Senft 2016, 243-242). En Nueva Zelanda se confeccionaban con *kikie* (Evans 2014). Es imposible determinar el uso de materiales similares durante la prehistoria pero materiales de esta índole y otros más variados parecen haber sido recurrentes en este tipo de elementos a tenor de la información que podemos extraer de algunas fuentes clásicas:

"[...] Sobre el mástil hallábase una soga hecha de cuero de buey [...]" (Odisea, XII, 443-448)[34].

"La cuerda formada por retorcido intestino de una oveja [...]" (Odisea, XXI, 420-425) [35].

"Aquí, para el bienestar de los habitantes, vagan siempre hirsutas cabras y una gran cantidad de machos cabríos entre los matorrales de la región: producen unas crines suficientemente largas y gruesas para su uso en los campamentos y para las velas de los marineros" (Ora Marítima, 215-221)[36].

"El velamen era, en efecto, de cuero, para resistir la violencia de los vientos, e iba tensando con cadenas en lugar de cabos [...]" (Estrabón 4, 4, 1)[37].

Otros elementos recurrentes suelen ser aquellos utilizados para impermeabilizar la embarcación. El uso de resinas o de elementos vegetales para "calafatear" artilugios náuticos prehistóricos está comprobado arqueológicamente. Por ejemplo, en la embarcación alemana de la Edad del Bronce de Degersee se constató la presencia de una amalgama compuesta por musgo (*Anomodon viticulosus*), hojas de árbol, fragmentos de carbón, fragmentos de guijarros y arena que impermeabilizaba una junta en la zona de popa (Dickson et al. 2013, 4-6). En las embarcaciones de Ferriby o Brigg también se registraron elementos similares (McGrail 2001, 185-87).

Estos procesos de calafateo se encuentran registrados etnográficamente y parecen adquirir importancia en la construcción de canoas monóxilas mejoradas (Malinowski 1922; Evans 2014). En las Islas Trobriand el calafateado se realizaba con fragmentos de raíces, posiblemente de *Maranthes corymbosa*, mezclados con agua (Senft 2016, 240). En el caso de las embarcaciones construidas con tablas este tipo de técnicas resultan vitales a los fines de conseguir que la embarcación adquiera la estanqueidad necesaria entre las distintas piezas que conforman la estructura. Las fuentes clásicas nos hablan de ello:

[34] Traducción extraída de Guerrero Ayuso (2003, 67). Versión en griego: "*αὐτὰρ ἐγὼ διὰ νηὸς ἐφοίτων, ὄφρ' ἀπὸ τοίχους λῦσε κλύδων τρόπιος, τὴν δὲ ψιλὴν φέρε κῦμα, ἐκ δέ οἱ ἱστὸν ἄραξε ποτὶ τρόπιν. αὐτὰρ ἐπ' αὐτῷ ἐπίτονος βέβλητο, βοὸς ῥινοῖο τετευχώς*". Homer. The Odyssey with an English Translation by A. T. Murray. Cambridge, MA: Harvard University Press; London: William Heinemann, Ltd. 1919.

[35] Traducción extraída de Guerrero Ayuso (2003, 67). Versión en griego: "*ὣς ἄρ' ἔφαν μνηστῆρες: ἀτὰρ πολύμητις Ὀδυσσεύς, αὐτίκ' ἐπεὶ μέγα τόξον ἐβάστασε καὶ ἴδε πάντη, ὡς ὅτ' ἀνὴρ φόρμιγγος ἐπιστάμενος καὶ ἀοιδῆς ῥηϊδίως ἐτάνυσσε νέῳ περὶ κόλλοπι χορδήν, ἅψας ἀμφοτέρωθεν ἐϋστρεφὲς ἔντερον οἰός, ὣς ἄρ' ἄτερ σπουδῆς τάνυσεν μέγα τόξον Ὀδυσσεύς*". Homer. The Odyssey with an English Translation by A. T. Murray. Cambridge, MA: Harvard University Press; London: William Heinemann, Ltd. 1919.

[36] Traducción extraída de García Cardiel (2013, 131). Versión en latín: "*Hirtae hic capellae et multus incolis caper dumosa semper intererrant caespitum: castrorum in usum et nauticis uelamina*". Avienus. Ora Maritima. Editor Mangas y Plácido, 1994.

[37] Traducción extraída de Guerrero Ayuso (2009, 101). Versión en griego: "*ἦν γὰρ σκύτινα διὰ τὴν βίαν τῶν ἀνέμων: ἁλύσεις δ' ἔτεινον ἀντὶ κάλων*". Strabo. ed. A. Meineke, Geographica. Leipzig: Teubner. 1877.

"Ésta es la razón por la que no ensamblan los tablones perfectamente, sino que dejan huecos que rellenan con algas para que no se reseque la madera por falta de humedad cuando están en dique seco, y de esta forma la mayor humedad natural del alga compensa la magra sequedad de la encina" (Estrabón, 4, 4, 1)[38].

Por poner otros ejemplos, las dalcas chilenas se calafateaban con resinas o cortezas de maqui, mientras los *tomol* de Norteamérica solían impermeabilizarse con brea (McGrail 2001, 426-27). En el pueblo Falia de Senegal las embarcaciones se calafateaban mediante una mezcla triturada de corteza interna de *Detarium senegalense* y hojas de baobab (*Adansonia digitata*) que se amalgamaban con agua (Piqué Huerta et al. 2016, 228). Asimismo, las embarcaciones del tipo cesta confeccionadas con bambú en las costas de Vietnam se solían impermeabilizar con el uso de bambú desecho junto a conchas de mar molidas, cáscaras de coco molidas, estiércol de búfalo, limo, agua, cortezas de cajeput y una capa de aceite que sellara la mezcla (McGrail 2001, 295). Práctica similar se ha observado en las cestas de bambú chinas impermeabilizadas mediante una mezcla de estiércol y aceite de coco (McGrail 2001, 352). Las *guffas* mesopotámicas hacían uso del betún como elemento impermeabilizador, producto que aportaba a su vez una gran durabilidad a la embarcaciones ya que es un excelente conservante y cuando comienza a resquebrajarse puede renovarse fácilmente con una nueva capa (Hornell 1938a, 159). De este tipo de elemento parecen existir evidencias arqueológicas en yacimientos del VI milenio a.C. en Kuwait y en ocasiones era modificado con la incorporación de carrizo picado, fragmentos de carbonato y seguramente aceite de pescado (Guerrero Ayuso 2009, 245). En las embarcaciones de corteza las juntas entre los diferentes trozos que configuraban el casco o las grietas generadas en las zona de proa o popa solían ser impermeabilizadas con el uso de paja, barro, musgo, algas, etc. (Vairo 1995, 53; McGrail 2001, 411). Este trabajo en el caso de las comunidades yámanas solían hacerlo las mujeres (Vairo 1995, 54).

Todos estos materiales se encuentran de forma recurrente en los ámbitos ecológicos prehistóricos y combinaciones de elementos similares cumplirían la misma función. Por lo tanto, su aprovisionamiento no supondría ninguna complejidad económica o productiva.

Por último, la utilización de ciertos aceites o minerales en la confección de pinturas para las embarcaciones está bien documentada etnográficamente en lugares como las Islas Trobriand (Malinowski 1922, 258) o en Nueva Zelanda (Evans 2014). En las primeras era común el uso de arcillas rojizas para la creación del ocre y carbón de cáscaras de coco quemadas para obtener colores negros (Senft 2016, 240). En Nueva Zelanda, era frecuente la utilización de *kokowai* (ocre) y aceite de tiburón (Evans 2014).

6.2 Otros factores constitutivos del proceso productivo

Para comprender en su totalidad los costos económicos del proceso de producción naval durante la prehistoria no solo debemos prestar atención a la materia prima con la cual los artilugios náuticos fueron confeccionados sino también al resto de factores constitutivos de un proceso productivo. Entre ellos habría que destacar: la mano de obra y las herramientas necesarias para llevar a cabo la producción, las tareas de mantenimiento durante la vida útil de la embarcación y los sistemas de propiedad.

6.2.1 Mano de obra, herramientas y tiempos de producción

En lo que respecta a la mano de obra e instrumental necesario para llevar a cabo la construcción de embarcaciones encontramos requisitos dispares en función del artilugio náutico que analicemos. En el caso de las balsas, nos encontramos con un artilugio náutico que, como se ha mencionado previamente, requiere un índice muy bajo de desarrollo instrumental y una escasa mano de obra (Guerrero Ayuso 2009, 17). El aprovisionamiento de troncos y el atado de los mismos no supondría una empresa económica de envergadura, sobre todo teniendo en cuenta que muchas de las balsas registradas etnográficamente como las de Mornington o Coromandel simplemente cuentan con 3 o 4 troncos desbastados burdamente y unidos con lianas (Guerrero Ayuso 2009, 24). Por poner un ejemplo, en los trabajos experimentales de Bednarik (2001, 17) en Marruecos fueron capaces de construir una balsa de caña de unos 5 metros de eslora por 1.4 de manga y 120 kilos de peso entre dos personas y en tan solo dos horas de trabajo. En cambio, en el caso de las balsas Nale Tasih 2, construidas para las experimentaciones en el mar de Timor, de 18 metros de eslora y 28 toneladas de peso, se requirió del trabajo de 8 hombres durante un total de 3 meses. Evidentemente este tipo de balsas más complejas, al igual que aquellos modelos reales registrados etnográficamente como la *jangada* brasileña (Guerrero Ayuso 2009, 26-28), conllevan un proceso productivo más complejo, aunque no parecen representar un canon extendido ni geográfica ni cronológicamente.

En lo que respecta a las barcas de juncos el proceso productivo es algo más complejo, aunque está muy marcado por el tamaño de la embarcación que se pretenda construir. Según los estudios de Rondón *et al.* (2003, 42), un caballito de totora de la costa de Perú se compone de aproximadamente 2200 juncos distribuidos en manojos de 100 que forman los 4 fardos que componen el artilugio. Esta cantidad de juncos podría obtenerse de forma rápida de un totoral de aproximadamente 22-25 metros cuadrados

[38] Traducción extraída de Guerrero Ayuso (2009, 101). Versión en griego: "*διόπερ οὐ συνάγουσι τὰς ἁρμονίας τῶν σανίδων, ἀλλ' ἀραιώματα καταλείπουσι: ταῦτα δὲ βρύοις διανάττουσι τοῦ μὴ κατὰ τὰς νεωλκίας καπυροῦσθαι τὴν ὕλην μὴ νοτιζομένην, τοῦ μὲν βρύου νοτιωτέρου ὄντος τῇ φύσει, τῆς δὲ δρυὸς ξηρᾶς καὶ ἀλιποῦς*". Strabo. ed. A. Meineke, Geographica. Leipzig: Teubner. 1877.

(Anne Banack, Rondón, y Diaz-Huamanchumo 2004, 14). Además, las embarcaciones de juncos necesitan un tiempo de secado tras ser usadas debido al agua que filtran durante la navegación (Heyerdahl 1983, 37), aspecto que suele atenuarse con la máxima compresión del núcleo que conforma los fardos (McGrail 2001, 105). En el caso de los caballitos de totora el secado tarda entre 2 y 3 días, razón por la cual cada pescador suele tener 2 o 3 embarcaciones y por lo tanto tiene que disponer de entre 800 y 1.004 metros cuadrados de totoral cada año (Anne Banack, Rondón, y Diaz-Huamanchumo 2004, 15). A esto debemos sumarle los aproximadamente 110 metros de cabuya utilizada para el atado de los distintos fardos, que tardan del orden de 4.5 horas en conseguirse (Rondón, Anne Banack, y Diaz-Huamanchumo 2003, 37). Una vez se dispone de los materiales necesarios el proceso de confección del caballito tarda aproximadamente 1 hora y no suele requerir del trabajo de más de dos personas (Rondón, Anne Banack, y Diaz-Huamanchumo 2003, 42). En el caso de las balsas *tule* de las costas sur de California la construcción tardaba 3 días y se realizaba de forma individual (J. E. Arnold 1995, 737).

En lo que respecta a las herramientas, la confección de estas embarcaciones se realizaba con un cuchillo o similar para cortar los juncos y posteriormente el uso exclusivo de las manos (McGrail 2001, 21-22). Esta cadena operativa puede verse de forma magnífica en alguna iconografía del antiguo Egipto (Figura 54).

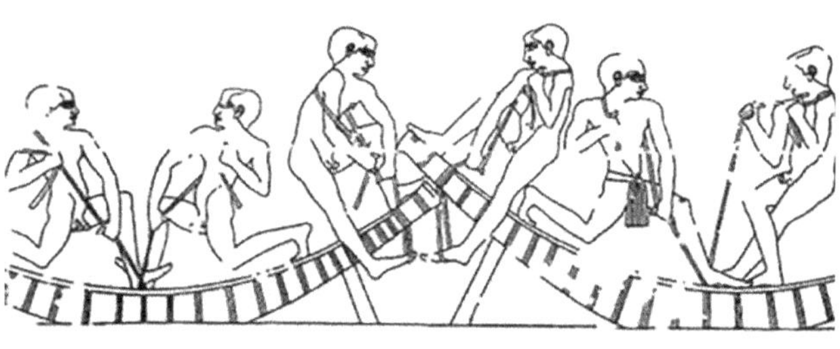

Figura 54. Cadena operativa de construcción de embarcaciones de juncos de forma manual en el antiguo Egipto. Calco de Francis Leveque. Reproducido con permiso.

Evidentemente, barcas de juncos de mayor envergadura como las del lago Titicaca o el patacho peruano comportan una mayor inversión de tiempo y mano de obra. Esta última es una gran embarcación de totora de 11 metros de eslora por 2 de manga que se construye para celebraciones puntuales en las costas de Perú (Rondón, Anne Banack, y Diaz-Huamanchumo 2003, 43). En este caso el número de fardos utilizados se eleva a 11 y la mano de obra puede fácilmente duplicarse o triplicarse (Rondón, Anne Banack, y Diaz-Huamanchumo 2003, 43).

En el caso de la tecnología naval de base monóxila observamos que el proceso productivo se dificulta de forma considerable, aumentando la complejidad de las herramientas necesarias, la cantidad de la mano de obra, el tiempo de producción[39] y la especialización artesanal. En primer lugar, debemos tener en consideración que la producción de canoas monóxilas lleva aparejado el uso de unas herramientas especializadas capaces de talar y vaciar troncos de gran envergadura (tajadores, hachas y azuelas). Estos instrumentos no han sido registrados durante el Pleistoceno (Guerrero Ayuso 2006a, 19) pero sí parecen evidenciarse a partir del Neolítico. Por ejemplo, en el poblado de La Draga (Bañolas, España) hay constancia arqueológica de azuelas de mano con mangos confeccionados en maderas diversas (pino, enebro, tejo o boj) y con sus filos líticos realizados con rocas metamórficas (anfibolita o corneana). También se han registrado cuñas de boj para el seccionado de los troncos (Palomo et al. 2013, 389 y 394). La diferencia existente en la elección de las especies empleadas (*Quercus sp.*, *Pinus sp.*, *Juniperus sp.*, *Taxus sp.* o *Buxus sp.*) responde muy probablemente a su empleo en distintas tareas funcionales, a pesar de que en dicho yacimiento no se ha constatado la utilización en construcción naval. En cualquier caso, el uso de este tipo de herramientas en la construcción de embarcaciones está constatado a través de las trazas observadas en el interior de muchas monóxilas del Neolítico europeo (B. Arnold 1995). Todo parece indicar que la introducción de herramientas metálicas durante la Prehistoria Reciente facilitó las labores de la talla de la madera debido a su mayor eficacia (Guerrero Ayuso 2006a, 29). Esto repercutiría en una reducción sensible de los costos de producción, aunque el costo del aprovisionamiento, traslado y transformación del metal con respecto a los materiales líticos tendrá que ser tenido en cuenta.

Figura 55. Grabado de finales del siglo XIX representando la tala de un tronco en la expedición de Henry Morton Stanley al Congo en c. 1874. Sin restricciones de copyright conocidas.

En segundo lugar, la mano de obra necesaria para la producción de monóxilas también presenta diferencias significativas con otras tipologías navales. Los datos etnográficos (Malinowski 1922; Evans 2014), arqueológicos (B. Arnold 1995) e iconográficos (Figura 55), nos demuestran que la producción de una embarcación de base monóxila requiere la implicación de una cantidad

[39] El tiempo en estos análisis debe ser tenido en cuenta a modo relativo ya que la concepción del tiempo y el espacio en las sociedades prehistóricas puede distar mucho de la actual y por ende no resultaría un elemento válido de comparación. Por esta razón, y aunque en este trabajo no es posible realizarlo, los análisis deberían ser llevados a cabo no mediante medidas de tiempo sino más bien de gasto energético.

muy importante de personas y por ende de un esfuerzo comunitario directo e indirecto (Evans 2014; Senft 2016, 233).

Según los datos obtenidos en los estudios etnográficos en las Islas Trobriand o Nueva Zelanda sabemos que el primer paso de este proceso productivo, es decir la tala del árbol, supondría un esfuerzo colectivo muy considerable ya que abatir un tronco de aproximadamente un metro de diámetro y entre tres y cinco toneladas de peso no sería una tarea para nada sencilla, menos aín si se empleaban herramientas líticas (Johnstone 1980, 46; Guerrero Ayuso 2006a, 28). El desbastado posterior del tronco en el mismo lugar de tala podía conllevar varios días de arduo trabajo (Malinowski 1922, 404; Evans 2014). Por último, el tronco era modelado burdamente para alivianar su peso (Malinowski 1922, 240). Todo este proceso de semanas de trabajo[40] suponía que el constructor y varios colaboradores pasaban un tiempo prolongado fuera de sus aldeas (Malinowski 1922, 235; Evans 2014). Tanto es así que en ocasiones se instalaban huertos provisorios para abastecer de comida a los trabajadores (Johnstone 1980, 46; Evans 2014). Una vez realizadas estas tareas el tronco debía ser trasladado a la aldea. Para ello, la madera se solía deslizar sobre troncos que compensaban el terreno rocoso o irregular (Malinowski 1922, 241) mediante el empleo de la tracción humana o animal alcanzando hasta los 8 kilómetros diarios de movimiento (Evans 2014). También podían utilizarse caminos cercanos al mar para transportar el tronco a flote en el agua al menos una parte del recorrido (Senft 2016, 235). Ésta era una labor ardua en la cual se hacía uso de la mano de obra de una importante cantidad de personas que incluso cobraban por ello (Malinowski 1922, 241). Aun con todas estas precauciones, la pérdida de madera durante el traslado era una realidad y el cálculo de la misma era una de las tareas principales del experto constructor (Evans 2014).

Una vez el tronco se encontraba en la aldea el vaciado final pasaba a ser tarea individual del experto constructor (Malinowski 1922, 247). Aun así, de forma paralela otros artesanos trabajan en ciertas partes de la canoa: tablas de los costados, flotador, etc.[41], e incluso para ciertas partes se podía hacer uso de mano de obra de otras tribus vecinas (Malinowski 1922; Evans 2014). Una vez la canoa era finalizada se realizaba una limpieza sobre el agua y a continuación se le colocaban todas las partes adicionales, se calafateaba[41], se pintaba y se colocaban las velas (Malinowski 1922, 251-59). Como podemos observar, todo el proceso productivo consume largos periodos de tiempo (hasta 2 años en el caso de las *waka taua* neozelandesas), movilización de mano de obra y trabajo artesanal especializado (Johnstone 1980, 206; Evans 2014). Esto, bajo nuestro punto de vista, convierte a la producción de monóxilas en un proceso productivo de alta complejidad y gasto energético.

Figura 56. Canoa siendo transportada por tierra mediante el empleo de tracción animal. Y bajo la atenta mirada de los constructores. Nueva Zelanda. Autor desconocido. Auckland War Memorial Museum Tāmaki Paenga Hira (PH-NEG-C24358). Reproducida con permiso.

[40] Todos estos datos son referentes a comunidades que ya habían incorporado herramientas metálicas por lo cual podemos suponer que en periodos pre coloniales en los cuales las herramientas utilizadas eran confeccionadas en piedra los tiempos serían más dilatados. "*En los viejos tiempos, cuando se utilizaban herramientas de piedra, debía de ser un proceso laborioso en el cual participarían un buen número de hombres para manejar el hacha y otros para afilar las hojas rotas o embotadas*" (Malinowski 1922, 139).

[41] Solo en el caso de que se trate de una embarcación monóxila mejorada.

Ciertas técnicas aligeraban el proceso de producción. Por ejemplo, el uso de fuego controlado para abatir el árbol o vaciar el tronco fue una práctica extendida en la práctica totalidad de continentes donde se registra la existencia de canoas monóxilas, sobre todo con anterioridad a la introducción de herramientas metálicas (Johnstone 1980; McGrail 2001; Guerrero Ayuso 2009) (Figura 57). Las herramientas metálicas supusieron un cambio significativo en el proceso de producción permitiendo construir embarcaciones de mayor porte, formas más elaboradas y mejores capacidades náuticas con un gasto energético presumiblemente inferior (Johnstone 1980, 67; Guerrero Ayuso 2006a, 29).

Figura 57. Grabado de Theodorus de Bry de 1579 del vaciado de un tronco con la ayuda del fuego en Virginia. Sin restricciones de copyright conocidas.

En el caso de las canoas de corteza, el proceso de descortezado suele demandar el trabajo de varios individuos. Esto se debe a que con tal de obtener una pieza de corteza lo suficientemente grande y estable, el proceso debe ser lento y controlado. Las comunidades yámanas empleaban un método que consistía en descolgarse de las copas de los árboles mediante el uso de una liana confeccionada en piel de lobo marino. A continuación se realizaban incisiones horizontales y laterales a la corteza y se comenzaba a despegar con la ayuda de herramientas de hueso y los propios pies de la persona que se encontraba en suspensión (Vairo 1995, 15-18). Como es evidente esta es una tarea imposible de llevar a cabo de forma individual. Trabajos similares se pueden observar entre las comunidades yanomamis en la selva amazónica venezolana. Contamos con una serie documental producida por TVE con nombre "El hombre y la tierra" que en su capítulo 7 del 18 de mayo de 1974 ("En busca de los indios del Orinoco")[42] realizó un registro sumamente interesante del proceso de construcción de sus canoas de corteza. En el podemos observar que para el descortezado del árbol se confeccionaban unos andamios fabricados en cañas de bambú en el cual se suspendían los individuos que participaban en la labor de extraer la corteza mediante el uso de estacas de madera (Figura 58). En el reportaje podemos observar hasta un total de 14 personas participando de las tareas. Sin embargo, tal cantidad de personas parece responder más a un acto social de la comunidad que a una necesidad material de la producción ya que muy probablemente el trabajo podría ser llevado a cabo por entre 4 y 6 personas experimentadas. También puede observarse una buena cantidad de personas participando en el traslado de la corteza extraída, aspecto fundamental para evitar que ésta se agriete durante el trayecto (Vairo 1995, 20). Su confección final solía ser llevada a cabo por el experto constructor de la comunidad, aunque en el caso de las canoas de las comunidades yámanas o beothuk la dificultad de unir las distintas partes de la embarcación hacía necesario que trabajaran más de una persona (Vairo 1995, 45; McGrail 2001, 410). En el caso de estas últimas era necesario una serie de herramientas más complejas como cuchillos, cuñas, raspadores, punzones, hachas, mazas, etc. (McGrail 2001, 409).

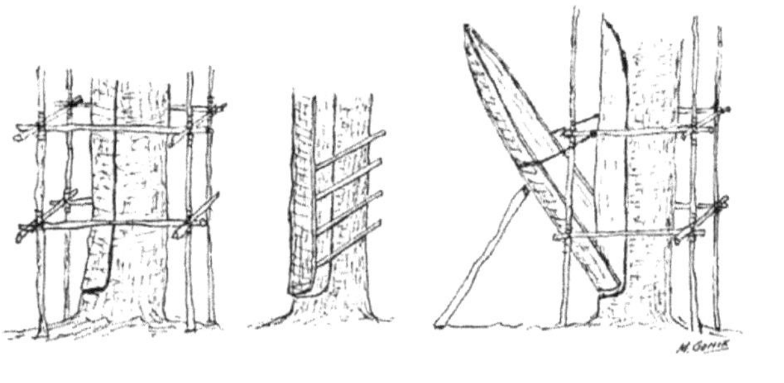

Figura 58. Proceso de extracción de la corteza para la confección de una canoa entre los yanomamis. Dibujo de Miron Gonik. Extraído con permiso de Vairo (1995, p. 115).

Por último, las embarcaciones de pieles suelen construirse de forma rápida y son sencillas de reparar (Johnstone 1980, 112; McGrail 2001, 183). Aun así, algunas embarcaciones de mayor tamaño pueden requerir una inversión en tiempo de trabajo considerable, como demuestran las 250 horas de trabajo empleadas en la construcción del modelo experimental Kalnes, de 9.98 metros de eslora y 1.32 metros de manga, que realizaron Johnston y Mastrander en 1971 (Johnstone 1980, 110). De la misma manera, los *umiak* podrían suponer un costo productivo más elevado por la complejidad de su estructura, que se componía de elementos longitudinales y transversales construidos en abeto (*Abies sp.*) y picea (*Picea sp.*) (McGrail 2001, 416). Ciertos relatos de época moderna hablan de que para su construcción se requería del trabajo de 3 personas durante 3 semanas de trabajo, 7 pieles de focas que debían ser enterradas previamente durante 1 mes y la mano de obra de 15 mujeres que se encargaban de coser la embarcación (Johnstone 1980, 110; McGrail 2001, 416).

En el caso de la tecnología naval más compleja, como pueden ser las embarcaciones de tablas, es evidente que los

[42] Disponible online en "RTVE a la carta" (minutos 11:37–19:57).

tiempos de producción y la mano de obra necesaria sería significativamente más elevada. Por poner un ejemplo, la construcción de los *tomol* de las comunidades chumash requería del trabajo de grandes cantidades de trabajadores especializados durante al menos 6 meses (J. E. Arnold 1995, 737).

6.2.2 Mantenimiento y vida útil

Si bien como ha quedado de manifiesto anteriormente las canoas monóxilas requieren de un proceso productivo sensiblemente más costoso que otras tipologías navales, también es cierto que su durabilidad y longevidad son claramente más elevadas. Una canoa monóxila puede durar años en pleno funcionamiento, aunque para garantizar la pervivencia de la madera debían ser semi-sumergidas en agua durante las temporadas en las que no navegaban (Guerrero Ayuso 2006a, 27). Por ejemplo, en el caso de las grandes canoas de cedro norteamericanas, si se les realizaba un mantenimiento regular y se las mantenía húmedas y fuera del sol podían llegar a durar hasta 12 años (Ames 2002, 33). Sin embargo, en ciertos ámbitos geográficos la vida útil era menor ya que la respuesta de ciertas maderas a las tensiones del mar y la acción de

Tabla 5. Tabla comparativa de los costos del proceso productivo de algunas tipologías navales.

	Balsa de Bednarik	*Caballito de totora*	*Masawa de Trobriand*	*Embarcación corteza Vairo*
Preparación	5-6 meses	0-9 meses	Varios meses	Días
Obtención				
Tiempo	<1 horas	5,5 horas	2 meses	1-1,5 horas
Mano de obra	1 persona	1 persona	>3 personas	>4 personas
Herramientas	Líticas	Cuchillo	Tajadores, hachas y azuelas	Cuñas, hachas, descortezadores
Traslado				
Tiempo	-	-	1 día	-
Mano de obra	>1 persona	1 persona	>5 personas	>3 personas
Construcción				
Tiempo	2 horas	1 hora	Semanas	-
Mano de obra	2	<3 personas	>1 persona	>1 persona
Herramientas	Líticas	Manual	Tajadores, hachas y azuelas	-
Mantenimiento	Regular	Nulo	Regular	Escaso
Vida útil	<6 meses	14-20 días	Años	6-12 meses

Balsa de Bednarik: E= 5 m, M= 1.4 m, P= 1.20 m
Caballito de totora: E= 4,5-5 m, M= 0,6-1 m, P= 47-50 cm.
Masawa: E= 6-10 m, M=1-2 m, P= 40-50 cm
Canoa de corteza de Vairo: E= 3,46 m, M= 60 cm, P= 60 cm.

xilófagos marinos limitaba su vida útil a por ejemplo 3 años en el ámbito del Pacífico (Lewis 1994, 79). Aquellas embarcaciones que hacen uso de ataduras requieren de un mantenimiento más frecuente. En comprobaciones etnográficas del Pacífico se constató que suelen deteriorarse tras 2 o 3 años de inactividad o 3 meses de navegación contínua (Lewis 1994, 78). Las reparaciones de este tipo de embarcaciones eran habituales y muchos de estos ejemplares debían ser reparados ante el surgimiento de algún desperfecto o daño durante su uso. En las canoas de Tybrind Vig, Applebay o París-Bercy 3 se registraron reparaciones mediante cosidos o calafateo de grietas (Guerrero Ayuso 2009, 72).

Otro tipo de artilugios náuticos requieren de un mantenimiento más constante y su vida útil total suele ser inferior. En el caso de las balsas, la reparación y/o renovación de las ataduras que mantienen unido el conjunto puede ser una tarea habitual debido a la exposición continua de éstas al agua salada (en el caso de su uso en mar) y la acción del *teredo navalis*. Su duración podría ser de entre 6 y 10 meses sin mantenimiento (Hazell y Fitzpatrick 2006, 18). Tanto es así que, como ya se ha mencionado, en Bengala y Kerala las piezas que las conformaban se desmontaban cuando el artilugio no estaba en uso para secarlas y renovar sus uniones (Guerrero Ayuso 2009, 25). En el caso de las embarcaciones de juncos nos encontramos con una vida útil mucho menor, debido seguramente a la debilidad de la materia prima con la que están confeccionadas. Por ejemplo, los caballitos de totora de las costas peruanas suelen tener una vida media de entre 14 y 20 días de uso diario (Anne Banack, Rondón, y Diaz-Huamanchumo 2004, 14), mientras que las embarcaciones de mayor envergadura del lago Titicaca pueden durar entre 3 y 6 meses (Anne Banack, Rondón, y Diaz-Huamanchumo 2004, 17). Posteriormente suelen ser amortizadas en cercas u otros tipos de estructuras (Anne Banack, Rondón, y Diaz-Huamanchumo 2004, 14).

Las embarcaciones de corteza suelen requerir un mantenimiento constante (Greenhill 1995, 97). En el caso de las construidas por los yámanas su vida útil se situaba entre 6 meses y 1 año. Sin embargo, en este caso no solían hacerse grandes reparaciones, sino más bien pequeños arreglos con cosidos de los cuales se solían encargar las mujeres. En caso de grandes roturas, las piezas de corteza eran amortizadas en una nueva canoa (Vairo 1995, 73 y 84).

En lo que respecta al mantenimiento de las embarcaciones de pieles, estamos ante materiales delicados que no soportan sucesivas reparaciones. Además era necesario secar y aceitar las pieles cada 4 días para mantener la embarcación impermeable (Ames 2002, 33). En nuestra opinión, todos estos datos nos aportan una visión interesante sobre la vida útil de las embarcaciones lo que permite valorar la rentabilidad económica de su producción. Ahora bien, no olvidemos que como bien comenta Adams (2001, 293) las embarcaciones pueden ser utilizadas más allá de su vida útil lógica, fenómeno que puede ser la base de la causa de infinidad de naufragios a lo largo de la historia.

Figura 59. Constructores de canoas confeccionando una embarcación en una canoe house de Lukunor (Islas Carolinas). Se observa iconografía marítima en el dintel de la construcción. Foto de Thomas Andrew en 1886. Museum of New Zealand - Te Papa Tongarewa.

6.2.3 Los sistemas de propiedad

Los sistemas de propiedad no pueden ser considerados como un costo del proceso productivo naval. Sin embargo, su análisis puede resultar de relevancia porque a través de ellos puede discernirse las capacidades de inversión material, la relación de los agentes laborales dentro de dicho proceso y la posibilidad o no de configurar, movilizar y condicionar la fuerza de trabajo necesaria para que la producción llegue a buen término. Esto se debe a que "*las relaciones sociales de producción se establecen a través de las relaciones de propiedad objetiva*" (Bate 1986, 5). Por estas razones, este aspecto económico puede tener especial relevancia en la dinámica de las sociedades prehistóricas y puede ser uno de los elementos claves en el desarrollo de la tecnología naval compleja.

La etnografía nos demuestra que todos los tipos de comunidades humanas tienen un grado mayor o menor de propiedad privada. En el marco de las sociedades cazadores-recolectores ésta es más bien puntual hacia ciertos objetos que, de la misma manera que los recursos naturales, suelen ser compartidos en prácticas de reciprocidad. En cambio, en sociedades con estructuras sociales más complejas la misma fue convirtiéndose de forma paulatina en un factor más recurrente y concentrado en grupos reducidos de la población (Harris 1983).

La propiedad material de los artilugios náuticos dentro de las sociedades prehistóricas difícilmente pueda ser abordada a través del registro arqueológico pero sí desde los estudios etnográficos, que pueden darnos al menos algunas pautas de análisis. Los trabajos de Malinowski (1922, 212-13) entre los habitantes de las Islas Trobriand apuntan una cierta complejidad en los sistemas de propiedad que afectaban a las canoas de la comunidad. Las canoas más ligeras y manejables utilizadas para el transporte costero (*kew'u*) tenían un único propietario. En cambio, las canoas de pesca (*kalipoulo*) por lo general formaban parte del patrimonio de las distintas agrupaciones de pescadores y su propiedad recaía en el dirigente de dichas asociaciones. Por último, las grandes canoas que intervenían en el Kula (*masawa*) tenían un sistema de propiedad algo más complejo. Si bien son asimiladas como un elemento compartido de la comunidad, en la práctica su propiedad recaía en el individuo que financiaba y dirigía su construcción, denominado *toli-waga* (Malinowski 1922, 217). Esto puede venir dado por la complejidad del proceso constructivo y la necesidad de formas de organización social más complejas. En palabras de Malinowski (1922, 216):

"Todas las etapas del trabajo en que tienen que colaborar varias personas han de coordinarse, ha de haber alguien con autoridad para tomar la iniciativa e imponer sus decisiones; y también debe haber alguien técnicamente capacitado para dirigir la construcción. Por último, en Kiriwina, el trabajo comunal y los servicios de los expertos se pagan y se necesita de una persona que pueda costearlos y esté dispuesta a hacerlo."

Según los resultados de estudios etnográficos realizados a finales del siglo XX (Senft 2016), el *toli-waga* podía delegar las tareas de construcción y la toma de decisiones en otra persona (*tota'ila waga*) pero era su absoluta responsabilidad el desarrollo del proceso productivo. Además, debía reunir comidas y objetos de valor como pago a los expertos encargados de la construcción y la realización de los rituales necesarios (Senft 2016, 233-34).

Sin embargo, en otras comunidades como las maoríes de Nueva Zelanda, las *waka taua* tradicionalmente eran patrimonio del *hapu* (sub-tribu) y no de un único individuo (Evans 2014). Aun así, el experto constructor (*tohunga tarai waka*) es quien controlaba el proceso de construcción y por ende poseía un grado de decisión mayor (Evans 2014).

En el caso de las costas noroccidentales de Norteamérica nos encontramos con que la gran mayoría de la población tenía acceso y poseía embarcaciones, existiendo incluso pequeñas embarcaciones para niños. Sin embargo, las más grandes estaban confeccionadas por especialistas que cobraban por ello, costo solo asumible por los jefes de la comunidad (Ames 2002, 32). La propiedad de los grandes *tomol* de la zona sur era mucho más restringida e incluso las herramientas y el conocimiento asociado a la tecnología naval estaban bajo el control de un grupo reducido de personas (J. E. Arnold 1995; Ames 2002).

En otro ejemplo menos detallado y más contemporáneo, sabemos que la propiedad y construcción de barcas de juncos en las costas peruanas recae en un único individuo (Rondón, Anne Banack, y Diaz-Huamanchumo 2003).

Poco más puede decirse con respecto a la propiedad de los artilugios náuticos prehistóricos debido a que la información que disponemos es sumamente escasa. Sin embargo, consideramos que puede ser un elemento muy relevante a la hora de entender las causas de la evolución tipológica y cronológica de la tecnología naval durante la prehistoria y aún más en las implicaciones en materia de desarrollo cultural que de ello se puede desprender. El control sobre todos o algunos usos de la tecnología naval pudo derivar en la aparición de desigualdades sociales debido a que ésta permite la conexión con comunidades lejanas. Ello conlleva un aumento del intercambio de bienes y por ende de las desigualdades entre los propietarios de las embarcaciones, capaces de costear su producción, y los dependientes del comercio marítimo y de dichos artilugios náuticos (J. E. Arnold 1995). Este fenómeno será particularmente importante en el desarrollo de la tecnología naval ya que ciertas embarcaciones complejas, como pudieron ser los *tomol* norteamericanos, sólo pudieron ser financiadas por los jefes de la comunidad o individuos de alto estatus social. En ocasiones incluso imponían tasas al uso de dichas embarcaciones, generándose relaciones asimétricas entre aquellos con el control de la propiedad y aquellos para los cuales su economía doméstica dependía del uso de las mismas (J. E. Arnold 1995). Por otro lado, la propiedad en el ámbito de la tecnología naval pudo tener repercusiones en ciertas configuraciones territoriales o espaciales. De forma generalizada, se suele asumir que en determinados periodos prehistóricos existió una propiedad sobre la tierra y los recursos que de ella se desprenden. Del mismo modo, no sería descabellado pensar que existiera una "propiedad del mar". Como ya se ha mencionado en el capítulo 2.3 y se volverá a mencionar en el 7.2.5, la apropiación física del mar resulta sumamente compleja por no decir imposible. Por esta razón, ante la incapacidad de limitar físicamente los espacios marítimos, pudieron ser los artilugios náuticos los que permitieron controlarlos. La capacidad de poseer la propiedad del mar pudo pasar por disponer de la propiedad de las embarcaciones que permitían transitar sobre el mismo y explotar los recursos que éste aporta.

CAPÍTULO 7

LOS CONDICIONANTES SIMBÓLICOS: LA DIMENSIÓN SOCIAL DE LAS EMBARCACIONES EN LA PREHISTORIA

"El primer hombre en este mundo dijo que todo el mundo es una canoa"
Mito de las comunidades chumash (J. E. Arnold 1995, 742).

Hasta aquí se han analizado los condicionantes socioeconómicos, náuticos y materiales que conforman el proyecto arquitectónico. Esta ordenación no es casual y, como ya se ha mencionado al inicio del presente trabajo, los condicionantes analizados son presentados en orden de relevancia. Por esta razón, los condicionantes simbólicos no son en ningún caso el elemento esencial del surgimiento y evolución de la tecnología naval durante la prehistoria. Sin embargo, en este trabajo se intenta analizar los artilugios náuticos como una entidad amplia y por ello la aproximación técnica y económica debe complementarse con una aproximación social (Ballard et al. 2004). Esto se debe a que las embarcaciones tienen un gran valor simbólico para los miembros de las comunidades prehistóricas y fueron frecuentemente utilizadas para reforzar posiciones sociales, asegurar el cumplimiento de las normas, influenciar las fuerzas naturales, etc. (J. E. Arnold 1995). De esta manera el análisis pretende finalizar con una aproximación a la tecnología naval desde la perspectiva doble *etic*/*emic* que puede comportar cualquier estudio cultural. Somos conscientes de que como bien plantea Kobylinski (1995), deben tomarse ciertos recaudos a la hora de intentar crear modelos *emic* en arqueología debido a la distancia cronológica, lingüística, religiosa, moral, etc., con la sociedad estudiada. Sin embargo, esta estrategia de estudio no tiene por objetivo encontrar respuestas para los dilemas arqueológicos que se nos presentan sino más bien crear preguntas que nos permitan analizar el registro arqueológico con otros ojos. Por esta razón se intentará analizar hasta qué punto los artilugios náuticos pueden constituirse como símbolos y como las capacidades simbólicas de la técnica pudieron influenciar el desarrollo de la construcción naval prehistórica.

7.1 El concepto símbolo y sus implicaciones en el análisis de la cultura material

Si asumimos la posible existencia de un condicionante simbólico en la construcción naval prehistórica resulta conveniente realizar una sucinta reseña sobre qué supone el concepto símbolo y por qué puede resultar de importancia a la hora de analizar la cultura material. Si bien abordar este tema en profundidad requeriría de un espacio no abarcable en este trabajo intentaremos transmitir algunos conceptos básicos a través de una parte al menos significativa de los máximos autores que han tratado el tema. Esto resultará de interés ya que debemos tener en cuenta que la capacidad simbólica es una de las más importantes, si no la más importante, expresión de condición humana. Como bien defendía Cassirer (1945) el ser humano no es un animal racional sino en realidad un animal simbólico[43].

Todas las especies animales se relacionan con su entorno a través de un sistema receptor de estímulos externos y un sistema reflector que genera una reacción a los mismos, lo que se ha denominado como círculo funcional (Cassirer 1945). En el caso concreto de la especie humana entre dichos sistemas existe un sistema simbólico que, en la mayoría de acciones, retarda la respuesta al estímulo mediante un periodo de pensamiento y reflexión. Según Edmund Leach (1989) el objeto u acontecimiento del

[43] Entiéndase una frase de estas características más como un recurso literario que como una aseveración científica. Las categorizaciones que pretenden separar a la especie humana del resto del mundo animal suelen ser erróneas. La capacidad simbólica, más o menos rudimentaria, pudo ser una realidad entre otras especies cercanas al *homo sapiens* (Hoffmann et al. 2018) y lo es entre algunas especies animales más o menos próximas (Harris 1983, cap. 2).

mundo exterior genera una imagen sensorial en el receptor mediante el establecimiento de una relación simbólica en buena medida arbitraria. Dicha imagen sensorial es el resultado de una relación bidireccional entre ésta y un concepto mental preestablecido. Este proceso de intermediación se estructura en una red, una urdimbre de elementos únicos que llamamos símbolos y que constituyen el sistema representacional humano. Ahora bien, dichos símbolos pueden ser referenciales o condensados (Sapir 1934). Los primeros son predominantemente cognitivos y se refieren a hechos conocidos (banderas, señales, etc.). Los segundos, son "*formas sumamente condensadas de comportamiento sustitutivo para una expresión directa que permiten la fácil liberación de la tensión emocional en forma consciente e inconsciente*" (Sapir 1934, 493). Dicho sistema representacional está compuesto por símbolos de diferente índole que permiten al ser humano la especial cualidad de poder nombrar o evocar un elemento en ausencia física del mismo. Esto se debe a que el símbolo vehicula información a través de un marco conceptual que le otorga coherencia (Sapir 1934) pero que solo puede ser descifrado en el contexto de una convención social que le dé sentido. Es por esta razón que toda acción simbólica es una acción colectiva que se instrumentaliza en función de intereses concretos (Turner 1980) y que se transmite de forma indispensable a través de la herencia cultural de una sociedad determinada. El valor de un símbolo no puede descifrarse únicamente mediante sus características físicas intrínsecas, sino que requiere de aprendizaje y de un contexto cultural.

De todas las acciones simbólicas de las que dispone el ser humano aquella más importante es el lenguaje. Sin embargo, no debemos pasar por alto que en ciertas ocasiones la realidad no puede ser racionalizada ni articulada mediante un lenguaje sintáctico verbal. Los símbolos en ocasiones forman un tipo de signos que se relacionan directamente con grupos de asociaciones de sentidos y por lo tanto no requieren de una expresión oral (Kobylinski 1995). Aun así, el lenguaje como la máxima expresión de capacidad simbólica nos puede ser de gran utilidad a la hora de entender cuáles son las cualidades básicas del sistema representacional. El signo lingüístico se conforma de un significante, que es su parte física, material o sensorial, es decir, la que se puede percibir por los sentidos porque tiene una naturaleza física, y un significado que constituye lo inmaterial, la idea o concepto evocado en nuestra mente (Saussure 1916). Pero aún más, un mismo significante puede evocar diferentes significados debido a que todo signo lingüístico es en esencia polisémico (Saussure 1916). Esto se debe a que el pensar no consiste en sucesos mentales sino en un tráfico de símbolos significativos que son usados para imponer "*significación a la experiencia*" (Geertz 1992, 52). Por lo tanto, un mismo símbolo no sólo puede condensar diferentes significantes, no sólo puede componerse de diferentes significados, sino que también puede modificarse con el transcurso del tiempo o a raíz de cambios en la estructura social o la experiencia (Kobylinski 1995). Es por ello que los signos se interrelacionan entre sí y se definen por negación u oposición en relación a otros símbolos aledaños (Leach 1989) y dentro de un marco social determinado.

Es por todo esto que la cultura se define como un estilo de vida total de un grupo de personas, socialmente adquirido, que incluye los modelos pautados y recurrentes de pensar, sentir y actuar de dicho grupo (Harris 1983). Dicho estilo es controlado mediante una serie de dispositivos simbólicos (Geertz 1992) que lo ordenan y le dan sentido dentro del marco social en el cual se desarrolla.

Esta problemática conceptual resulta de vital importancia en el análisis arqueológico de la cultura material, y por ende de la cultura material naval. Los objetos son asistentes para las personas en la articulación del mundo que los rodea (Hodder 1982) y permiten crear, modificar y concebir una determinada visión del mundo (Dobres 2010). Una vez producidos, cada rasgo material se configura socialmente en relación a un conjunto de esquemas simbólicos derivados de convenciones dentro de las estrategias sociales (Hodder 1982). Por lo tanto, los objetos materiales tienen un vínculo simbólico con una idea abstracta que les da sentido social (Leach 1989). Esto determina que, al igual que el signo lingüístico, un mismo objeto material puede poseer diferentes significados en función de la posición que ocupe dentro del conjunto estructurado de símbolos propio de cada grupo social (Hodder 1982). Ahora bien, dicho proceso de simbolización puede producirse en ocasiones solo en alguno de los diferentes subsistemas que componen una sociedad (Binford 1962). La dimensión simbólica del objeto puede ser relevante para un grupo de la sociedad y no necesariamente para otro (Kobylinski 1995).

En definitiva, la manera última por la cual la cultura material se relaciona con el grupo humano dependerá en parte de las estructuras ideológicas, los códigos simbólicos y los esquemas conceptuales que operan en la sociedad (Hodder 1982).

7.2 ¿Pueden los artilugios náuticos constituirse como símbolos?

A la hora de responder a esta pregunta debemos ser conscientes de que la relación existente entre los grupos humanos y el medio acuático, principalmente el marítimo, está basada en una serie de premisas que distan sustancialmente de aquellas que rigen en comunidades de interior. Aquello que podríamos englobar dentro de la denominada "cultura marítima" tiene una importancia vital tanto en la configuración como en la concepción de los artilugios náuticos.

En primer lugar, no deberíamos pasar por alto que las sociedades tribales tenían una estructura cognitiva diferente a la que tienen las sociedades europeas actuales

(Kobylinski 1995). Por lo tanto, su relación funcional y mental con la cultura material, en este caso la naval, difería enormemente de la que podemos tener en la actualidad. Estamos inmersos en un mundo dominado, al menos en las grandes ciudades, por un sistema de producción industrializado y robotizado en el cual se ha roto el contacto directo entre los miembros de la comunidad y el sistema de producción de la cultura material, así como la conexión sentimental que ello podría haber conllevado (Ingold 1990, 316). Sin embargo, esto no debería impulsarnos a desestimar el enorme valor social que la producción material tenía en las sociedades prehistóricas.

En segundo lugar, no debemos olvidar que como bien plantea Stefano Medas (2010, 11) las embarcaciones nunca han sido consideradas por los marineros como meros objetos funcionales. De estas dependían sus vidas y por ende la relación que se crea entre ambos va mucho más allá de la simple utilidad práctica. Prueba de ello es la pervivencia continua, o interrumpida y recuperada, de las tradiciones marineras a lo largo de la historia, como reflejo de un horizonte técnico y cultural en relación con los elementos que al menos hasta el siglo XIX se desarrolló de forma prácticamente inmutable. Dicha continuidad se manifiesta no sólo en los usos y costumbres de la gente de mar sino también en la concepción religiosa, la creencia popular y/o el significado social que siempre se creó entre el ser humano y las embarcaciones. Es por todo ello que en la cultura de la gente de mar, religiosidad y superstición han estado íntimamente compenetradas e incluso han llegado a confundirse (Medas 2010, 13).

Todo esto produjo la existencia continuada a lo largo del tiempo y el espacio de unas fuertes construcciones simbólicas alrededor de la producción naval. Su dispersión geográfica y su perduración en el tiempo, como resultado de la pervivencia de las características del medio y de las capacidades de adaptación al mismo, demuestra su importancia y su común aceptación en los sistemas socioculturales (Kobylinski 1995). Resulta imposible reunir en estas páginas la enorme cantidad y variedad de manifestaciones simbólicas existentes en relación a los artilugios náuticos, pero se intentarán esbozar algunas a modo de ejemplo.

7.2.1 Los artilugios náuticos y la muerte

La relación de las embarcaciones con el ámbito de la muerte a lo largo de la historia ha sido particularmente fuerte. Tan importante ha llegado a ser esta relación que en ámbitos del Pacífico se consideraba que los barcos tenían vida y por lo tanto se realizaban actividades funerarias cuando dejaban de ser utilizados o cuando eran amortizados mediante el desguace (Adams 2001, 295). En la Europa septentrional existe una larga tradición que vincula las embarcaciones con rituales funerarios en los cuales los individuos eran enterrados generalmente dentro de pequeñas embarcaciones (Ballard et al. 2004). Así también, en la Edad del Bronce se registran túmulos de piedras con forma de barco que suelen estar relacionados a prácticas de cremación (Ballard et al. 2004). Este ámbito en el cual las embarcaciones se ven relacionadas con el mundo de la muerte se ve incrementado con la existencia de numerosa iconografía naval asociada a los rituales funerarios (Ballard et al. 2004, 389).

Por poner otros ejemplos, durante el periodo alfarero tardío (1470-1536 d.C.) de las actuales zonas chilenas se registran enterramientos en canoas funerarias denominadas *wampo* (Carabias, Lira, y Adán 2010, 99). Por otro lado, en excavaciones realizadas en las cuevas Niah en el estado de Sarawak en Malasia se encontraron una serie de ataúdes con forma de canoa monóxila, práctica también observada en Filipinas o Vietnam (McGrail 2001, 296-97).

En el contexto de las comunidades moken del mar de Andamán en el océano Indico existe una fuerte vinculación de las embarcaciones con todos los aspectos de la vida y la muerte. Tanto es así que dentro de su cosmología local los ancestros fallecidos residen en las embarcaciones donde ellos viven (Ivanoff 1999, 5). Por último, entre las comunidades chumash existía la costumbre de depositar réplicas de canoas en el lugar del entierro o incluso quemar las originales cuando un constructor o un dueño de canoa fallecía (J. E. Arnold 1995, 742).

Todo ello nos transporta a un mundo en el cual los artilugios náuticos pueden ser parte esencial de prácticas chamánicas en rituales de paso (Manguin 2001, 381; Ballard et al. 2004, 392) e incluso en donde los propios chamanes sean en efecto pilotos o carpinteros de ribera expertos (Manguin 2001, 383). Por ejemplo, los expertos constructores de las comunidades chumash (*altomolich*) o de las comunidades nativas de la isla de Hawái (*kahuna*) asumían funciones chamánicas (J. E. Arnold 1995, 742; McGrail 2001, 322).

Algunas de estas actividades eran llevadas a cabo en edificios o estructuras arquitectónicas destinadas a tal propósito. Hablamos de las denominadas *canoe houses*. Este tipo de estructura arquitectónica registrada en el Pacífico servía para alojar y proteger las canoas de las inclemencias climáticas durante el periodo de curación de la madera o cuando no estaban navegando (Malinowski 1922, 120; Evans 2014). Se han registrado por ejemplo entre las poblaciones maoríes de Nueva Zelanda (Evans 2014), las trobriandesas de Papúa Nueva Guinea (Malinowski 1922, 120; Senft 2016, 241) o en las Islas Salomón (Walter y Sheppard 2000, 305-6). Aunque en el ámbito europeo no disponemos de evidencias recurrentes no son desconocidas ya que se han registrado en el norte del continente (Wickler y Nilsen 2012). La razón por la cual hemos considerado oportuno analizar estas estructuras en este apartado recae en el hecho que este tipo de recintos disponían de un alto valor simbólico para las sociedades que lo utilizaban. En las Islas Trobriand eran "*con mucha diferencia los mayores edificios*" construidos

(Malinowski 1922, 120), en las comunidades maoríes servían como áreas "*tapu*" prohibidas para aquellas personas que no intervenían en la construcción de la canoa (Evans 2014) y en el ámbito del lago Roviana representaban "*espacios de poder*" donde se relacionaba el mundo de los vivos y el de los muertos (Walter y Sheppard 2000, 305). En este último caso se trataba de un espacio claramente masculino en donde había una representación ideológica y litúrgica muy importante de aquellos símbolos políticos y militares de la comunidad (Walter y Sheppard 2000, 305).

Figura 60. Cobertizo para guardar canoas en Papúa Nueva Guinea. Foto de Bronislaw Malinowski. Sin restricciones de copyright conocidas.

La poderosa relación que existe entre los artilugios náuticos y la muerte puede responder a la necesidad de metáforas de transición, donde el propio mar y el horizonte en relación con los astros y los elementos físicos sean quizás metáforas del más allá. Dicha transición es en sí misma un acto de movilidad y no existe en las sociedades prehistóricas un elemento más vinculado al mar y de mayor movilidad que una embarcación. Esta idea se ve reflejada por ejemplo en las creencias moken, en las cuales un difunto que pierde su embarcación tras la muerte está condenado a una vida de inmovilidad en el más allá (Ivanoff 1999, 17). Un aspecto de connotaciones similares pudo existir en la cultura egipcia con respecto a las embarcaciones de juncos:

"Las barcas de juncos quedaron fijadas en el imaginario mitológico como representación de los orígenes y no podían faltar en los relatos ligados a la cosmogonía, al inicio de los tiempos, a las manifestaciones divinas y a los orígenes de las dinastías" (Guerrero Ayuso 2009, 168).

7.2.2 Los artilugios náuticos y las pautas de organización social

Así como los artilugios náuticos pudieron cumplir un papel crucial en los sistemas funerarios y en el paso al más allá también pudieron configurarse como entidades simbólicas en el ámbito de la vida cotidiana. Las casas con forma de barco que pueden observarse en las comunidades del sudeste asiático son prueba de ello (Manguin 2001). En estas sociedades con sistemas políticos simples la vivienda es la unidad estructural básica y suelen estar concebidas en relación a las embarcaciones y sus partes (Manguin 2001, 376). Por esta razón, en este tipo de sociedades las embarcaciones son parte fundamental de todo el complejo social y cumplen un papel clave en la creación de marcos culturales y mentales que van desde la constitución de rituales de paso a la organización de las pautas sociales en sí mismas. Tanto es así, que Pierre-Yves Manguin (2001, 376) propone que las embarcaciones funcionan como una metáfora de una unidad social organizada que sirve como modelo para el conjunto de la comunidad. Los rangos, el orden y la disciplina que imperan necesariamente dentro de una embarcación que navega se traslada de forma más o menos directa a las estructuras sociales que rigen las sociedades en tierra (Manguin 2001).

En este sentido, las comunidades moken son el mayor ejemplo de simbiosis entre tecnología naval y estructura social. Sus embarcaciones tradicionales (*kabang*) no son únicamente un medio de transporte sino también una casa flotante y un medio de producción. Es en conjunto un "*microcosmos de su vida nómada, el soporte de su historia, ideología, sueños y conflictos con la sociedad*" (Ivanoff 1999, 3). Al ser el escenario principal de las relaciones sociales, las embarcaciones de los moken son el soporte físico de rituales, casamientos, partos, trabajos, peleas, discusiones, amoríos y/o infidelidades. Es por ello que se configuran como metáforas representativas de aspectos tan variados como el amor, la transgresión sexual, la vida, la muerte, la división sexual del trabajo, la división espacial de las actividades, etc. (Ivanoff 1999). La presencia del artilugio náutico en el marco de las relaciones sociales y su relación tan profunda con las mismas hace imposible distanciarlo de la estructura social y simbólica de estas comunidades. Aspectos similares podemos rastrear en los vocablos de la lengua yámana, a partir de los cuales observamos que en sus canoas se dormía, comía e incluso paría (Vairo 1995, 847). De forma similar, las canoas de las comunidades nootkan eran usadas para fiestas, banquetes o bodas y sobre ellas se realizaban bailes nupciales o cantos de matrimonio (J. E. Arnold 1995, 742).

Por otro lado, las formas sofisticadas de tecnología naval pudieron convertirse en estrategias de las elites emergentes para dominar a otras mediante la presentación del poder y la riqueza (J. E. Arnold 1995). Por ejemplo, las embarcaciones de la Isla de Cedros pudieron ser utilizadas para escenificar dichas escenas de poder (Des Lauriers 2005, 356). De la misma forma, en las poblaciones nootkan las canoas cumplían un papel fundamental en las prácticas de *potlach,* ceremonia ritual con un profundo carácter de prestigio individual (Harris 1983). No solo servían para transportar objetos a la ceremonia sino incluso para ser intercambiadas entre ellas, convirtiéndose en una herramienta crítica de interacción social (J. E. Arnold 1995, 742).

Por último, las embarcaciones pudieron convertirse en ocasiones en elementos relevantes de las configuraciones de género. Sabemos que el mundo del mar, la navegación y la construcción naval es una actividad predominantemente masculina, aspecto que se refleja de forma generalizada en la composición de las tripulaciones de las embarcaciones (Adams 2001, 304; Westerdahl 2006, 16). Tanto es así que en ocasiones el elemento femenino ha sido identificado con la tierra y convertido en tabú en el mar (Westerdahl 2006). Debemos ser cautos y considerar que esta percepción del mar, las embarcaciones y la navegación como "cosas de hombres" puede estar en parte condicionada por una cierta traslación de nuestros valores normativos de género actuales al pasado y a la cultura material de dicho pasado (Ransley 2005). Aun así, parece evidente que estadísticamente hablando la presencia masculina en este tipo de actividades es mayoritaria. A pesar de ello y por su importancia, se ha dejado constancia a lo largo de este trabajo del papel participativo directo o indirecto que tuvieron las mujeres en el ámbito de la construcción naval de diversas sociedades. Además, resulta paradójico que hayan existido a lo largo de la historia una gran cantidad de figuras femeninas vinculadas al mar y a la protección de los marineros (desde las nereidas griegas a la Virgen del Carmen). Creemos que demuestra que el papel de las mujeres en el mundo marítimo es un aspecto complejo que requeriría de una investigación profunda. En cualquier caso, el carácter masculino del mundo de la navegación y la construcción naval puede ser relevante. Si tenemos en consideración la importancia económica y social de las embarcaciones en las sociedades prehistóricas, la exclusión o escasa participación de las mujeres en este ámbito pudo haber convertido a la tecnología naval y a la navegación en elementos importantes para la configuración de las relaciones de género dentro de la comunidad.

Figura 61. Una mujer y su hijo navegando con una mujer europea en una canoa de Samoa. Foto de autor desconocido tomada en c. 1916. Museum of New Zealand - Te Papa Tongarewa.

7.2.3 Los artilugios náuticos y las prácticas de superstición marinera

Más allá del valor global del artilugio náutico como símbolo social dentro de determinados entramados socioculturales, el simbolismo también puede identificarse a través de elementos característicos de la arquitectura naval de las embarcaciones. Nos referimos a todos aquellos elementos que no tienen una función mecánica o estructural pero que forman parte de manera recurrente en las embarcaciones: mascarones, emblemas, decoraciones, estandartes, etc. Hay quienes podrían argumentar acertadamente que este tipo de elementos no son partes principales del sistema arquitectónico, que no cumplen una función mecánica determinada y, por lo tanto, que no deberían ser contemplados dentro de lo que entendemos como arquitectura naval. Sin embargo, en este trabajo que intenta analizar el artilugio náutico como una entidad amplia que excede lo puramente técnico o mecánico, dichos elementos son considerados como partes consustanciales del sistema arquitectónico. Forman parte del proceso de concepción de la embarcación y sin ellos el resultado material final no tendría el mismo valor social.

Los mascarones, por ejemplo, de los cuales conocemos su utilización desde tiempos prehistóricos, han sido interpretados tradicionalmente como un elemento muy indicativo de la adscripción cultural del artilugio o de los clanes armadores de las embarcaciones (Guerrero Ayuso 2004). Además, muy probablemente supusieron un elemento de prestigio importante vinculado al valor social de los artesanos que los elaboraban (McCarthy 2015). Resulta llamativo la ingente cantidad de representaciones iconográficas de época prehistórica donde se observa de forma más o menos clara la presencia de mascarones de proa o elementos decorativos en proa o popa, la mayoría de las cuales son de carácter zoomorfo (Johnstone 1980; McGrail 2001; Guerrero Ayuso 2004, 2009; Rey da Silva 2009). Este aspecto parece vinculado en ocasiones a prácticas rituales de botadura que incorporan ofrendas a los dioses. Por ejemplo, un relato de 1900 mencionaba que las embarcaciones de Bahrain "*tienen una especie de mascarón llamado el* kubait, *generalmente cubierto con la piel de una oveja o cabra, la cual fue sacrificada cuando el barco fue botado*" (Zwemer 1900, 101-2)[44]. Esto se debe a que los animales terrestres, por su condición de tabú en el ámbito marítimo, podían tener una función apotropaica en el mar (Westerdahl 2006, 23-24). En cualquier caso, la vinculación de estos mascarones con el mundo simbólico y animal es un tema que merecería sin lugar a dudas un espacio de análisis imposible de abarcar en este trabajo.

En esta línea también debe interpretarse la presencia de ojos en las proas de las embarcaciones. Existentes en embarcaciones de todas las épocas y regiones, los ojos no cumplían una función practica en la embarcación, más allá de algunos casos donde al mismo tiempo hacían las veces

[44] Original en inglés: "*Each boat has a sort of figure-head, called the kubait, generally covered with the skin of a sheep or goat which was sacrificed when the boat was first launched*".

de escobén para los cabos del ancla. Su función era apotropaica, para alejar el peligro o a los enemigos, y/o antropomórfica, para "ver" la ruta correcta y seguir el rumbo adecuado (Hornell 1938b, 347; Medas 2010, 44). Es a través de estos elementos que los marineros le atribuían y le atribuyen a las embarcaciones un carácter cualificado que le otorgaba un "alma propia", convirtiéndolas en especies de "seres vivientes" que incluso podían ser consideradas como integrantes del clan o del núcleo familiar (Hornell 1938b, 348; Vairo 1995, 84; Medas 2010, 11). La presencia de ojos en los barcos parece tener una pervivencia cronológica muy amplia, incluso en la prehistoria. Son presentes por ejemplo en el cuenco de la Edad del Bronce encontrado en Caergwrle (Gales), que aparentemente representa una *coracle* (Johnstone 1980, 124). También en una gran cantidad de iconografía de época púnica y romana o en innumerables pequeñas embarcaciones registradas a lo largo del siglo XX en ámbitos tan variados como el Mediterráneo, el océano Índico y el Pacífico occidental (Hornell, 1938a). En la actualidad aún pueden verse ocasionalmente en puertos pesqueros (Figura 62).

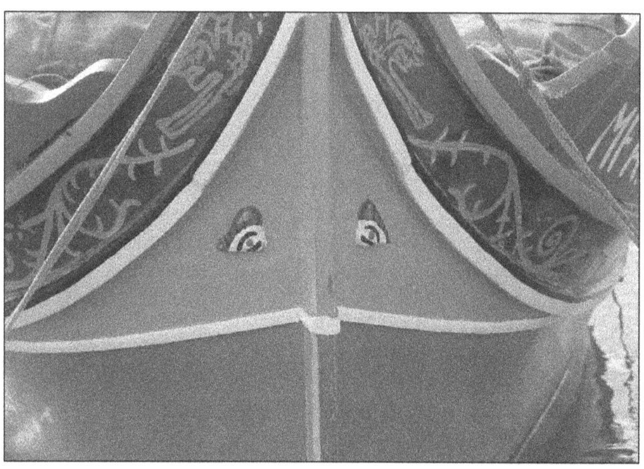

Figura 62. Embarcación tradicional de Venecia con representación de ojos. Foto de John Haslam, reproducible bajo licencia Creative Commons (CC BY 2.0). Extraída de la plataforma Flickr el 20/04/2018 con modificación de encuadre posterior.

Prácticas de connotaciones simbólicas similares se han registrado entre los barqueros de las *guffas* iraquíes. Solían introducir cauries y algunas piedras de color azul en el betún que se colocaban debajo de la borda con el objetivo de evitar el mal de ojo y asegurar una buena navegación (Hornell 1938a, 155).

Por último, las prácticas de exponer o colgar exvotos marineros en santuarios, muy extendidas en todo el Mediterráneo, puede analizarse bajo los mismos parámetros. Suponen una señal evidente del papel de las embarcaciones en "*prácticas de devoción de los marinos, para implorar la protección divina de naves cuya representación había quedado al amparo de la divinidad y/o o como muestra de acción de gracias por empresas culminadas con éxito*" (Guerrero Ayuso 2004, 127).

7.2.4 Los artilugios náuticos y la guerra

En el capítulo 4.3. ya se ha mencionado la importancia que pudieron tener las embarcaciones utilizadas en prácticas de guerra desde un punto de vista simbólico o social. Si observamos los casos etnográficos conocidos en los cuales el uso de artilugios náuticos en prácticas de guerra se produce de forma habitual, podremos percatarnos de que estamos ante embarcaciones con un grado de detalle y decoración muy elevado. Esto podría responder a un intento claro de escenificación del poder, ya no tan solo hacia los propios miembros de la comunidad sino también hacia el grupo enemigo. De esta manera, las embarcaciones a través de la guerra podían convertirse en símbolos de poder y dominación, lo que sin lugar a dudas supondría un factor relevante en la importancia de la tecnología naval dentro de los entramados sociopolíticos de las comunidades prehistóricas. Por otro lado, la jerarquización existente a bordo de estas canoas, aspecto fundamental en cualquier grupo militar, pudo tener implicaciones en la estructuración social del grupo. Por ejemplo, ciertas pinturas rupestres del Bronce Final escandinavo cuentan con representaciones de individuos singulares con cuernos en posiciones destacadas de la embarcación. Estarían oficializando rituales de guerra y pueden estar evidenciando una desigualdad social dentro de la embarcación, así como una metáfora de la inequidad social del grupo (Ling 2012) (Figura 63).

Figura 63. Representación de posiciones y desigualdades sociales en una pintura de arte rupestre de la Edad del bronce en el yacimiento Sotetorp Tanum (Tanum, Suecia). Calco personal sobre foto de Gerhard Milstreu, Tanum Rock Art Museum Underslös. Utilizada con permiso.

7.2.5 Los artilugios náuticos y el paisaje

Como ya se ha manifestado al inicio del presente trabajo (capítulo 2.3.) el paisaje, entendido como un "producto socio-cultural creado por la objetivación, sobre el medio y en términos espaciales, de la acción social tanto de carácter material como cognitivo" (Criado Boado 1999, 6), tiene importantes implicaciones simbólicas para las personas que lo ocupan. Se ha dicho también que la incorporación del paisaje en la estructura social podría pasar por la apropiación del mismo de una forma física o simbólica y que los ámbitos marítimos por sus propias características físicas presentan capacidades de apropiación diferenciales. Esto se debe a que los ambientes paisajísticos marítimos se encuentran en relación a dos elementos, tierra y mar, que en ocasiones han sido conceptualizados como antagónicos (Westerdahl 2006). Resulta relevante la ubicación de pinturas rupestres de temática naval en espacios liminales de transición entre ambientes terrestres y acuáticos, así como también en zonas o en espacios de relevancia socioeconómica. Esto puede responder a posibles estrategias de conceptualización y apropiación simbólica del paisaje cultural marítimo, conformado tanto por aspectos materiales como cognitivos (Westerdahl 1992, 2006; Rey da Silva 2009, 13). Conceptualmente las embarcaciones tienen una relación compleja en relación a los elementos acuáticos y terrestres por su utilidad práctica en los primeros y su relación material con los segundos (Westerdahl 2006). Por esta razón son elementos relevantes en los mecanismos mágicos que se construyen a través del contraste y la transición entre tierra y agua (Westerdahl 2006). Esto revela el importante papel que pudieron tener en las percepciones cognitivas y en la manera de pensar el medio por parte de las sociedades prehistóricas (Rey da Silva 2009, 9). Por ejemplo, en los países nórdicos existe iconografía de figuras masculinas de grandes dimensiones sosteniendo barcos en sus brazos que pueden ser entendidas como "la transición de una embarcación hacia otro elemento, en este caso la tierra" (Westerdahl 2006, 22) (Figura 64). Dicha idea podría estar representándose también en una pintura rupestre de la Cueva del Helechar II en Tarifa (Topper y Topper 1988, 186-88).

Figura 64. Embarcaciones portadas a hombros en pinturas escandinavas de Östergötland (izq.), Bohuslän (centro) y Buglösa (der.). Calcos de Westerdahl (2006, fig. 11). Reproducidos con permiso.

En esta línea interpretativa, debemos tener en consideración que el mar es, por razones obvias, un ambiente ecológico difícilmente limitable o apropiable desde el punto de vista físico. Podría plantearse que fueron precisamente las embarcaciones las que, como símbolo por excelencia del dominio del mar, permitieran una apropiación simbólica del paisaje cultural marítimo. Esto justificaría su presencia reiterada en representaciones rupestres de ámbitos paisajísticos relacionados con espejos de agua.

...

Llegados a este punto deberíamos ser capaces de asumir que las embarcaciones exceden por mucho la simple categoría de artefacto utilitario, que son constitutivas de procesos simbólicos dentro de su contexto sociocultural y que se componen de elementos suntuarios indivisibles del conjunto arquitectónico. Ahora bien, en base a esta premisa cabe preguntarse: ¿pudieron existir procesos de carácter simbólico en la propia técnica y configuración de la arquitectura naval de las embarcaciones? Para responder a esta pregunta es necesario previamente realizar una serie de apuntes sobre la relación de la técnica con los procesos de simbolización de la cultura material.

7.3 La técnica y sus capacidades simbólicas

El estudio de los procesos tecnológicos ha sido y es uno de los campos de actuación más importantes en el ámbito de la arqueología. La aproximación a la técnica que generalmente se ha realizado en el ámbito de la arqueología y la antropología estuvo focalizada en las particularidades mecánicas y utilitarias de los procesos tecnológicos. Sin embargo, la contextualización histórica del proceso de innovación tecnológica es importante y deben ser analizadas sus implicaciones económicas, políticas y simbólicas (J. E. Arnold 1995). Se presenta aquí una serie de sucintas reflexiones sobre una temática que consideramos de relevancia para el estudio tecnológico en el ámbito naval. Desde corrientes académicas como la Escuela de la Antropología de las Técnicas en Francia y desde ciertos marcos teóricos derivados de la *Social Agency Theory* en el ámbito anglosajón, se ha puesto sobre la mesa un nuevo enfoque conceptual. Se propone que el proceso tecnológico no es únicamente una secuencia de acciones físicas de modificación de la materia, sino que implica la presencia de complejos esquemas mentales y sociales configurados a través del tiempo (Lemonnier 1993; Calvo Trias y García Rosselló 2014). Esto se debe a que la técnica se encuentra inserta en un entramado social en el cual interactúan de manera bidireccional la estructura social, el agente/individuo y el objeto (Ingold 1990; Calvo Trias y García Rosselló 2014). Por lo tanto, las elecciones técnicas se desarrollan en un espacio social compuesto de códigos simbólicos que dan sentido social a dicha elección (Calvo Trias y García Rosselló 2014) y están estrictamente condicionadas por la herencia cultural y los procesos de aprendizaje. Sin embargo, en una línea cercana a la planteada por Tim Ingold (1990, 315) con respecto a la separación de los conceptos técnica y tecnología, entendemos que deberíamos saber diferenciar entre aquellas cualidades intrínsecas utilitarias del proceso tecnológico, que responden a necesidades materiales concretas, y aquellas construcciones simbólicas que sobre dicha base material se construyen, aun cuando ambas estén enmarcadas en unos mismos condicionantes sociales.

En cualquier caso, es importante tener en cuenta que los individuos que participan en el proceso tecnológico no son autómatas que reproducen una serie de secuencias motrices sin ningún tipo de proceso mental (Lemonnier 1993). Esto se debe a que, en consonancia con el concepto *habitus* de Pierre Bourdieu (1977), en la cotidianidad de las personas que fabrican y usan objetos se generan "*rutinas tecnológicas*" que de alguna manera condicionan la percepción del mundo y la manera de entender los objetos en relación al marco social en el cual se utilizan (Calvo Trias y García Rosselló 2014, 11). Así también, se refuerzan los valores sociales y las actitudes culturales sobre cómo vivir y actuar en sociedad (Dobres 2010, 106). Las contradicciones de clase, edad y/o género que determinan quién puede y quién no puede formar parte de la producción material así como quién puede y quién no puede usar los objetos producidos forman parte de esta adecuación social de la cultura material (Dobres 2010). Todo ello condiciona los procesos de manufactura, la morfología del objeto y el uso de la cultura material (Dobres 2010; Calvo Trias y García Rosselló 2014).

Lo planteado hasta ahora permite reafirmar la idea que la técnica, configurada a través del *habitus*, dispone de elecciones culturales que pueden consolidarse como normales más allá de consideraciones de eficiencia o eficacia tecnológica (Lemonnier 1993). Por ende, la técnica, los materiales y las formas de los objetos no sólo tienen sentido en su vertiente utilitaria sino también en función del marco sociocultural en el cual se insertan. En palabras de Calvo y García (2014, 13): "*todas las elecciones están condicionadas y son coherentes en relación al espacio social que ocupan*". Es bajo este marco conceptual que debemos reinterpretar la cadena operativa de la producción material que podríamos definir como el "*conjunto de acciones técnicas y operaciones físicas aprendidas socialmente que se da en la secuencia de transformación, fabricación, uso y reparación de un objeto, cultural y socialmente estructurado, a partir de unos recursos naturales también socialmente concebidos*" (Calvo Trias y García Rosselló 2014, 18).

Como resume Lemonnier (1993, 4), la técnica y la tecnología se insertan en una realidad que cuenta por un lado con los factores humanos, fuentes de energía, herramientas, materias primas y procesos gestuales y mentales para la transformación de la materia. Por el otro, con procesos simbólicos de adecuación al marco social donde se producen cumpliendo un rol coherente dentro de estos. Creemos que es sumamente relevante realizar una aproximación de estas características a los estudios de la tecnología o los objetos materiales porque difumina la frontera teórica y académica creada entre cultura material e inmaterial. La primera no puede ser entendida sin la segunda y viceversa. Un estudio centrado únicamente en uno de estos aspectos conlleva desplazar al ser humano y su entorno social del foco de análisis y en lo que refiere a la arqueología supone despojar a los objetos de una de sus vertientes explicativas.

Aplicados estos conceptos duales al ámbito de la construcción naval veremos que en efecto los aspectos morfológicos de un artilugio náutico, una vez solventados los condicionantes anteriormente expuestos, se enfrentan al filtro del marco simbólico y social en el cual se producen. La explicación a la configuración de la arquitectura naval de una embarcación no solo la vamos a encontrar en su producción y uso sino también en su adecuación a los cánones sociales impuestos por la sociedad.

7.4 El simbolismo en la técnica de construcción naval

En lo que respecta a la aplicabilidad de estos conceptos teóricos al ámbito de la construcción naval prehistórica, creemos firmemente que si analizamos en profundidad tanto el registro arqueológico como el etnográfico llegaremos a la conclusión que la técnica de construcción naval, como cualquier otra técnica, se rige aunque con matices por los mismos conceptos. La construcción naval es además de un medio técnico para adaptarse a un ámbito acuático, un proceso cultural con fuertes implicaciones simbólicas y sociales que pueden en ocasiones vislumbrarse a través de la configuración de la embarcación (Adams 2001). Esto se debe a que "*la fabricación, así como la utilización, de las embarcaciones es una actividad eminentemente colectiva y socialmente relevante*" (Carabias, Lira, y Adán 2010, 92).

Esto queda demostrado, bajo nuestro punto de vista, con algunos ejemplos etnográficos de relevancia. Los estudios de Malinowski (1922, 696-97) en las islas Trobriand ponen de manifiesto que durante el proceso de producción de una canoa, desde la obtención de la madera hasta su botadura, se pueden llegar a realizar hasta un total de 17 ritos mágicos. Esto conlleva que el *toliwaga* necesariamente deba saber al menos 10 tipos de rituales y el conocimiento de sus respectivas fórmulas (Senft 2016, 246). Estas prácticas rituales pueden observarse en la tabla 6.

En el contexto de las comunidades maoríes nos encontramos con prácticas muy similares. Por ejemplo, para cortar el árbol el experto constructor (*tohunga*) realizaba rituales pidiendo permiso y protección al guardián del bosque (*Tane Mahuta*) (Evans 2014). Esto que puede entenderse como parte de una especie de folklore local no lo es en lo más mínimo ya que para las personas que participan en dicho proceso y dentro de los marcos sociales en los cuales viven y conviven, la magia asociada a la construcción de la embarcación es una necesidad psicológica de la comunidad. Cada uno de los ritos es indispensable para el éxito de la empresa, exactamente igual que lo es la actividad práctica, vinculándose de forma directa los rituales mágicos con las futuras cualidades náuticas de las canoas (Malinowski 1922, 219 y 694). Por otro lado, este conjunto de ritos y conjuros pueden funcionar como método de organización social y laboral, imponiendo orden en diversas actividades y asegurando la cooperación de la comunidad y la organización del trabajo comunal necesaria para llevar a cabo la producción de la embarcación (Malinowski 1922, 220).

En un ámbito geográfico diferente, Manguin (2001) puso de manifiesto en su estudio en el sudeste asiático que la construcción naval puede constituirse como metáfora para la estructuración de las reglas de la sociedad. En sus palabras (Manguin 2001, 386):

"Las sociedades del Pacífico, así como de las islas del sudeste asiático, pueden haber usado metáforas relacionadas con la construcción de embarcaciones para ilustrar una organización social vista como una red de interacciones dentro de una unidad contenida interdependiente. La construcción de un barco puede ser vista como el ensamblaje de una estructura compleja a través de un número determinado de elementos simples. El artilugio resultante es un símbolo de los logros del grupo y refuerza la solidaridad dentro del mismo."

En el caso de las comunidades moken, su tecnología naval soporta su sistema ideológico y simbólico por lo cual analizando su construcción naval descubrimos motivos históricos y míticos que se esconden en su tecnología (Ivanoff 1999, 3). Por ejemplo, cada una de las partes constitutivas de las embarcaciones de los moken son nombradas mediante referencias antropomórficas (boca, cuello, hombros, estómago, ano, etc.). Pese a su evidente función práctica, muchos de estos elementos no pueden ser entendidos sin el análisis contextual de la cultura que lo produce (Ivanoff 1999, 5-6). Aún más, el universo mítico que envuelve a sus prácticas de navegación y vida en el mar condicionan la mayor parte de la tecnología empleada en la construcción de las embarcaciones (Ivanoff 1999, 5).

Por último, según pone de manifiesto Jeanne Arnold (1995), el proceso de manufactura de la canoa *tomol* en las comunidades chumash estaba cargado de significado ritual y símbolos de derechos y poder. Tanto es así que dentro de la narrativa local y la concepción de la comunidad las canoas eran confeccionadas por seres sobrenaturales (J. E. Arnold 1995).

Los ejemplos ofrecidos tienen por intención dar a entender que el proceso de construcción de un artilugio náutico en

Tabla 6. Tabla descriptiva de los procesos de construcción de una masawa en las Islas Trobriand y su relación con la magia. Elaboración propia a partir de Malinowski (1922, 696-98) y Sentf (2016, 243-45).

Actividad realizada	*Magia llevada a cabo*
Derribo del árbol	*Vahusi Tokway*, ofrenda o conjuro que pretende la expulsión del espíritu del bosque del árbol.
Arrastre del tronco	*Kaymomwa'u* y *Kaygagabile*, doble rito de ligereza para facilitar el transporte.
Inicio de los trabajos	*Kapitunena Duku*, inaugura oficialmente el inicio de la construcción.
Vaciado del tronco	*Ligogu*, conjuro realizado sobre la azuela de mango móvil.
Fijación de los tableros de proa	*Katuliliva Tabuyo*, rito sobre los tableros ornamentales de la proa.
Inauguración de los trabajos finales	*Vakakaya*, limpieza mágica y ceremonial de la canoa para alejar malas influencias y conseguir que la canoa sea rápida.
Amarradura de la canoa	*Wayugo*, conjuro destinado a hacer que la canoa sea más fuerte y rápida.
Calafateo	*Kaybasi*, conjuro sobre la sustancia de calafateo para hacer que la canoa sea segura.
	Vakasulu, *Vaguri* y *Kaytapena waga*, exorcismos.
Pintado	Tres ritos mágicos para cada una de las pinturas: negra (*Kaykoulo*), roja (*Málakava*) y blanca (*Pwaka*).
Botadura	*Kaytalula wadola*.

época prehistórica podía estar rodeado de un universo mágico y simbólico que en ocasiones podía suponer un elemento significativo en la propia configuración estructural de la embarcación. Es evidente que sea cual sea la dimensión social de la técnica de construcción naval, una embarcación tiene un condicionante náutico que la determina qué es la necesidad de flotar y moverse por el agua. Sin embargo, una vez solventado este condicionante primordial, y siempre y cuando dicha condición no sea puesta en peligro, la tecnología naval puede adaptar su configuración estructural a las cosmovisiones y construcciones simbólicas de las sociedades que la producen. Por esta razón, es potencialmente posible encontrar en el sistema arquitectónico de cualquier embarcación aspectos técnicos o elementos estructurales que parecen no responder a una lógica náutica debido a que la tienen en el ámbito de lo social. Difícilmente encontraremos estos elementos en piezas estructurales claves que podrían comprometer el buen desempeño a la hora de navegar pero si puede ponerse de manifiesto en elementos de importancia secundaria. La pervivencia o no de dichas prácticas estará marcada, como veremos en el capítulo siguiente, por el peso de la tradición. Por todas estas razones la tecnología naval posee una doble condición material y simbólica que la define. Una embarcación es mucho más que un simple medio de transporte acuático. Parafraseando a Clifford Geertz cuando hablaba sobre la catedral de Chartres y haciendo uso como ejemplo del principal ícono de la tecnología naval trobriandesa podría decirse:

"La masawa está hecha de madera y cuerda, pero no es solamente madera y cuerda; es una embarcación, y no sólo una embarcación, sino una embarcación particular construida en un tiempo particular por ciertos miembros de una particular sociedad. Para comprender lo que la masawa significa, para percibir lo que ella es, se impone conocer bastante más que las propiedades genéricas de la madera y la cuerda y bastante más de lo que es común a todas las embarcaciones. Es necesario comprender también los conceptos específicos sobre las relaciones entre la cosmovisión, el ser humano y la construcción naval que rigieron la creación de esa embarcación. Y con los seres humanos ocurre lo mismo: desde el primero al último también ellos son artefactos culturales" (Geertz 1992, 56)[45].

En definitiva, si lo que pretendemos es realizar un análisis profundo de la tecnología naval en todas sus vertientes estos aspectos simplemente no se pueden obviar.

[45] Original en ingles: "*Chartres is made of stone and glass. But it is not just stone and glass; it is a cathedral, and not only a cathedral, but a particular cathedral built at a particular time by certain members of a particular society. To understand what it means, to perceive it for what it is, you need to know rather more than the generic properties of stone and glass and rather more than what is common to all cathedrals. You need to understand also – and, in my opinion, most critically – the specific concepts of the relations among God, man, and architecture that, since they have governed its creation, it consequently embodies. It is no different with men: they, too, every last one of them, are cultural artifacts*".

CAPÍTULO 8

¿LOS CONDICIONANTES TRADICIONALES? HERENCIA TECNOLÓGICA Y TRASMISIÓN CULTURAL DEL CONOCIMIENTO EN EL ÁMBITO NAVAL

"La tradición es el derecho y el derecho significa fuerza"
Malinowski (1922, 289) sobre el peso de la costumbre en la sociedad trobriandesa.

Hasta aquí se han analizado los cuatro principales condicionantes del proyecto arquitectónico de la tecnología naval en la prehistoria. Sin embargo, puede que exista un quinto a considerar en lo que refiere a los aspectos tradicionales. Si bien es evidente que la tradición tiene un peso relevante a la hora de influenciar el proceso de producción naval, su configuración es el resultado final del proceso conformado por el proyecto arquitectónico y los procesos de concepción, realización y constatación náutica de la embarcación (de Juan Fuertes 2009, fig. 1). Sin embargo, una vez establecida supone un elemento crucial en el desarrollo de la tecnología naval y en la pervivencia o no de ciertas tradiciones constructivas. Eso se debe a que en las sociedades humanas, especialmente las preindustriales, existe un peso sociológico de la tradición que hace que los comportamientos se vean afectados por los imperativos tradicionales de la ley y las costumbres comunitarias (Malinowski 1922). Por esta razón, consideramos que la tradición, entendida en este caso como la herencia tecnológica y cultural de una sociedad determinada, es un elemento condicionante y condicionado dentro del proceso de producción naval y debe ser analizado por separado aunque se encuentre fuertemente vinculado a los condicionantes simbólicos anteriormente analizados. Para ello se presenta a continuación un sucinto análisis de los procesos de aprendizaje y trasmisión de conocimiento que pudieron afectar a la evolución de la tecnología naval en la prehistoria a nivel interno y los fenómenos de transferencia tecnológica a nivel externo.

8.1 Aprendizaje y transmisión cultural a nivel interno

La configuración de la tradición, así como su pervivencia o transformación a lo largo del tiempo, está muy marcada por la manera en que el conocimiento es transmitido entre los individuos de una sociedad determinada. Este "*aprendizaje social*" es una estrategia clave para la acumulación de conocimiento cultural transmisible y permite solventar de manera más eficaz tareas que de otra manera deberían ser resueltas mediante el ensayo de prueba y error (Reyes-García, Gallois, y Demps 2016). En contrapartida, existen una serie de costos asociados al aprendizaje y la enseñanza (Reyes-García, Gallois, y Demps 2016) que quedarán solventados por las posibles ventajas sociales o económicas que el nuevo conocimiento pueda aportar. Este tipo de estrategias de trasmisión de conocimientos son de vital importancia en sociedades ágrafas donde el conocimiento se trasmite principalmente de forma oral y en las cuales los sistemas de memoria y el saber consuetudinario no se materializa de forma escrita.

Según la propuesta de Luigi Cavalli Sforza *et al.* (1982) la trasmisión de la información en las sociedades se articula de tres maneras diferentes. En primer lugar, contamos con la trasmisión vertical que se produce, principalmente, entre los progenitores y su descendencia y que es de vital importancia en las etapas de la infancia. En segundo lugar, existe la transmisión horizontal entre dos o más individuos de la misma generación, que suele tener especial relevancia a partir de la juventud y en la cual los hermanos pueden tener un peso importante enseñándose mutuamente (Reyes-García, Gallois, y Demps 2016). Por último, la transmisión oblicua se produce entre individuos de diferentes generaciones sin relación de parentesco. Ahora bien, debemos tener en consideración que dichos procesos pueden presentar diferencias significativas por razones de género (Reyes-García, Gallois, y Demps 2016, 57) o de clase social. A su vez, la configuración de las relaciones que se establecen entre los individuos que participan en dicha transmisión afecta la composición interna de los rasgos culturales. Cuando la ratio entre transmisores y receptores de conocimiento es de muchos a uno (por ejemplo, castas o clases sociales) el cambio cultural es lento y la variación interna es baja. En sentido inverso, las relaciones de uno a muchos (por ejemplo, maestro y alumnos) producen un cambio cultural rápido, posibilitan las variaciones intergeneracionales y facilitan una variación interna media. Las relaciones de uno a uno (por ejemplo, padres/madres a hijos) producen una ratio de cambio intermedia y una alta heterogeneidad interna.

Por otro lado, los mecanismos mediante los cuales los individuos de las sociedades orales adquieren el aprendizaje social son variados. Ante la falta de un conocimiento escrito las estrategias principales son: la observación e imitación, la experiencia práctica y/o el aprendizaje a través de la enseñanza de un tercero. Las dos primeras tienen un peso fundamental en la infancia y la juventud debido a que son periodos claves en la adquisición de información empírica sobre el entorno y ciertas habilidades básicas de subsistencia (Reyes-García, Gallois, y Demps 2016). Sin embargo, cuando la actividad que debe ser aprendida tiene una complejidad elevada, la enseñanza a través de un maestro durante la adultez resulta ser la estrategia más eficaz, aunque sigue estando sustentada en la base de los conocimientos adquiridos durante la niñez (Reyes-García, Gallois, y Demps 2016, 49). Por estas razones, la transmisión cultural es un proceso dinámico que ocurre a través de una secuencia temporal que va desde la infancia a la adultez y donde los diferentes caminos de aprendizaje pueden alternar su importancia (Reyes-García, Gallois, y Demps 2016, 49).

Debido a la inexistencia de saber escrito y la importancia de la enseñanza en la trasmisión del conocimiento complejo, las sociedades orales poseen en su seno un conocimiento elitista que configura roles de poder (Kelly 2015, 3). El papel que adquieren las personas que poseen y controlan dicho conocimiento es relevante ya que en el conocimiento esotérico y técnico existe información esencial de la cual dependen las actividades de subsistencia (Kelly 2015). Estas diferencias de poder/status generadas por el control del conocimiento tiene importancia en la configuración de las relaciones sociales en el seno de la comunidad y en el caso del conocimiento técnico tendrá repercusiones de peso en el rol de ciertos individuos dentro del grupo.

Lo analizado hasta aquí tiene repercusión en el proceso de producción naval prehistórica debido a que la construcción de embarcaciones es una tarea de elevada complejidad tecnológica. Si bien es cierto que los flotadores o ciertos artilugios náuticos sencillos como las balsas o embarcaciones de juncos simples no representan una dificultad técnica notable, se sustentan en un conocimiento más o menos profundo de las reglas náuticas y materiales que determinan que dicho artilugio sea capaz o no de navegar. A medida que la complejidad de la tecnología naval crece, el conocimiento técnico asociado es más complejo y la figura del artesano, experto constructor o "carpintero de ribera" pudo comenzar a adquirir una relevancia social mayor. En base a la premisa anteriormente expuesta acerca de que el conocimiento restringido es en esencia un elemento de prestigio y poder, podría entenderse el status privilegiado de los constructores de embarcaciones en sociedades tribales. El hecho de estar en posesión de un conocimiento de alto valor tecnológico que además se vincula con un elemento material, el artilugio náutico, que pudo cumplir un papel esencial en las estrategias de subsistencia del grupo, otorga a los constructores de embarcaciones un prestigio social elevado dentro de la comunidad. Esto podría explicar en parte el hecho ya mencionado que dichos personajes asuman a su vez tareas chamánicas de alto valor simbólico en sociedades tribales.

Ahora bien, determinar las pautas de transmisión de dicho conocimiento es una tarea mucho más compleja. Poco o nada sabemos sobre las estrategias de trasmisión de conocimiento en el ámbito de la tecnología naval en sociedades prehistóricas, aunque la etnografía y ciertos relatos escritos nos aportan puntos de referencia que nos permiten realizar conjeturas más o menos sólidas al respecto. Por ejemplo, en el documental "*The Navigators: Pathfinders of the Pacific*" que Sam Low filmó en la isla de Satawal en 1983[46], puede observarse claramente la participación de niños en algunas tareas del proceso de producción naval, aunque evidentemente el proceso es constantemente supervisado y vigilado por un maestro constructor. Por otro lado, en las poblaciones yámanas los hijos que se casaban y abandonaban el núcleo familiar debían construir una canoa de corteza para erigirse como nuevo jefe de familia (Vairo 1995, 57). Una tarea que requería de forma evidente de un conocimiento técnico que no podían obtener de otro lugar que no fuera su propia familia. Al parecer, las tareas de descortezado y preparación de las canoas podían constituirse como el momento idóneo para que el padre le transmita al hijo el conocimiento propio de su tradición naval (Vairo 1995, 54). De forma similar, si bien no conocemos el papel de los sectores jóvenes de la población en el proceso de producción naval, sabemos que en las expediciones marítimas trobriandesas participaban hombres jóvenes que no formaban parte del Kula (*usagelu*) y en ocasiones niños, hijos de navegantes, que solo acompañaban (*dodo'u*) (Malinowski 1922, 351). Así también, en el ámbito peruano contamos con relatos de época colonial que mencionan un entrenamiento desde la infancia en el arte de navegar caballitos de totora mediante el uso de pequeñas embarcaciones diseñadas particularmente para dicho propósito (Johnstone 1980, 15):

[46] Publicado en Youtube el 16 de febrero de 2010 por el canal maupiailugsociety (minutos 23:43–34:00).

"Son entrenados para nadar desde la infancia, y comienzan a capear olas con una pequeña "balsa" en la zona de arrecife, y gradualmente, mientras van creciendo realizan travesías mayores y más largas a través de las olas y en el amplio océano" (Coggeshall 1858, 333)[47].

Prácticas similares también han sido constatadas entre distintas comunidades de las poblaciones inuit donde los niños hacían un uso habitual de los kayaks de la comunidad (Figura 65).

Figura 65. Dos niños de las comunidades inuit en un kayak familiar. Foto de Edward S. Curtis 1929. Extraída de la Curtis (Edward S.) collection de la Library of the Congress. Sin restricciones de copyright conocidas.

Estas actividades participativas son, sin lugar a dudas, constitutivas de formación y aprendizaje de los sectores jóvenes de la población que a través de la observación y/o imitación adquieren un conocimiento relacionado al mar, la tecnología naval y la navegación. Esto forma parte de un proceso acumulativo de saber marinero y naval que será crucial en la expansión marítima prehistórica (Broodbank 2006).

Sin embargo, es probable que no todos los individuos del grupo tuvieran acceso a dicho conocimiento. Siguiendo la propuesta de Cavalli Sforza *et al.* (1982) el proceso de trasmisión de conocimiento técnico en el ámbito de la construcción naval prehistórica podría no responder a una estrategia oblicua sino más bien vertical, a partir del siguiente razonamiento. Como ya se ha mencionado los procesos de trasmisión de conocimiento conllevan asociados una serie de costos de enseñanza y aprendizaje que en sociedades de estas características nunca pueden sobrepasar los beneficios económicos y/o sociales obtenidos con posterioridad. Teniendo en cuenta la elevada complejidad del conocimiento técnico en el ámbito de la construcción naval, el aprendizaje directo de la misma probablemente no se realizaba hasta el periodo de adultez, aunque necesariamente debía iniciarse con anterioridad debido a la dificultad de la materia a través de la observación y la imitación. Por lo tanto, la compensación de los costos de enseñanza en forma de compensación material al grupo presentará un retraso considerable. Parece lógico pensar que dicho retraso sea asumido por el núcleo familiar y no por el conjunto de la sociedad. Es por esta razón que consideramos que la trasmisión de conocimiento en el ámbito de la construcción naval pudo realizarse en esencia de padres a hijos, aspecto que por otro lado podemos observar con mucha frecuencia en la carpintería de ribera tradicional en la actualidad. Las estrategias de transmisión oblicua a través de un maestro también pudieron ser factibles, aunque probablemente en estructura sociales más complejas.

Ésta puede ser una de las razones por las cuales la construcción naval a lo largo de la historia ha tendido a un cierto conservadurismo tecnológico. La evolución tecnológica en el ámbito de la tecnología naval suele ser muy lenta y sin revoluciones (de Juan Fuertes 2009; Pomey 2010). Una innovación fallida en el ámbito del mar y la navegación puede llevar aparejada la pérdida de la embarcación e incluso de las vidas humanas a bordo. Esto produjo una fuerte actitud conservadora en los marineros y en los carpinteros de ribera. Pero, por otro lado, la propia dinámica de trasmisión cultural de padres a hijos pudo determinar de forma consciente o inconsciente una cierta inercia cultural producida por el hecho de que dentro del proceso de aprendizaje no hay lugar a la innovación técnica/gestual porque supondría "desaprender" el conocimiento recibido (Calvo Trias y García Rosselló 2014). Por lo tanto, la tradición de construcción constituye una práctica social y una acción motivada que opera en la mente de sus practicantes (Adams 2001, 302).

Esta herencia tecnológica y cultural en el ámbito de la tecnología naval estará nutrida de lo que Carlos de Juan (2009) ha denominado como "óptimo tecnológico". Por óptimo tecnológico entendemos el resultado final de un largo proceso de prueba y error en la constatación náutica de la embarcación que perdurará mientras las necesidades náuticas del grupo no varíen. Sin embargo, bajo nuestro punto de vista, este concepto debería ser modificado por el de "óptimo tecnológico o cultural" debido a que, al menos en las sociedades prehistóricas, el artilugio náutico resultante del proceso productivo no necesariamente es la solución técnica más idónea a la que se tiene alcance sino más bien la solución material que de forma más eficaz cumple con los diferentes condicionantes expuestos en este trabajo. En este sentido, existen diferentes escenarios que pueden provocar una innovación tecnológica o cambio más vertiginoso. El primero es un cambio drástico o sustancial en las necesidades náuticas del grupo que obliguen a un replanteamiento del proceso de producción

[47] Original en inglés: "[…] *They are trained to swimming from their infancy, and commence with a small 'balsa' in the surf within the reefs, and by degrees, as they grow older and larger, venture through the surf, and out upon the broad ocean* […]".

naval. El segundo se deriva de la interrelación dialéctica entre el corpus tradicional, los practicantes del mismo y la sociedad en general que produce una constante puesta en valor de las barreras ideológicas que rigen el saber técnico (Adams 2001). El último, que veremos a continuación, es aquel en el cual la interacción entre dos o más comunidades provoca fenómenos de transferencia tecnológica o hibridación técnica. Ahora bien, nos gustaría finalizar este apartado poniendo de manifiesto que como bien plantean Calvo y García (2014, 18-19): "*la tradición tecnológica no es ni mucho menos estable, sino que participa de un constante diálogo con fenómenos de cambio y estabilidad, o incluso de resistencia tecnológica*".

Figura 66. Niño aprendiendo la construcción de una canoa de corteza aborigen del norte de Australia. Foto Yaja Hadrys. Reproducida con permiso.

8.2 Transferencia cultural y tecnológica a nivel externo

Si algo caracteriza a una embarcación, o al menos a buena parte de ellas, es su capacidad de unir y relacionar a sociedades distantes que poseen diferentes técnicas, identidades y en ocasiones un desarrollo tecnológico diferenciado (Pomey 2010). A partir de la confrontación de dos realidades materiales diferentes pueden producirse procesos de transferencia tecnológica entre un entorno técnico receptor y otro donante (Pomey 2010, 132) o entre dos entornos que se influyen mutuamente. Ahora bien, la importancia de los artilugios náuticos en estos procesos radica en el hecho que no solamente son portadores de conocimiento técnico sino también de identidad cultural. Por esta razón, y contestando a la pregunta planteada por Pomey (2010, 132), creemos que existe una relación intrínseca entre la transferencia tecnológica y la transmisión de identidad.

Este aspecto resulta de vital importancia al considerar los procesos de trasmisión cultural y aprendizaje ya que determinan el establecimiento de un *savoir faire* tecnológico, entendido éste como las representaciones mentales y las acciones realizadas sobre la materia (Calvo Trias y García Rosselló 2014). Dicho *savoir faire* estará en la base del proceso de aprendizaje debido a que esta "manera de hacer las cosas", entendida como correcta en su marco social, se transmitirá de generación a generación produciendo un proceso de adquisición de esquemas físico-motores para la producción que pueden llegar a aplicarse incluso de forma mecánica e inconsciente (Calvo Trias y García Rosselló 2014, 13). Por lo tanto, la técnica en tanto que dispone de un entramado simbólico que le da un sentido social que se transmite generacionalmente, se configura como una seña identitaria de la sociedad, del grupo o del individuo que emplea o confecciona los objetos (Ingold 1990).

Este último aspecto resulta especialmente relevante ya que por identidad debemos entender el sentido de pertenencia a una colectividad, a un sector social o a un grupo de referencia, con el cual se comparte, generalmente, una serie de rasgos culturales (Molano 2007). Ahora bien, debemos tener en cuenta que los miembros de una comunidad interiorizan de distintas maneras los procesos sociales y que, aunque compartan un mismo espacio o hablen un mismo idioma, su conciencia social esta medida por las diferencias de sus propias experiencias, trayectorias y personalidades (Flores 2005). Si algo debería quedarnos claro con respecto a la identidad es que constituye una construcción cultural basada en la alteridad. Es decir, la creación de una identidad requiere indispensablemente de su contraposición con otra identidad mediante la cual se define. La diferenciación interna y externa de los miembros de un grupo se expresa a través del reconocimiento de un "*otro*" y un "*nosotros*", lo que determina una "*conciencia cultural*" y el proceso de formación de las identidades (Flores 2005, 43). Estas alteridades son de tres tipos: (a) la alteridad absoluta que se presenta hacia la persona extranjera, que pertenece al más allá de las fronteras de la comunidad; (b) la alteridad interna que se refiere a la alteridad social implícita en todo sistema de relaciones con diferencias instituidas como el sexo, la filiación, la edad, los patrones de residencia, las clases sociales, etc. y (c) la alteridad íntima, que pertenece al interior de la persona de cada individuo, al vínculo entre interior y exterior, al vínculo entre identidad y relación del individuo con su entorno (Augé 2003).

En base a estas premisas, podemos observar como la identidad se constituye en diferentes niveles que son al mismo tiempo diferentes pero simultáneos. Esto se debe a que la interacción social en el seno de una comunidad implica previamente la adscripción identitaria de los actores participantes y estos poseen unas características propias: (a) ocupan una o varias posiciones en la estructura social, (b) se conciben en relación con los otros, (c) están dotados de alguna forma de poder y (d) se encuentran en un constante proceso de socialización y aprendizaje (Giménez 2005). Esto último es sumamente importante ya que "*no podemos entender la cultura ni la identidad como un repertorio homogéneo, estático e inmodificable de significados*" (Giménez 2005, 3). El hecho que el concepto de identidad se encuentre estrechamente ligado al concepto de cultura provoca que las identidades evolucionen y se modifiquen paralelamente al entramado cultural. Éstas "*se construyen, se refuncionalizan, se destruyen y crean otras nuevas, o lo que es lo mismo: el proceso de conformación de la identidad y sus formas de expresión cotidianas son dinámicas e interactivas*" (Flores 2005, 46).

Entendiendo las repercusiones de la identidad en el ámbito social entenderemos mejor los procesos de transferencia tecnológica, estrechamente vinculados como ya se ha mencionado con anterioridad a los procesos de transferencia identitaria. La transferencia tecnológica entre tradiciones constructivas en el ámbito naval puede realizarse de diferentes maneras. La copia e imitación de modelos arquitectónicos foráneos pudo ser una estrategia más o menos recurrente y sabemos de su utilización en diferentes periodos de la historia (Pomey 2010, 133). Por otro lado, la movilidad de carpinteros de ribera pudo influir en la introducción de innovaciones técnicas o elementos materiales característicos. Estas prácticas han sido recurrentes en la Antigüedad aunque solían surgir de iniciativas del ámbito estatal. Por ejemplo, se conoce la presencia de arquitectos navales y carpinteros cananeos en las atarazanas de *Prw-Nfr*, cerca de Menfis (Gracia Alonso y Munilla 2004). Estas prácticas quizás pudieron suponer una cierta transferencia tecnológica desde Mesopotamia a Egipto influenciando la tipología de sus embarcaciones (McGrail 2001, 20). Además, contamos con referencias clásicas que podrían estar indicando que en la tripulación de una embarcación participaban algunos expertos carpinteros de ribera para efectuar reparaciones de emergencia que podrían incluso realizar labores en el lugar de destino:

"[...] De allí pasó a Iberia, donde fletó un strongýlos [equivalente al gaulos] y un pentekónteros: el uno para navegar por alta mar, y el otro para reconocer la costa. Embarcó en ellos instrumentos agrícolas, semillas y carpinteros de ribera, con el propósito de que, si la navegación se prolongaba, pudiese invernar en la isla [...]" (Estrabón, II, 3, 4)[48].

En el ámbito de las sociedades prehistóricas este tipo de prácticas son menos conocidas. Sin embargo, como ya se ha mencionado anteriormente, en las Islas Trobriand era recurrente para la confección de ciertas partes de las embarcaciones hacer uso de artesanos expertos de tribus vecinas que no necesariamente tenían por qué compartir la misma técnica constructiva o adscripción identitaria. En este sentido, las estrategias de transferencia en el ámbito privado suelen ser menos directas y suponen un cambio tecnológico más lento (Pomey 2010).

Detectar este tipo de fenómenos en el registro arqueológico resulta una tarea realmente compleja debido a la falta del mismo y a la lentitud en la introducción de innovaciones tecnológicas en el proceso de producción naval. Esta tendencia al progreso lento y paulatino de las estrategias de construcción parece quedar clara por ejemplo en la transición observable entre el sistema de mortajas, lengüetas y clavijas y el sistema de esqueleto en el Mediterráneo que se extendió durante como mínimo un milenio (Pomey, Kahanov, y Rieth 2012). Esta circunstancia conlleva que los procesos de hibridación técnica sigan siendo a día de hoy un aspecto de difícil identificación, aunque ciertas tradiciones constructivas del ámbito peninsular observables en pecios como Mazarrón 2 y en general en la denominada "*familia arquitectónica ibérica*" (de Juan Fuertes 2014) parecen responder a fenómenos de estas características. Si bien excede el marco cronológico de este trabajo es el único ejemplo cercano en tiempo y espacio al cual se puede hacer referencia.

Estaríamos ante una familia arquitectónica diferente de la griega y púnica, aunque influenciada por esta última, donde con toda claridad la tecnología naval y sus aparejos tuvieron orígenes y desarrollos regionales independientes (Guerrero Ayuso 2010, 30; de Juan Fuertes 2014). En ella el rasgo más definitorio podría ser la existencia de ligaduras externas para fijar la carpintería transversal al casco dentro de un sistema de mortajas, lengüetas y clavijas, aspecto que no encuentra paralelos en ninguna otra parte del Mediterráneo. En los pecios de Mazarrón, tenemos evidencias materiales de la presencia de dichas ligaduras que se disponen de manera cruzada en la parte superior de la cuaderna y se fijan a través del casco (de Juan Fuertes 2014, 29). La unión de la carpintería transversal mediante ligaduras se encuentra perfectamente documentada en barcos de otra familia que unen sus tracas mediante cosido (p.e. Cala Sant Vicenç, Jules-Verne 9, Bon-Porté 1, Giglio, etc.). Sin embargo, no existe ningún paralelo de ligaduras externas en embarcaciones que unen las tracas mediante mortajas, lengüetas y clavijas. Los pecios de la época que hacen uso del sistema de mortajas, lengüetas y clavijas fijan las cuadernas al casco mediante clavos de metal.

Este parece ser un claro ejemplo de lo tratado en este capítulo ya que a la supuesta transferencia tecnológica desde el mundo fenopúnico al ámbito peninsular se le suma una cierta "resistencia tecnológica" por parte de las comunidades nativas, evidenciada en el hecho de mantener de manera consciente o inconsciente un rasgo técnico que se vincula con la tradición ancestral y con lo que puede considerarse como "propio" (Moyano Di Carlo 2015).

[48] Traducción extraída de Gracia Alonso y Munilla (2004). Versión en griego: "*πάλιν δὲ κατασκευασάμενον στρογγύλον πλοῖον καὶ μακρὸν πεντηκόντορον, ὥστε τῷ μὲν πελαγίζειν τῷ δὲ πειρᾶσθαι τῆς γῆς, ἐνθέμενον γεωργικὰ ἐργαλεῖα καὶ σπέρματα καὶ οἰκοδόμους ὁρμῆσαι πρὸς τὸν αὐτὸν περίπλουν, διανοούμενον, εἰ βραδύνοιτο ὁ πλοῦς, ἐνδιαχειμάσαι τῇ προεσκεμμένῃ νήσῳ, καὶ σπείραντα καὶ ἀνελόμενον τοὺς καρποὺς τελέσαι τὸν ἐγνωσμένον ἐξ ἀρχῆς πλοῦν*". Strabo. ed. A. Meineke, Geographica. Leipzig: Teubner. 1877.

CAPÍTULO 9

CONCLUSIONES: MUCHO MÁS QUE BARCOS

En el inicio de este trabajo se puso de manifiesto que el objetivo final buscado no era otro que la confección de una base teórica y bibliográfica para la futura realización de un proyecto de investigación específico. La imposibilidad de realizar trabajo de campo asociada a una firme convicción en la decisiva importancia de los modelos teóricos como puntos de partida en la investigación arqueológica motivaban ese objetivo. Decía Bachelard (1938) que el objetivo de la ciencia radica en saber más para preguntar mejor. Esa premisa ha guiado este trabajo.

A lo largo de los capítulos se ha intentado reunir y catalogar de una forma alternativa gran parte de los datos existentes a día de hoy sobre la materia, invirtiendo el foco de análisis desde la manera en que la tecnología naval evolucionó a lo largo del tiempo hacia las causas de dicha evolución. Asimismo, puede comprobarse la existencia de una combinación consciente de datos arqueológicos "náuticos/marítimos" con otros de carácter "terrestre", si es que algún sentido tiene este tipo de etiquetas. Creemos que los resultados obtenidos son prueba fehaciente de que los discursos arqueológicos no pueden ceñirse a realidades propias del registro material. Son necesarias valoraciones mucho más amplias de los datos existentes, se encuentren estos donde se encuentren. Pese a lo que muchas veces se ha considerado, la tecnología naval no encuentra su explicación exclusivamente en el mar. Lo hace también en la tierra, en los ríos, en las cuencas lacustres, en las costas y fundamentalmente en la relación que existe entre estos elementos a través del factor principal que los articula: las sociedades humanas. Por esta razón, como queda implícito en el título de este trabajo, el estudio pormenorizado de la tecnología naval en la prehistoria se constituye en un análisis de algo que resulta ser **mucho más que barcos**. Lo es porque los valores normativos que se han configurado a través de los estudios de construcción y arquitectura naval no dan cuenta de la inmensa diversidad de tipologías o morfologías existentes en la tecnología naval prehistórica. Lo es también porque como se ha propuesto a partir del establecimiento de los diferentes condicionantes de la producción naval en épocas prehistóricas, el análisis de los artilugios náuticos excede por mucho la simple cuestión técnica o mecánica de su funcionamiento y estructuración. El estudio de la tecnología naval puede ser además de un estudio tecnológico un estudio social.

Intentando desarrollar el concepto de "*proyecto arquitectónico*" elaborado por Pomey (2009), se ha propuesto la existencia de cuatro grandes condicionantes del proceso inicial de producción naval en la prehistoria: condicionantes socioeconómicos, condicionantes náuticos, condicionantes materiales, condicionantes simbólicos y quizás también un quinto en lo que refiere a los aspectos de la tradición y la transferencia cultural. Bajo nuestro punto de vista, este aporte teórico permite estudiar la temática de una forma más amplia. La primera conclusión a la que se puede llegar a partir de su análisis es que dichos condicionantes no pueden ser analizados por separado. La tecnología naval de forma estructural, transita a través de todos ellos y si nuestro objetivo es

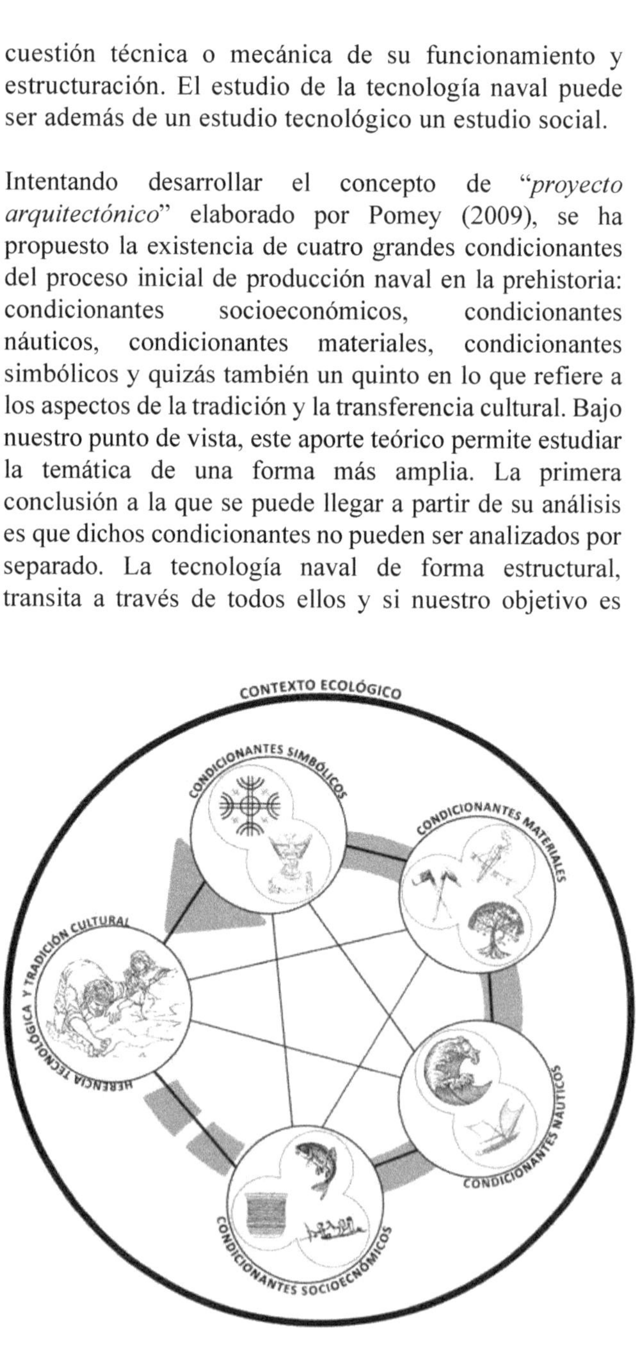

Figura 67. Propuesta esquemática de los condicionantes del proyecto arquitectónico de la producción naval en la prehistoria. Elaboración propia.

analizarla de forma completa no podemos despojarla de ninguno de estos factores.

Los condicionantes socioeconómicos son aquellos que motivaron la puesta en marcha de la producción naval y los que determinaron en parte las funciones de las embarcaciones. El aprovechamiento y explotación de recursos acuáticos pudo ser el más primigenio de dichos condicionantes y supuso probablemente la actividad inicial en relación a la fabricación y uso de artilugios náuticos. Ahora bien, consideramos que estas actividades deben ser analizadas de forma rigurosa, no cayendo en el error de atribuir a cualquier actividad de estas características el uso asociado de tecnología naval. Pareciera que la importancia de los artilugios náuticos en estas actividades no radica tanto en el hecho de haber posibilitado la captura de ciertas especies, inaccesibles de otra manera, sino más bien en su capacidad de aumentar el rango y el rendimiento neto de las prácticas pesqueras. En lo que respecta a la circulación de personas, materias primas, objetos o animales por vía acuática, estamos con mucha probabilidad ante las actividades que propiciaron el desarrollo de formas avanzadas de tecnología naval, como así también de técnicas complejas de navegación. Habrá que discernir meticulosamente cuáles eran las características de estas empresas marinas porque el tipo y cantidad de personas, materias primas, objetos o animales transportados, marcará de forma clara las tipologías navales empleadas y las posibilidades de navegación existentes. El transporte de animales es particularmente interesante por sus claras implicaciones náuticas y tendrá que ser tratado con particular atención. Por último, las prácticas de guerra que hacen uso de artilugios náuticos no se han revelado como las actividades más importantes en el desarrollo de la tecnología naval dentro del contexto de sociedades pre-estatales debido a que su función no parece relacionarse a su uso como armas de combate. Aun así, pueden ser relevantes en aspectos simbólicos y en la configuración de ciertos elementos estructurales particulares, sobre todo en los periodos más recientes de la prehistoria.

En lo que respecta a los condicionantes náuticos, por desgracia no se han podido realizar aproximaciones matemáticas que ayudaran a clarificar esta problemática. Un análisis de estas características es complejo y no puede tomarse a la ligera. Sin embargo, una aproximación a partir de las formas geométricas y las condiciones náuticas ha aportado datos de partida para generar hipótesis de trabajo. Consideramos que los elementos que pueden resultar de mayor interés en la determinación de las capacidades náuticas de las embarcaciones prehistóricas son cuatro. En primer lugar, la flotabilidad como aspecto relevante en relación a la capacidad de carga asumible. En segundo lugar, la estabilidad en relación a las características del medio marino en el cual se va a desarrollar la navegación y a las características arquitectónicas tanto del buque como de los sistemas de propulsión empleados. En tercer lugar, la movilidad en referencia a la facilidad de desplazamiento por el agua y por ende a la velocidad potencial de la embarcación en función de las formas y medidas del buque y las características de los sistemas de propulsión y gobierno. Por último, la resistencia estructural como elemento relevante en la configuración del artilugio náutico en función de la carga y las fuerzas del mar. Cada tipología naval se comportará de manera distinta en cada uno de estos factores y en función del espacio náutico de navegación, aspectos que deberán ser definidos oportunamente en el marco de la futura zona de estudio.

Los condicionantes materiales se han revelado como uno de los más importantes. El abastecimiento de la materia prima para la producción naval y las implicaciones en materia de herramientas, mano de obra y sistemas de propiedad es un elemento clave en el análisis del sistema productivo naval. No tan solo porque marcará de forma clara la configuración de la embarcación sino también porque puede condicionar los sistemas sociales y laborales necesarios para llevar a cabo dicha producción. La madera será seguramente la materia prima que merecerá mayor atención pero otro tipo de elementos tampoco deben ser menospreciados. La relación entre las necesidades materiales de explotación de estas materias primas y las características de las estructuras sociales que la llevaban a cabo pudo ser un factor clave en el desarrollo de la tecnología naval en la prehistoria.

Por último, a pesar de ser un elemento frecuentemente soslayado, creemos firmemente que los condicionantes simbólicos de los artilugios náuticos prehistóricos pueden ser un factor relevante en la configuración de los mismos. Debemos entender la producción de tecnología naval como una actividad social inserta en el marco del conjunto de relaciones sociales, políticas e ideológicas que caracterizan a las sociedades prehistóricas. Por esta razón, su análisis, en conjunción con los aspectos de la tradición y la trasmisión del conocimiento, puede aportarnos información relevante sobre la importancia global de las embarcaciones en las dinámicas socioculturales así como también explicaciones sobre las pautas de evolución de las diferentes tipologías y sus distintos usos.

En otro orden de cosas, si bien no era el objetivo de este trabajo analizar la evolución tipológica de los artilugios náuticos prehistóricos, debido a sus implicaciones náuticas, sociales y económicas, nos permitiremos realizar un breve comentario sobre una de dichas tipologías. A partir de los análisis realizados y en relación a los cuatro condicionantes propuestos parece evidente que las embarcaciones monóxilas o de base monóxila supusieron en términos evolutivos un punto de inflexión. En primer lugar, la tecnología naval que de manera evolutiva se desarrolla a partir de la canoa monóxila supuso un incremento cuantitativo y cualitativo muy significativo de las capacidades náuticas de las sociedades humanas que hacían uso de ella. En segundo lugar, por las características propias de su producción, son artilugios náuticos que muy probablemente tuvieron una repercusión significativa en el ámbito de las prácticas sociales y económicas. Esto puede verse reflejado a nuestro modo de ver en las causas de su aparición y proliferación a partir de periodos del Holoceno. Junto a aquellos autores que plantearon que las canoas monóxilas surgieron en el Mesolítico europeo como resultado de nuevas necesidades náuticas, de la aparición de nuevas herramientas especializadas o por la nueva disponibilidad de materias primas hasta entonces inexistentes en periodos de glaciación, proponemos una cuarta interpretación complementaria. Una de las razones por la cual las canoas monóxilas no parecen surgir con anterioridad al Holoceno podría deberse al hecho que este tipo de construcción requiere de una organización social y laboral que probablemente no tenían las sociedades cazadoras-recolectoras del Pleistoceno. La construcción de embarcaciones monóxilas o de base monóxila supone en términos económicos una gran inversión de capital, recursos, mano de obra y trabajo especializado. Todos estos factores requieren de individuos o sectores de la población capaces de asumir dicha inversión, movilizar mano de obra y pagar artesanos. Por esta razón, la producción de este tipo de artilugios náuticos pudo no ser asumible desde un punto vista socioeconómico para las sociedades cazadoras-recolectoras. Todo esto parece apuntalar la idea de la importancia vital de la canoa monóxila dentro de los discursos de evolución náutica y sociocultural.

Lo analizado hasta el momento evidencia la importancia de la tecnología naval en los entramados socioculturales y nos invita a reflexionar en lo que respecta a su relación con las sociedades humanas. Como resulta evidente, las dinámicas de evolución sociocultural de las sociedades prehistóricas (principalmente las costeras) determinaron de forma clara la evolución tipológica y morfológica de los artilugios náuticos prehistóricos. Ahora bien, lo que el análisis teórico presentado nos permite plantear de forma sólida es que, al mismo tiempo, los artilugios náuticos condicionaron las dinámicas socioculturales de dichas sociedades. Proponemos aquí a modo de hipótesis de trabajo algunos aspectos potenciales en los cuales la tecnología naval pudo influenciar dichas dinámicas:

- Los artilugios náuticos permitieron una expansión de las áreas ecológicas de subsistencia, un mayor rango de recursos y una mejora en el rendimiento neto de la explotación de los mismos (en consonancia con J. E. Arnold 1995). Esto pudo inducir a una menor necesidad de movilidad en busca de recursos y por ende a una mayor sedentarización en comparación con las comunidades de interior (Ames 2002).
- Pudieron permitir una reducción de los costos totales asociados a ciertas tareas realizadas en el interior a causa de un menor costo de desplazamiento por el agua con respecto al realizado de forma terrestre, lo que suponía un gasto energético inferior (en consonancia con J. E. Arnold 1995).
- Por hacer posible mayores grados de movilidad espacial, las embarcaciones pudieron fomentar desarrollos culturales más dinámicos y veloces.
- Al permitir el contacto con poblaciones vecinas o lejanas a través de espejos de agua beneficiaron los intercambios comerciales, la adquisición de productos no disponibles, la interrelación humana entre sociedades y el contacto entre diferentes identidades y percepciones culturales. En aquellos casos en los cuales los artilugios náuticos eran financiados por individuos o grupos concretos, el control de los intercambios, la información del extranjero y las interacciones sociales supusieron estrategias de poder y jerarquización social (J. E. Arnold 1995).
- Los requerimientos materiales de ciertas tipologías navales pudieron incentivar cambios significativos en las pautas de trabajo y organización social. La intensificación del trabajo, la inversión de capital, la movilización de mano de obra y el aumento de la mano de obra especializada pudo devenir en estructuras sociales más desiguales y estratificadas
- Las necesidades técnicas para su utilización durante la navegación pudieron motivar la aparición o intensificación de jerarquías entre individuos y la configuración de roles asimétricos de toma de decisiones y obediencia.
- La cierta exclusión de las mujeres del proceso productivo y de la navegación pudo intensificar las desigualdades de género en el seno de las sociedades costeras, excluyendo en parte al sector femenino de los beneficios propios de los contactos e intercambios marítimos.
- Pudieron servir como validación simbólica del poder de los jefes y de sus posiciones privilegiadas dentro del grupo (J. E. Arnold 1995).
- Pudieron servir como metáforas simbólicas que articularon e influenciaron cosmovisiones complejas, rituales de paso e incluso organizaciones sociales y laborales.

En resumen, las embarcaciones prehistóricas no pueden ser analizadas de forma unidireccional ni como una circunstancia material de la relación humana con un medio específico, sino en realidad como una parte consustancial de las sociedades prehistóricas que ocupaban lagos, ríos y costas. Se puede proponer como conclusión final que los artilugios náuticos en la prehistoria constituían un elemento condicionado por las dinámicas socioculturales humanas al mismo tiempo que en el transcurso del desarrollo cultural se establecieron como un factor condicionante de las mismas. Esto nos obliga a ver la prehistoria con otros ojos. A ver la tierra desde el mar

SUMMARY IN ENGLISH

"MUCH MORE THAN SHIPS. A THEORETICAL APPROACH TO FUNCTIONS, NAUTICAL PERFORMANCE, MATERIAL BASES AND SOCIAL DIMENSION OF PREHISTORIC WATERCRAFT TECHNOLOGY"

Introduction, aims and methodology

Despite what may appear in a first approximation, the study of prehistoric boats has a long tradition that can be traced back to the early twentieth century with the emergence of the first ethnographic works on the subject (Haddon 1918; Hornell, 1920; Malinowski 1922). Later, other investigations arose with renewed perspectives but maintained interest on the subject (Edwards 1972; Neyret 1979; Kapitän 1987). To this anthropological aspect we can add experimental works (Heyerdahl 1983; Tzalas 1995; Vairo 1995), iconographic studies (Basch 1987) and archeology analyses (Arnold, B. 1995). Some works of synthesis have managed to unite all of them in a uniform discourse and are to this day the the basic literature on the subject (Johnstone 1980; McGrail 2001; Guerrero Ayuso 2009).

However, analyzing in depth this broad scientific literature one can realize that the vast majority of studies were carried out from a typological or morphological perspective of prehistoric boats, leaving in the background productive or functional aspects. Even so, some works as those of Jeanne Arnold (1995) or Jonathan Adams (2001) can be mentioned as exceptions to the rule. In our point of view, the reason why we have so few works focused on the productive and functional aspects of watercraft technology lies in the fact that all of them have focused on the processes of conception and realization of the vessel, following the theoretical proposal of Pomey (2009), leaving the architectural project of the production process in the background. By leaving this primary phase of the naval production process marginalized and focusing mainly on physical or typological aspects, the study of watercraft technology lacks today its other interpretive half (Adams 2001). It is particularly worrisome because, beyond its functionality as a device for moving through water, "*what ships are as material culture, what they are used for and how they are used, reveals aspects of society, in terms both of the people on board and also of the wider society of which they are a part*" (Adams 2001, 300). This historiographic problematic is what has motivated this work, that aims to make a reinterpretation of the information available. A different structuring and cataloguing of data will be carried out based on an alternative analysis perspective.

The main study objective of this work is the creation of a theoretical framework that analyses, as deep as possible, the architectural project of watercraft technology in prehistory through its main constraints. From a preliminary analysis we established four basic constraints: socioeconomic, nautical, material and symbolic. There will be no special emphasis on ecological or environmental aspects that surely played a relevant role in the development of naval production processes (climatic changes, landscape alterations, variations in the level and conditions of the sea, modification of coastlines, etc.). In this proposal these aspects are not understood as an additional constraint but rather as the ecological framework in which these constraints are developed and find a solution. It should also be noted that the proposed constraints will be presented in order of relevance, according to the greater or lesser importance they have in the theoretical proposal.

In order to achieve these aims, a combined and complementary use of diverse information has been made. Undoubtedly, ethnography and ethnoarchaeology is presented as the most important methodological tool for the realization of this study due to it is the one that can provide us with the greatest amount of information from the perspective of analysis posed. However, ethnographic sources were complemented with iconographic sources, archaeological record and historical sources of both classical and colonial times. The complementation of these sources and the self-correction of each other has allowed us to create a broad and more solid discourse.

The socioeconomic constraints: motivations of the production and prehistoric boats functions

The first of the constraints that must be taken into account when conducting a thorough analysis of the architectural project of prehistoric watercraft technology is socioeconomic. We will not be able to understand the characteristics or evolution of prehistoric watercraft technology if we do not establish which were the socioeconomic motivations that encouraged their production. This, beyond the impact it may have on the sociocultural analysis, has importance also in the morphological and mechanical aspects, since the shape and configuration of a boat is strongly related to the function that is going to develop. We consider that the three main socioeconomic constraints to take into account are: the exploitation of aquatic resources; the circulation of people, goods and animals by water; and the warfare practices that involved boats.

We believe that the fishing activities were those that produced the emergence of the oldest boats even before the transport of goods or the displacement of people (Ellmers 1996; Guerrero Ayuso 2006). On the one hand, this is due to the important role of the strategies of exploitation of aquatic resources in the prehistoric economy, which represented an essential element in their food sustenance and that could even have been constituted as authentic modes of work (Ramos Muñoz and Cantillo Duarte 2009; Cantillo Duarte et al. 2010; Cuadrado-Martín 2016). The importance of these activities does not lie simply in the fact that they represented a first-class economic activity, but rather that through them a common social knowledge was created on the coastal areas, laying the foundations of a true maritime culture. On the other hand, simple fishing activities do not necessarily require a very advanced watercraft technology which most likely favoured the original development of this technology. Ethnography shows us that practices of this type were carried out in rivers, lakes, shallow waters or coasts through the use of simple floats of different nature (Hornell 1942). Other boats such as simple rafts, reed boats, baskets, etc., have also been registered ethnographically in fishing practices worldwide (Guerrero Ayuso 2009).

As it is evident, certain types of fishing might require more complex boats, such as tuna fishing, which is apparently closely related to the use of improved dugouts (Guerrero Ayuso 2006). In any case, the relation of these activities with the technological development in the naval field not only has to be analyzed from the point of view of the obligatory use of boats, but also considering the increase in net performance that it can suppose the use of them in economic practices of these characteristics. For this reason, the exploitation of aquatic resources should be studied from a detailed analysis of the fishing areas as well as the characteristics of the fish caught (Pickard and Bonsall 2004).

With regard to the circulation of people, goods, plants and/or animals by water, it is proposed that they were the activities that somehow propitiated the appearance of a more complex watercraft technology. It is evident that this evolution will be conditioned by the complexity of the navigations carried out as well as by the characteristics of the transport. We know with certainty that large-scale marine voyages were carried out at least 65,000 years ago with the aim of reaching Australia (Clarkson et al. 2017), although simple rafts of tied logs such as those registered ethnographically in Sri Lanka could be used for this purpose (Guerrero Ayuso 2009). However, the transportation of a large number of passengers, large objects or animals could require boats with greater nautical capacities. For instance, the transport of megaliths on the Island of Yap (Hazell and Fitzpatrick 2006) or the transport of animals either large-scale or in large quantities (Stanton et al. 2016) undoubtedly represented a very considerable nautical challenge that required necessarily of a more developed watercraft technology. The progressive increase of the practices of exchange and circulation of objects or animals could enhance the technological development in boatbuilding, mainly when these activities were carried out over long distances or when they were carried out in particularly complex navigational waters.

Finally, the warfare practices that involve the use of boats could be configured as the third socio-economic activity of relevance in the development of prehistoric watercraft technology. Naval warfare, understood as armed combat over an aquatic environment in which boats play a strategic role as combat weapons, does not seem to develop until later periods with more complex sociocultural and economic developments. However, the use of boats in war practices in pre-state societies is well documented ethnographically and, although it is very likely that such practices did not represent a determining factor in their typological and morphological evolution, they could condition the incorporation of certain details or interesting elements to analyze. Because their main role was the transport of warriors and not their use as a combat weapon, surely they were not a crucial constraint element of the typological and morphological evolution of prehistoric watercraft technology. Probably, the boat used to carry out this function was designed based on other material needs and adapted to a different purpose. However, if it were the case that warfare practices motivated long-distance seafaring prior to the exploitation of aquatic resources or the transport of people, goods and/or animals, we could consider them as an important socioeconomic constraint in the evolution of prehistoric boatbuilding.

Nautical constraints: sailing performance of prehistoric boats

While it is evident that the socio-economic motivations were those that started the naval production process and determined the function of the boats, we cannot forget that a boat is, in its essential conception, a means of transport conceived and designed to move through water that faces the enormous complexity of developing its movements in the union of two elements, water and air, which are in constant movement (Pomey 2011). Therefore, the structure has some structural limitations and some nautical constraints depending on the nautical space, linking the structure with its final function (Pomey 2011). To deal with these constraints, the boat must have the correct hydrodynamic, buoyancy, stability, tightness and solidity (Pujol i Hamelink 2009). Always depending on the nautical space in which is going to develop the navigation. It should be noted that maritime environments are the ones that without any doubt present the greatest challenges to naval technology production.

In order to define the nautical capabilities of prehistoric boats based on these factors we should carry out a deep quantitative analysis. On the other hand, there will be always windows of good conditions in marine environments that will allow seafaring with reduced technological capabilities. Thus, the definition of nautical capacities must be realized by establishing the minimum conditions necessary to carry out seaworthy navigations in the most regular conditions of a given nautical space. This is also related to the own constraints that are imposed to seafaring and its techniques. Even so, a generic analysis of the basic geometric shapes of the different boat typologies, their materials and their construction systems allow us to outline some general premises that may be of interest.

We consider that the most relevant elements in determining the nautical capacities of prehistoric boats are four. First, buoyancy as a relevant aspect in relation to the assumable load capacity. Secondly, stability in relation to the characteristics of the marine environment in which navigation is going to be developed and the characteristics of both the ship and the propulsion systems employed. Thirdly, the mobility in reference to the ease of movement by water and thus to the potential speed of the boat depending on the forms and measures of the ship in line with the characteristics of propulsion and government systems. Finally, the structural resistance as a relevant element in the configuration of boats depending on the transported cargo and the physical forces faced when navigating.

All these aspects are related to each other although each type of boat will solve these constraints in different ways. On the other hand, the weight of each of these will be very influenced by the nautical space of navigation and depending on the characteristics of the aquatic environment.

Material constraints: from raw material to the boat

Once the function to be developed and the nautical space in which the boat will sail have been defined, the naval production must face its material bases. It is evident that the production of any cultural artefact irremediably requires the use of raw materials that allow its realization. However, so that the production is favourable, it is essential to determine whether the availability, quantity, quality and suitability of those raw materials will guarantee the correct realization of the architectural project. We must not forget that the existence of a resource does not determine its obligatory use and that the viability of the architectural project will be determined by the available technical capacities and the net return resulting from its associated costs. In material terms, any boat is a considerable effort in terms of technical knowledge, investment, means and supplies, etc. In socio-political terms, the coordination, cooperation and conjunction of the different agents involved in the production will be fundamental (Adams 2001; Pomey 2011).

The acquisition of the raw material for the construction of boats has a series of remarkable economic connotations. Whatever the raw material used (wood, bark, reeds, skins, etc.), a boat requires an important variety of materials with specific characteristics that suit satisfactorily to the subsequent tasks it will perform. Moreover, we must add the materials used in the manufacture of rigging or sails, waterproofing systems, paints, etc. This reality implies the start-up of a complex productive process in which economic needs, productive strategies, technological capabilities, labour relations, etc., will be related. The costs associated with obtaining such raw material will determine the total cost of naval production. For example, the construction of dugouts, which require felling, transforming and transporting large wooden trunks, almost certainly resulted in a production with a higher cost associated compared to other naval typologies such as rafts or reed boats (Malinowski 1922; Rondón et al. 2003; Anne Banack et al. 2004).

On the other hand, naval production will require some tools and a certain amount of workforce depending on the type of vessel manufactured. While dugouts require more complex tools and a more workers (Guerrero Ayuso 2009), some bundle-reed boats, such as those from the Peruvian coasts, can be made by one person and practically manually (Rondón et al. 2003). The cost that this implies in economic terms will be more or less amortized depending on the need for maintenance and the total useful life of the boat in question. For instance, dugouts or dugout-based boats can be functional for years without the need for continuous maintenance (Lewis 1994, 79; Ames 2002, 33). On the contrary, the *caballitos de totora* from the Peruvian coasts used to have an average life of 14-20 days of daily use and are discarded after this period (Anne Banack et al. 2004, 14).

Finally, we must take into consideration the circumstances derived from the ownership of the boats. Although property systems cannot be considered as a cost of the boatbuilding process, their analysis may be of relevance. Through them the capacities of material investment, the relationship of the workforce agents within this process and the possibility of configuring, mobilizing and conditioning the workers necessary can be discerned. The material property of boats within prehistoric societies can hardly be addressed through the archaeological record but perhaps from the ethnographic studies, which can give us at least some guidelines for analysis. Data from communities such as the ones in the Trobriand islands of

Papua New Guinea (Malinowski 1922, 212-213), the Maori people of New Zealand (Evans 2014) or the Chumash people of North America (J. E. Arnold 1995), show us that the systems of ownership of prehistoric boats can be quite complex, combining communal and unipersonal properties. This can be a very relevant element when it comes to understanding the causes of the typological and chronological evolution of watercraft technology during prehistory and even more the implications in terms of cultural development.

These aspects are a key element in the analysis of boatbuilding production. Not only because it will affect the configuration of the boat but also because it can condition the social and labour systems necessary to carry out such production. The relationship between the technical needs of the exploitation of raw materials and the characteristics of the social structures that carried it out could be a key factor in the development of watercraft technology in prehistory.

Symbolic constraints: the social dimension of boats in prehistory

We have analyzed the socioeconomic, nautical and material constraints of the architectural project. This arrangement is not accidental and the analyzed constraints are presented in order of relevance. For this reason, the symbolic conditions are not in any case the essential element of the emergence and evolution of watercraft technology during prehistory. However, we attempt to analyze boats as a broad entity and therefore the technical and economic studies must be complemented with a social approach (Ballard et al. 2004). This is because the boats have great symbolic value for the members of prehistoric communities and were frequently used to reinforce social positions, influence natural forces, etc. (J. E. Arnold 1995).

We must be aware that the relationship between human groups and the marine environment is based on premises that are substantially different from those that are valid in inland communities. On the other hand, we should not overlook that prehistoric societies had a different cognitive structure compared to those of current European societies (Kobylinski 1995). Therefore, their functional and mental relationship with material culture, in this case the boats, differed enormously from what we can have nowadays.

We cannot ignore the fact that, as Stefano Medas (2010, 11) correctly points out, boats have never been considered by sailors as mere functional objects. Their lives depended of these and therefore the relation that is created between both is deeper than the simple practical utility. This is manifested not only in the uses and customs of the seafarers but also in the religious conception, the popular belief and the social meaning that was always created between the human being and the boats (Medas 2010, 11). It is for all of this that in the culture of sailors, religiosity and superstition have been intimately interpenetrated and have even become confused (Medas 2010, 13). All this produced the continued existence over time and space of strong symbolic constructions around naval production in areas as diverse as death, social organization, seafaring superstitions, warfare, landscape, etc.

Now, this problem does not only affect the boats as a material object but also the boatbuilding process itself. The technique of boatbuilding and the structural configuration of a boat can be influenced by the social frameworks in which it is produced, a phenomenon widely studied in other fields (e.g. Bourdieu 1977; Lemonnier 1993; Dobres 2010; Calvo Trias y García Rosselló 2014). Boatbuilding is beyond a technical means to adapt to an aquatic environment, a cultural process with strong symbolic and social implications that can sometimes be glimpsed through the configuration of the vessel (Adams 2001). This is due to the fact that "the manufacture as well as the use of boats is an eminently collective and socially relevant activity" (Carabias et al. 2010, 92).

We have several ethnographic examples that can approach us to this reality. For example, in the construction of a masawa in the Trobriand Islands of Papua New Guinea, a total of 17 magical rites can be performed (Malinowski 1922, 696-698, Senft 2016). This cannot be understood as part of a kind of local folklore because for the people involved in this process and within the social frameworks in which they live and coexist, the magic associated with the construction of the boat is a psychological need of the community. Each one of the rites is indispensable for the success of the company, just as is the practical activity, directly linking the magical rituals with the future nautical qualities of the canoes (Malinowski 1922, 219 and 694).

This shows that the construction process of a boat in prehistoric times could be surrounded by a magical and symbolic universe that could sometimes be a significant element of its structural configuration. It is evident that despite the social dimension of boatbuilding, a boat has a nautical constraint that determines its need to float and move through the water. However, once this primordial constraint has been settled, and as long as it is not endangered, the watercraft technology can adapt its structural configuration to the worldviews and symbolic constructions of the societies that produce it. For all these reasons, watercraft technology has a double material and symbolic condition that defines it.

Traditional constraints? Technological heritage and cultural transmission of knowledge in the naval field

We have analyzed the four main constraints of the architectural project of watercraft technology in prehistory. However, there may be a fifth regarding the traditional aspects. Although it is evident that the tradition has a relevant weight at the time of influencing the naval production process, its configuration is the final result of the process formed by the architectural project and the processes of conception, realization and nautical verification of the boat (de Juan Fuertes 2009, Fig. 1). However, once established, it is a crucial element in the development of watercraft technology and in the survival or not of certain constructive traditions. This is because in human societies, especially pre-industrial societies, there is a sociological weight of tradition that causes behaviors to be affected by the traditional imperatives of the law and community customs (Malinowski 1922). For this reason, we believe that tradition, understood in this case as the technological and cultural heritage of a particular society, is a double constraint (conditioning and conditioned) in the naval production process and should be analyzed separately.

The configuration of the tradition, as well as its survival or transformation over time, is very marked by the way in which knowledge is transmitted among the individuals in a particular society. This "social learning" is a key strategy in nonliterate societies for the accumulation of cultural knowledge and allows to solve more effectively tasks that otherwise should be solved by trial and error (Reyes-García et al. 2016).

According to the proposal of Luigi Cavalli Sforza *et al.* (1982) the transmission of information in societies is articulated in three different ways: vertical, horizontal and oblique. Following this proposal, the process of transmission of technical knowledge in the field of prehistoric boatbuilding could not respond to an oblique but rather vertical strategy. The processes of transmission of knowledge carry associated a series of costs of teaching and learning that in societies of these characteristics can never surpass the economic and/or social benefits obtained later. Taking into account the high complexity of technical knowledge in the field of boatbuilding, the direct learning of it probably did not take place until the adulthood. Although it had to be initiated before, due to the difficulty of the activity, through the observation and imitation. Therefore, the compensation of the costs of teaching in the form of material compensation to the group will present a considerable delay. It seems logical to think that this delay is assumed by the family and not by the whole of society. For this reason, we believe that the transmission of knowledge in the field of boatbuilding could be carried out in essence from parents to children. The strategies of oblique transmission through a teacher could also be possible, although probably in more complex social structures.

These knowledge-transmission strategies are those that can be at the base of the strong conservatism that we observe in the naval world (de Juan Fuertes 2009; Pomey 2010). The dynamics of cultural transmission from parents to children could conscious or unconscious determine a certain cultural inertia produced by the fact that within the learning process there is no possibility of technical/gestural innovations because it would mean "unlearning" the knowledge received (Calvo y García 2014, 19). Therefore, the tradition in boatbuilding constitutes a social practice and a motivated action that operates in the mind of its practitioners (Adams 2001, 302).

There are different scenarios that can provoke a technological innovation or a more vertiginous change. The first is a drastic or substantial modification in the nautical needs of the group that require a rethinking of the naval production. The second comes from the "*dialectic interplay, both within the corpus of traditional practice and between practitioners and wider society*", which produces a constant revaluation on the ideological barriers that govern technical knowledge (Adams 2001, 302). The last one consist in the interaction between two or more communities producing phenomena of technological transference or technical hybridization.

If something characterizes the boats it is their ability to unite and relate distant societies that have different techniques and identities and sometimes a differentiated technological development (Pomey 2010). From the confrontation of two different material realities, technological transfer processes can occur between a technical receiver and donor environment (Pomey 2010), or between two environments that influence each other. However, the importance of boats in these processes lies in the fact that they not only transport technical knowledge but also cultural identity. For this reason, and answering the question suggested by Pomey (2010, 132), there is an intrinsic relationship between technology transfer and identity transmission.

The technological transfer between boatbuilding traditions can be carried out in different ways. The copying and imitation of foreign architectural models could be a recurrent strategy (Pomey 2010, 133) and we know of its use in different periods of history. On the other hand, the mobility of shipwrights, aspect known in ancient times, could influence the introduction of technical innovations. In the case of prehistoric societies this type of practices are less known but for example in the Trobriand Islands it was recurrent for the making of certain parts of the boats the use of skilled artisans from neighbouring tribes who did not necessarily have to share the same constructive technique or identity affiliation (Malinowski 1922).

In summary, the aspects related to the group tradition and the transmission of knowledge in boatbuilding could have a relevant weight in the configuration of watercraft technology throughout prehistory, becoming thus a possible fifth constraint of the architectural project.

Conclusions

Despite what has often been considered, watercraft technology does not find its explanation exclusively in the sea. It does it also on land, in rivers, in lakes, on coasts and fundamentally in the relationship that exists between these elements through human societies. For this reason, the detailed study of watercraft technology in prehistory constitutes an analysis of something that is much more than ships. It is because the normative values that have been configured in the studies of naval architecture do not represent the enormous diversity of typologies or morphologies existing in prehistoric watercraft technology. It is also because, as it has been proposed from the establishment of the different constraints of naval production in prehistoric times, the analysis of boats exceeds by far their simple technical or mechanical characteristics. The study of watercraft technology can be not only a technological research but also a social study.

Trying to develop the concept of "architectural project" elaborated by Pomey (2009), it has been proposed the existence of four major constraints of the initial process boatbuilding production in prehistory: socioeconomic constraints, nautical constraints, material constraints, symbolic constraints and perhaps also a fifth in regard to aspects of tradition and cultural heritage. The first conclusion that can be reached from their analysis is that these constraints cannot be analysed separately. The watercraft technology transits through all of them and we cannot omit any of these factors.

What has been analyzed so far demonstrates the importance of watercraft technology in socio-cultural configurations and invites us to think about its relationship with human societies. The dynamics of sociocultural evolution of prehistoric societies (mainly those in coastal areas) determined the typological and morphological evolution of prehistoric boats. Now, what the theoretical analysis presented shows us is that at the same time, boats conditioned the sociocultural dynamics of these societies. We propose here as a hypothesis the potential aspects in which watercraft technology could influence these dynamics:

- Watercraft technology allowed an expansion of the ecological subsistence areas, a greater range of resources and an improvement in the net performance of its exploitation (J. E. Arnold 1995). This could induce a lower need for mobility in search of resources and thus a greater sedentarization compared to inland communities (Ames 2002).
- They could constitute a reduction of the labor costs associated to certain tasks carried out in inland. This is due to a lower cost of displacement by water compared with that carried out on inland, which implied a lower total energy expenditure (J. E. Arnold 1995).
- By making possible greater degrees of spatial mobility, boats were able to promote more dynamic and faster cultural developments.
- Allowing contact with neighbours or remote communities through the sea benefited commercial exchanges, the acquisition of unavailable goods, the human interrelation between societies and the contact between different identities and cultural perceptions. In those cases in which the boats were financed by specific individuals or groups, the control of the exchanges, the information received from abroad and the social interactions generated could constitute strategies of power and social hierarchy (J. E. Arnold 1995).
- The material requirements of certain boat typologies could encourage significant changes in work patterns and social organization. The intensification of work, the investment of capital, the mobilization of workforces and the increase of skilled workers could result in more unequal and stratified social structures.
- The technical needs for its use during seafaring could motivate the emergence or intensification of hierarchies between individuals and the configuration of asymmetric roles in decision making and obedience.
- The certain exclusion of women from boatbuilding and seafaring could intensify gender inequalities within coastal societies, partially excluding the female sector from the benefits of maritime contacts and exchanges.
- They could serve as symbolic validation of the power of the chiefs and their privileged positions within the group (J. E. Arnold 1995).
- They could serve as symbolic metaphors that articulated and influenced complex cosmovisions, rituals of passage and even social and labor organizations.

In summary, prehistoric boats cannot be analysed unidirectionally or as a material circumstance of the human relationship with a specific medium, but in reality as a consubstantial part of the prehistoric societies that occupied lakes, rivers and coasts. It can be proposed as a final conclusion that boats in prehistory constituted an element conditioned by the human sociocultural evolution while in the course of cultural development they were established as a significant constraint of that evolution. This forces us to see prehistory with other eyes. To see the earth from the sea

BIBLIOGRAFÍA

Adams, Jonathan. 2001. «Ships and Boats as Archaeological Source Material». *World Archaeology* 32 (3): 292-310.

Allevato, Emilia, Elda Russo Ermolli, y Gaetano di Pasquale. 2009. «Woodland exploitation and Roman shipbuilding: Preliminary data from the shipwreck Napoli C (Naples, Italy)». *Méditerranée* 112 (enero): 33-42.

Allué Martí, Ethel, y María Dolores García-Antón Trassierra. 2006. «La transformación de un recurso biótico en abiótico: aspectos teóricos sobre la explotación del combustible leñoso en la prehistoria». En *Sociedades prehistóricas, recursos abióticos y territorio*, editado por Gabriel Martínez Fernández, Antonio Morgado Rodríguez, y José Andrés Afonso Marrero, 19–31. Granada: Fundación Ibn al-Jatib de Estudios de Cooperación Cultural.

Ames, Kenneth M. 2002. «Going by Boat. The Forager-Collector Continuum at Sea». En *Beyond Foraging and Collecting. Evolutionary Change in Hunter-Gatherer Settlement Systems*, editado por Ben Fitzhugh y Junko Habu, 19-52. Nueva York: Kluwer Academic / Plenum Publishers.

Anderung, Cecilia, Abigail Bouwman, Per Persson, José Miguel Carretero, Ana Isabel Ortega, Rengert Elburg, Colin Smith, Juan Luis Arsuaga, Hans Ellegren, y Anders Götherström. 2005. «Prehistoric contacts over the Straits of Gibraltar indicated by genetic analysis of Iberian Bronze Age cattle». *Proceedings of the National Academy of Sciences of the United States of America* 102 (24): 8431–8435.

Anne Banack, Sandra, Xanic J. Rondón, y Wilfredo Diaz-Huamanchumo. 2004. «Indigenous Cultivation and Conservation of Totora (Schoenoplectus Californicus, Cyperaceae) in Peru». *Economic Botany* 58 (1): 11-20.

Aranguren, Biancamaria, Anna Revedin, Nicola Amico, Fabio Cavulli, Gianna Giachi, Stefano Grimaldi, Nicola Macchioni, y Fabio Santaniello. 2018. «Wooden Tools and Fire Technology in the Early Neanderthal Site of Poggetti Vecchi (Italy)». *Proceedings of the National Academy of Sciences* 115 (9): 2054-59.

Armit, Ian, Chris Knüsel, John Robb, y Rick Schulting. 2006. «Warfare and violence in prehistoric Europe: an introduction». *Journal of Conflict Archaeology* 2 (1): 1–11.

Arnold, Béat. 1995. *Pirogues monoxyles d'Europe centrale: construction, typologie, évolution.* Vol. 1. 2 vols. Neuchâtel: Musée cantonal d'archéologie.

Arnold, Jeanne E. 1995. «Transportation, Innovation and Social Complexity among Maritime Hunter-Gatherer Societies». *American Anthropologist* 97 (4): 733–747.

Augé, Marc. 2003. *El tiempo en ruinas*. Barcelona: Gedisa Editorial.

Bachelard, Gaston. 1938. *La formación del espíritu científico.* Traducido por José Babini. Vigesimotercera edición en castellano de 1997. México D.F.: Siglo XXI.

Ballard, Chris, Richard Bradley, Lise Nordenborg Myhre, y Meredith Wilson. 2004. «The Ship as Symbol in the Prehistory of Scandinavia and Southeast Asia». *World Archaeology* 35 (3): 385-403.

Bar-Yosef Mayer, Daniella E., Yaacov Kahanov, Joel Roskin, y Hezi Gildor. 2015. «Neolithic Voyages to Cyprus: Wind Patterns, Routes, and Mechanisms». *The Journal of Island and Coastal Archaeology* 10 (3): 412-35.

Basch, Lucien. 1987. *Le musée imaginaire de la marine antique*. Atenas: Institut Hellénique pour la Préservation de la Tradition Nautique.

Bate, Luis Felipe. 1986. «El modo de producción cazador recolector o la economía del salvajismo». *Boletín de Antropología Americana*, n.º 13: 5-31.

Bednarik, Robert. 1997. «The Initial Peopling of Wallacea and Sahul». *Anthropos* 92: 355-67.

———. 1999. «Pleistocene Seafaring in the Mediterranean». *Anthropologie* 37 (3): 275-82.

———. 2001. «The Origins of Pleistocene Navigation in the Mediterranean: Initial Replicative Experimentation». *Journal of Iberian Archaeology* 3: 11-23.

———. 2003. «Seafaring in the Pleistocene». *Cambridge Archaeological Journal* 13 (1): 41-66.

Beovide, Laura. 2015. «Marisquear, junquear y ocupar en la costa platense uruguaya desde una perspectiva etnoarqueológica». *Cuadernos del Instituto Nacional de Antropología y Pensamiento Latinoamericano–Series Especiales* 2 (3): 231-47.

Bērziņš, Valdis. 2010. «Fishing Seasonality and Techniques in Prehistory: Why Freshwater Fish Are Special». En *At the Origins of the Culture of the Balts*, editado por Audronė Bliujienė, 37-42. Archaeologia Baltica 13. Klaipėda: Klaipėda University Press.

Biar, Alexandra. 2017. «Prehispanic Dugout Canoes in Mexico: A Typology Based on a Multidisciplinary Approach». *Journal of Maritime Archaeology* 12 (3): 239-65.

Binford, Lewis. 1962. «Archaeology as Anthropology». *American Antiquity* 28 (2): 217-25.

Bird, Douglas W., y Rebecca L. Bliege Bird. 1997. «Contemporary shellfish gathering strategies among the Meriam of the Torres Strait Islands, Australia: testing predictions of a central place foraging model». *Journal of Archaeological Science* 24 (1): 39–63.

Blue, Lucy. 2003. «Maritime Ethnography. The Reality of Analogy». En *Boats, Ships and Shipyards: Proceedings of the Ninth International Symposium on Boat and Ship Archaeology*, editado por Carlo Beltrame, 334-38. Oxford: Oxbow Books.

Bonilla de la Corte, Antonio. 1979. *Teoría del buque*. Tercera. Vigo: Gráficas Bouzas S.L.

Bourdieu, Pierre. 1977. *Outline of a Theory of Practice*. Primera edición. Cambridge: Cambridge University Press.

Broodbank, Cyprian. 2006. «The Origins and Early Development of Mediterranean Maritime Activity». *Journal of Mediterranean Archaeology* 19 (2): 199-230.

Broodbank, Cyprian, y Thomas F. Strasser. 1991. «Migrant Farmers and the Neolithic Colonization of Crete». *Antiquity* 65 (247): 233-45.

Buxó i Capdevila, Ramon, y Raquel Piqué Huerta. 2008. *Arqueobotánica : los usos de las plantas en la Península Ibérica*. Barcelona: Editorial Ariel.

Calvo Trias, Manuel, y Jaime García Rosselló. 2014. «Acción técnica, interacción social y práctica cotidiana: propuesta interpretativa de la tecnología». *Trabajos de Prehistoria* 71 (1): 7–22.

Camps, Gabriel. 1986. «The young sheep and the sea: early navigation in the Mediterranean». *Diogenes* 34 (136): 19–45.

Cantillo Duarte, Juan Jesús, Javier Medianero, José Ramos Muñoz, Pedro Cantalejo, Maria del Mar Espejo, y Gerd-C. Weniger. 2014. «Distribución y consumo de moluscos marinos en yacimientos vinculados a sociedades tribales y clasistas iniciales de la comarca de Guadalteba (Málaga)». En *Molusco y púrpura en contextos arqueológicos atlántico-mediterráneos. Nuevos datos y reflexiones en clave de proceso histórico*, editado por Juan Jesús Cantillo Duarte, Darío Bernal-Casasola, y José Ramos Muñoz, 75-84. Cádiz: Universidad de Cádiz, Servicio de Publicaciones.

Cantillo Duarte, Juan Jesús, José Ramos Muñoz, Milagrosa Casimiro-Soriguer Escofet, Manuela Pérez Rodríguez, Eduardo Vijande Vila, Darío Bernal-Casasola, Salvador Domínguez-Bella, Cristina Zabala Jiménez, José Hernando Casal, y Ignacio Clemente Conte. 2010. «La explotación de los recursos marinos por sociedades cazadoras-recolectoras-mariscadoras y tribales comunitarias en la región histórica del Estrecho de Gibraltar». *Férvedes: Revista de investigación*, n.º 6: 105–113.

Carabias, Diego, Nicolás Lira, y Leonor Adán. 2010. «Reflexiones en torno al uso de embarcaciones monóxilas en ambientes boscosos lacustres precordilleranos andinos, zona centro-sur de Chile». *Magallania (Punta Arenas)* 38 (1): 87–108.

Cardoso, João L., Julia T. Vilstrup, Véra Eisenmann, y Ludovic Orlando. 2013. «First Evidence of Equus Asinus L. in the Chalcolithic Disputes the Phoenicians as the First to Introduce Donkeys into the Iberian Peninsula». *Journal of Archaeological Science* 40 (12): 4483-90.

Caruso Fermé, Laura. 2013. «El uso de los recursos leñosos entre grupos cazadores-recolectores patagónicos: Estudio de la movilidad a partir de la arqueobotánica». *Perifèria. Revista d'investigació i formació en Antropologia* 18 (2): 19–27.

———. 2015. *Modalidades de adquisición y usos de la madera en sociedades cazadoras-recolectoras patagónicas*. Treballs d'etnoarqueologia 10. Madrid: Consejo Superior de Investigaciones Científicas, CSIC.

Caruso Fermé, Laura, Isabelle Théry-Parisot, y Raquel Piqué Huerta. 2013. «¿Recolectar o cortar? Modalidades de adquisición del material leñoso en cazadores-recolectores de la Patagonia». En *Tendencias Teórico-Metodológicas y casos de estudio en la arqueología de la Patagonia*, editado por Atilio Zangrando, 281-87. Malargüe: Museo de Historia Natural de San Rafael.

Cassirer, Ernst. 1945. *Antropología filosófica*. Quinta. México: Fondo de Cultura Económica.

Cavalli Sforza, Luigi Luca, M. W. Feldman, K. H. Chen, y S. M. Dornbusch. 1982. «Theory and Observation in Cultural Transmission». *Science* 218: 19-27.

Cerezo Andreo, Felipe. 2018. «El estudio de la navegación antigua (s. II a.C. - s. VI d.C.) a través del paisaje costero en las costas de la Cartaginense». En *Navegar el Mediterráneo*, 148-61. Mazarrón: Novoarte S. L.

Chepelev, Vladimir R. 1998. «Finds of ancient dugouts in the USSR and cossack dugouts <oaks>». *Archaeonautica* 14 (1): 41-55.

Cherry, John F., y Thomas P. Leppard. 2015. «Experimental Archaeology and the Earliest Seagoing: The Limitations of Inference». *World Archaeology* 47 (5): 740-55.

Clarkson, Chris, Zenobia Jacobs, Ben Marwick, Richard Fullagar, Lynley Wallis, Mike Smith, Richard G. Roberts, et al. 2017. «Human occupation of northern Australia by 65,000 years ago». *Nature* 547 (7663): 306-10.

Coggeshall, George. 1858. *Thirty-Six Voyages to Various Parts of the World, Made Between the Years 1799 and 1841*. Nueva York: publicado por el autor.

Cox, Murray P. 2013. «Southeast Asian Islands and Oceania: Human Genetics». En *The Encyclopedia of Global Human Migration*, editado por Immanuel Ness, 1:1-9. Oxford: Blackwell Publishing Ltd.

Criado Boado, Felipe. 1999. *Del terreno al espacio: planteamientos y perspectivas para la Arqueología del Paisaje*. Criterios y Convenciones en Arqueología del paisaje 6. Santiago de Compostela: Grupo de Investigación en Arqueología del Paisaje.

Cuadrado-Martín, Luis Blas. 2016. «Uso y explotación de los recursos acuáticos por el hombre pre-moderno: El caso de África». *Revista Atlántica-Mediterránea de Prehistoria y Arqueología Social* 18 (1): 19–43.

Des Lauriers, Matthew R. 2005. «The Watercraft of Isla Cedros, Baja California: Variability and Capabilities of Indigenous Seafaring Technology along the Pacific Coast of North America». *American Antiquity* 70 (02): 342-60.

Dickson, J. M., Ursula Maier, Martin Mainberger, y M. J. Geneviève. 2013. «Mosses Used for Caulking the Early Bronze Age Logboat from Degersee, Southern Germany». *Archive for Bryology*, 1-11.

Dobres, M.-A. 2010. «Archaeologies of Technology». *Cambridge Journal of Economics* 34 (1): 103-14.

Domínguez-Bella, Salvador, Serge Cassen, Pierre Pétrequin, Antonín Přichystal, Javier Martínez, José Ramos, y Nieves Medina. 2016. «Aroche (Huelva, Andalucía): A New Neolithic Axehead of Alpine Jade in the Southwest of the Iberian Peninsula». *Archaeological and Anthropological Sciences* 8 (1): 205-22.

Earle, Timothy K., y Robert W. Preucel. 1987. «Processual Archaeology and the Radical Critique». *Current Anthropology* 28 (4): 501-38.

Edwards, Robert. 1972. *Aboriginal Bark Canoes of the Murray Valley*. Adelaide: Rigby for the South Australian Museum.

Elkington, E. Way (Ernest Way). 1907. *The Savage South Seas*. Londres: A. & C. Black.

Ellmers, Detlev. 1996. «The Beginnings of Boatbuilding in Central Europe». En *The Earliest Ships: The Evolution of Boats into Ships*, editado por Robert Gardiner, 11-23. London: Conway Maritime Press.

Evans, Jeff. 2014. *Waka Taua: The Maori War Canoe*. Oratia, Auckland: Libro International.

Farr, Helen. 2006. «Seafaring as Social Action». *Journal of Maritime Archaeology* 1 (1): 85-99.

———. 2010. «Island Colonization and Trade in the Mediterranean». En *Global Origins and Development of Seafaring*, editado por Atholl Anderson, Katherine Boyle, y James Barrett, 179–189. Cambridge: McDonal Institute for Archaeological Research.

Fernández, Eva, Alejandro Pérez-Pérez, Cristina Gamba, Eva Prats, Pedro Cuesta, Josep Anfruns, Miquel Molist, Eduardo Arroyo-Pardo, y Daniel Turbón. 2014. «Ancient DNA Analysis of 8000 B.C. Near Eastern Farmers Supports an Early Neolithic Pioneer Maritime Colonization of Mainland Europe through Cyprus and the Aegean Islands». *PLoS Genetics* 10 (6): 1-16.

Flores, Ivonne. 2005. «Identidad cultura y el sentimiento de pertenencia a un espacio social: una discusión teórica». *La palabra y el hombre* 136: 14-48.

Fugazzola Delpino, M. A., y M. Mineo. 1995. «La piroga neolitica del lago di Bracciano ("La Marmotta 1")». En *Bullettino di paletnologia italiana*, editado por Luigi Figozini, 86:197-266. Nuova serie 4. Roma: Instituto Poligrafico e Zecca dello Stato.

Fuller, Dorian Q., Nicole Boivin, Tom Hoogervorst, y Robin Allaby. 2011. «Across the Indian Ocean: The Prehistoric Movement of Plants and Animals». *Antiquity* 85 (328): 544-58.

Gallardo, Carlos R. 1910. *Los Onas*. Buenos Aires: Cabaut y Cía. Editores.

Garba, Abubakar. 2006. «The Architecture and Chemistry of a Dug-out: The Dufuna Canoe in Ethno-Archaeological Perspective». *Berichte Des Sonderforschungsbereichs* 268 (8): 193-200.

García Cardiel, Jorge. 2013. *El catálogo de las naves de Occidente*. BAR International series 2462. Oxford, BAR Publishing.

Geertz, Clifford. 1992. *La interpretacion de las culturas*. Duodécima edición. CLA·DE·MA. Barcelona: Gedisa.

Gilman, Antonio. 1993. «Cambio cultural y contacto en la prehistoria de la Europa mediterránea». *Trabajos de Prehistoria* 50: 103-11.

Gilman, Antonio, y Richard Harrison. 1977. «Trade in the Second and Third Millennia B.C. between the Maghreb and Iberia». En *Ancient Europe and the Mediterranean: Studies Presented in Honour of Hugh Hencken*, editado por Vladimir Markotic, 90-104. Aris & Phillips.

Giménez, Gilberto. 2005. «La cultura como identidad y la identidad como cultura». En *III Encuentro Internacional de. Promotores y Gestores Culturales*, 1-27. Consejo Nacional de la Cultura y las Artes. México.

Gracia Alonso, Francisco, y Gloria Munilla. 2004. *Protohistoria: pueblos y culturas en el Mediterráneo entre los siglos XIV y II a.C.* Barcelona: Edicions Universitat Barcelona.

Greenhill, Basil. 1995. *The Archaeology of Boats & Ships: An Introduction*. Londres: Conway Maritime Press.

Guerrero Ayuso, Victor. 2003. «La navegacion en la protohistoria del Mediterráneo». En *XXI semana de estudios del mar*, 57-126. Melilla: Asociación de Estudios del Mar.

———. 2004. «La marina de la Cerdeña nurágica». *Pyrenae* 35 (1): 117–155.

———. 2006a. «Comer antes que viajar. Pesca y barcas de base monóxila en la prehistoria occidental». *Mayurqa* 31: 7–56.

———. 2006b. «Nautas baleáricos durante la prehistoria II. De la iconografía naval a las fuentes históricas». *Pyrenae* 37 (2): 7-45.

———. 2009. *Prehistoria de la navegación*. BAR International Series 1952. Oxford: BAR Publishing.

———. 2010. «Barcos calcolíticos (c. 2500/2000 BC) del Mediterráneo occidental». *Pyrenae* 41 (2): 29-48.

Guilaine, Jean. 2004. «Les Campaniformes et la Méditerranée». *Bulletin de la Société préhistorique française* 101 (2): 239-49.

Gusinde, Martín. 1982. *Los indios de Tierra del Fuego*. Vol. 1. Ushuaia: Centro Argentino de Etnología Americana, Consejo Nacional de Investigaciones Científicas y Técnicas.

Habu, Junko. 2010. «Seafaring and the Development of Cultural Complexity in Northeast Asia: Evidence from the Japanese Archipelago». En *The Global Origins and Development of Seafaring*, editado por Atholl Anderson, James Barrett, y Katherine Boyle, 159–170. Cambridge: McDonal Institute for Archaeological Research.

Haddon, Alfred Cort. 1918. «The Outrigger Canoe of East Africa». *Man* 18 (abril): 49-54.

Hardy, Bruce L., y Marie-Hélène Moncel. 2011. «Neanderthal Use of Fish, Mammals, Birds, Starchy Plants and Wood 125-250,000 Years Ago». Editado por Michael D. Petraglia. *PLoS ONE* 6 (8): e23768.

Harris, Marvin. 1979. *El materialismo cultural*. Edición española de 1982. España: Alianza Editorial.

———. 1983. *Antropología cultural*. Madrid: Alianza editorial.

Hauser, Arnold. 1978. *Historia Social de la literatura y el arte*. Decimocuarta edición en castellano, Original de 1951. Vol. 1. 2 vols. Obras de Arnold Hauser 19. Barcelona: Guadarrama.

Hazell, Leslie C., y Scott M. Fitzpatrick. 2006. «The Maritime Transport of Prehistoric Megaliths in Micronesia». *Archaeology in Oceania* 41: 12-24.

Hernando Gonzalo, Almudena. 2007. «Comentario a la Arqueología Simétrica». *Complutum* 18: 314–315.

Heyerdahl, Thor. 1983. *El hombre primitivo y el océano*. Primera edición en castellano, Original de 1978. Barcelona: Juventud.

Hiscock, Peter. 2013. «The Human Colonization of Australia». En *The Encyclopedia of Global Human Migration*, editado por Immanuel Ness. Vol. 1. Oxford: Blackwell Publishing Ltd.

Hodder, Ian. 1982. *Symbols in Action: Ethnoarchaeological Studies of Material Culture*. Cambridge: Cambridge University Press.

Hoffmann, D. L., C. D. Standish, M. García-Diez, P. B. Pettitt, J. A. Milton, J. Zilhão, J. J. Alcolea-González, et al. 2018. «U-Th Dating of Carbonate Crusts Reveals Neandertal Origin of Iberian Cave Art». *Science* 359 (6378): 912-15.

Hornell, James. 1931. «South American Balsas: The Problem of Their Origin». *The Mariner's Mirror* 17 (4): 347-55.

———. 1938a. «The Coracles of the Tigris and Euphrates». *The Mariner's Mirror* 24 (2): 153-59.

———. 1938b. «Boat Oculi Survivals: Additional Records.» *The Journal of the Royal Anthropological Institute of Great Britain and Ireland* 68 (julio): 339-48.

———. 1942. «Floats: A Study in Primitive Water-Transport». *The Journal of the Royal Anthropological Institute of Great Britain and Ireland* 72 (1/2): 33-44.

———. 1944. «The Outrigger Canoes of Madagascar, East Africa and the Comoro Islands II». *The Mariner's Mirror* 30 (4): 170-85.

Ingold, Tim. 1990. «Society, Nature and the Concept of Technology». En *The Perception of the Eviroment. Essays on Livelihood, Dwelling and Skill*, 312-22. London: Routledge.

Ivanoff, Jacques. 1999. *The Moken Boat. Symbolic Technology*. Traducido por Nicolle Francine. Bangkok: White Lotus Press.

Jobson, Robert W., y William R. Hildebrandt. 1980. «The Distribution of Oceangoing Canoes on the North Coast of California». *Journal of California and Great Basin Anthropology* 2 (2): 165-74.

Johnstone, Paul. 1980. *The Sea-Craft of Prehistory*. Hampshire: Routledge & Kegan Paul.

Juan Fuertes, Carlos de. 2009. «Experimentació i Arqueologia naval». *Cota zero*, n.º 24: 71-77.

———. 2014. «Les évapes de Mazarrón et de Binissafúller. La tradition ibérique d'influence púnico-phénicienne». *Dossiers d'Archeologie* 364: 26-33.

Juan-García Aguado, José María de. 2001. *La Carpintería de ribera en Galicia, 1940-2000*. Monografías / Universidade da Coruña, no. 95. A Coruña: Universidade da Coruña, Servicio de Publicacións.

Kapitän, Gerhard. 1987a. «Records of native craft in Sri Lanka-I: The single outrigger fishing canoe oruwa—Part 1. Sailing oru». *International Journal of Nautical Archaeology* 16 (2): 135–147.

———. 1987b. «Records of native craft in Sri Lanka—I: The single outrigger fishing canoe oruwa—Part 1.2 Sailing oru». *International Journal of Nautical Archaeology* 16 (4): 283–292.

———. 1988. «Records of native craft in Sri Lanka—I: The single outrigger fishing canoe oruwa—Part 2.1. Rowed, paddled and poled oru». *International Journal of Nautical Archaeology* 17 (3): 223–235.

———. 1989. «Records of Native Craft in Sri Lanka—I: The Single Outrigger Fishing Canoe Oruwa—Part 2.2. Rowerd, Paddled and Poled Oru». *International Journal of Nautical Archaeology* 18 (2): 137-49.

———. 1991. «Records of native craft in Sri Lanka—I: The single outrigger fishing canoe oruwa—Part 2.3: Rowed, paddled and poled oru». *International Journal of Nautical Archaeology* 20 (1): 23–32.

Kelly, Lynne. 2015. *Knowledge and Power in Prehistoric Societies: Orality, Memory, and the Transmission of Culture*. Cambridge: Cambridge University Press.

Kobylinski, Zbigniew. 1995. «Ships, Society, Symbols and Archaeologists». En *The Ship as Symbol in Prehistoric and Medieval Scandinavia*, editado por Ole Crumlin-Pedersen y Birgitte Thye, 9-19. Copenhagen: National Museum of Denmark.

Kuhn, Thomas S. 1971. *La estructura de las revoluciones científicas*. México D.F.: Fondo de Cultura Económica.

Larson, Greger, Thomas Cucchi, Masakatsu Fujita, Elizabeth Matisoo-Smith, Judith Robins, Atholl Anderson, Barry Rolett, et al. 2007. «Phylogeny and Ancient DNA of Sus Provides Insights into Neolithic Expansion in Island Southeast Asia and Oceania». *Proceedings of the National Academy of Sciences* 104 (12): 4834–4839.

Leach, Edmund. 1989. *Cultura y comunicación. La Lógica de la Conexión de los Símbolos*. Cuarta edición en castellano, Original en inglés de 1976. Madrid: Siglo XXI de España.

Lemonnier, Pierre. 1993. «Introduction to Technical Choices». En *Technological Choices: Transformation in Material Cultures Since the Neolithic*, editado por Pierre Lemonnier, 1-26. Londres: Routledge.

Leonard, Jennifer A., y Carles Vilà. 2014. «Horses: Domestication». En *Encyclopedia of Global Archaeology*, editado por Claire Smith, 3493-95. Springer New York.

Leppard, Thomas P. 2014. «Mobility and Migration in the Early Neolithic of the Mediterranean: Questions of Motivation and Mechanism». *World Archaeology* 46 (4): 484-501.

Leppard, Thomas P., y Curtis Runnels. 2017. «Maritime Hominin Dispersals in the Pleistocene: Advancing the Debate». *Antiquity* 91 (356): 510-19.

Lévi-Strauss, Claude. 1987. *Antropología estructural*. Segunda. Barcelona: Ediciones Paidós.

Lewis, David. 1994. *We, the Navigators: The Ancient Art of Landfinding in the Pacific*. Honolulu: University of Hawaii Press.

Ling, Johan. 2012. «War Canoes or Social Units? Human Representation in Rock-Art Ships». *European Journal of Archaeology* 15 (3): 465-85.

Ling, Johan, Per Cornell, y Kristian Kristiansen. 2017. «Bronze Economy and Mode of Production». En *Modes of Production in Archaeology*, editado por Robert Rosenswig y Jerimy Cunningham, 207-30. Gainesville: University Press of Florida.

Llamas, B., L. Fehren-Schmitz, G. Valverde, J. Soubrier, S. Mallick, N. Rohland, S. Nordenfelt, et al. 2016. «Ancient Mitochondrial DNA Provides High-Resolution Time Scale of the Peopling of the Americas». *Science Advances* 2 (4): 1-10.

Lothrop, Samuel Kirkland. 1928. *The Indians of Tierra Del Fuego*. New York : Museum of the American Indian, Heye Foundation.

Malinowski, Bronislaw. 1922. *Los argonautas del Pacífico occidental*. Traducido por Antonio J. Desmonts. Edición en español de 1986. 2 vols. Ediciones de bolsillo 67. Barcelona: Ediciones Península.

Manguin, Pierre-Yves. 2001. «Shipshape Societies: Boat Symbolism and Political Systems in Insular Southeast Asia». *Techniques & Culture. Revue Semestrielle d'anthropologie Des Techniques* 35-36: 373-400.

Mannino, Marcello A., y Kenneth D. Thomas. 2002. «Depletion of a Resource? The Impact of Prehistoric Human Foraging on Intertidal Mollusc Communities and Its Significance for Human Settlement, Mobility and Dispersal». *World Archaeology* 33 (3): 452-74.

Martínez Sánchez, Rafael M., Juan Carlos Vera Rodríguez, Marta Moreno García, Guillem Pérez Jordà, Leonor Peña-Chocarro, y Youssef Bokbot. 2017. «Beyond Adornment: Cowry Use as Potter's Tool in the First Impressed Wares of the Southwestern Mediterranean Coast (Northern Morocco)». *The Journal of Island and Coastal Archaeology*, febrero, 1-18.

McCarthy, Erica. 2015. «Ship Carvers in Eighteenth- and Nineteenth-Century Britain». *Sculpture Journal* 24 (2): 179-94.

McGrail, Seán. 2001. *Boats of the World: From the Stone Age to Medieval Times*. Oxford: Oxford University Press.

McKinnon, Jennifer. 2016. «The Earliest Known Logboats of China». *International Journal of Nautical Archaeology* 45 (2): 441-66.

Medas, Stefano. 1998. «Ipotesi per una definizione delle prime tecnologie navali nel mediterraneo: le origini dell'architettura navale». En *Atti del XIII Congresso de la Unione Internazionale delle Scienze Preistoriche e Protostoriche*, 401-12. Forli del 8 al 14 de septiembre de 1996: A.B.A.C.O. Edizioni.

———. 2004. *De Rebus Nauticis. L'arte della navigazione nel mondo antico*. Roma: L'Erma di Bretschneider.

———. 2010. «Gli occhi e l'anima propia delle barche: religiosità e credenze popolari tra antichità e tradizione». En *La devozione dei naviganti: il culto di Afrodite ericina nel Mediterraneo*, editado por Enrico Acquaro, Antonino Filippi, y Stefano Medas, 11-23. Biblioteca di Byrsa 7. Lugano: Athenaion.

Mederos Martín, Alfredo, y Gabriel Escribano Cobo. 2005. «Los aborígenes canarios y la navegación». *Mayurqa* 30 (2): 849–868.

Molano, Olga Lucía. 2007. «Identidad cultural un concepto que evoluciona.» *Revista Opera*, n.º 7: 69–84.

Moorcroft, William, y Trebeck George. 1825. *Travels in the Himalayan Provinces of Hindustan and the Panjab, in Ladakh and Kashmir, in Peshawar, Kabul, Kunduz, and Bokhara*. Londres: John Murray, Albemarle Street.

Morton, Jamie. 2001. *The Role of the Physical Environment in Ancient Greek Seafaring*. Leiden: Brill.

Moyano Di Carlo, Julián. 2015. «Arquitectura naval de tradición peninsular en la Protohistoria mediterránea. Caracterización y propuesta de análisis contextual». *Arkeogazte Aldizkaria* 5: 253-69.

Muckelroy, Keith. 1978. *Maritime Archaeology*. Primera. Londres: Cambridge University Press.

Neyret, Jean. 1979. *Pirogues océaniennes*. 2 vols. París: Association des Amis des Musées de la Marine.

Nieto, Xavier. 1996. «El transport, entre la producció i el consum». *Cota zero: revista d'arqueologia i ciència*, n.º 12: 105–111.

Olivella Puig, Joan. 1995. *Teoría del buque: Flotabilidad y estabilidad Problemas*. 2a ed. Aula Practica 53. Barcelona: UPC.

Otte, Marcel. 2013. «Détroits». En *Understanding Landscapes, from Land Discovery to their Spatial Organization*, editado por François Djindjian y Sandrine Robert, 67-74. BAR International series 2541 4. Oxford.

Palomo, Antoni, Raquel Piqué Huerta, Xavier Terradas, Oriol López, Ignacio Clemente, y Juan Francisco Gibaja. 2013. «Woodworking Technology in the Early Neolithic Site of La Draga (Banyoles, Spain)». En *Regards Croisés Sur Les Outils Liés Au Travail Des Végétaux*, editado por Patricia C. Anderson, Carole Cheval, y Aline Durand, 383-96. Antibes: Éditions APDCA.

Panofsky, Erwin. 1939. *Studies In Iconology: Humanistic Themes In The Art Of The Renaissance*. Oxford: Oxford University Press.

Pickard, Catriona, y Clive Bonsall. 2004. «Deep-Sea Fishing in the European Mesolithic: Fact or Fantasy?» *European Journal of Archaeology* 7 (3): 273-90.

Picornell-Gelabert, Llorenç. 2009. «Antracología y etnoarqueología. Perspectivas para el estudio de las relaciones entre las sociedades humanas y su entorno». *Complutum* 20 (1): 133–151.

Piqué Huerta, Raquel, Mathieu Gueye, Karen Hardy, Abdoulaye Camara, y Edmond Dioh. 2016. «Not Just Food: Food and Technology from Trees and Shrubs in Falia, Saloum Delta (Senegal)». En *The Intangible Elements of Culture in Ethnoarchaeological Research*, editado por Stefano Biagetti y Francesca Lugli, 217-30. Cham: Springer International Publishing.

Pomey, Patrice. 2009. «Principes et méthodes de construction en architecture navale antique méditerranéenne. De la conception à la réalisation». En *Arqueologia Nàutica Mediterrània*, editado por Xavier Nieto y Miguel Ángel Cau, 337-42. Monografies del CASC 8. Girona: Museu d'Arqueologia de Catalunya.

———. 2010. «Introducction». En *Transferts technologiques en architecture navale méditerranéenne de l'antiquité aux temps modernes: Identité technique et identité culturelle*, editado por Patrice Pomey, 131-36. Paris: Institut Français d'Etudes Anatoliennes Georges - Dumezil.

———. 2011. «Defining a Ship Architecture, Function and Human Space». En *The Oxford Handbook of Maritme Archaeology*, editado por Ben Ford, Donny Hamilton, y Alexis Catsambis, Catsambis Alexis, Ford Beny y Hamilton Donny L., 25-46. Nueva York: Oxford University Press.

Pomey, Patrice, Yaacov Kahanov, y Eric Rieth. 2012. «Transition from Shell to Skeleton in Ancient Mediterranean Ship-Construction: Analysis, Problems, and Future Research». *International Journal of Nautical Archaeology* 41 (2): 235-314.

Pomey, Patrice, y Eric Rieth. 2005. *L'archéologie navale*. Paris: Editions Errance.

Poyato Holgado, Carmen, y Amparo Hernando Grande. 1988. «Relaciones entre la península ibérica y el norte de África: marfil y campaniforme». En *Actas del I Congreso Internacional «El estrecho de Gibraltar»*, editado por Eduardo Ripoll Perelló, 1:317-29. Ceuta, noviembre de 1987: Universidad Nacional de Educación a Distancia.

Pujol i Hamelink, Marcel. 2009. «Terminologia de construcció naval». En *Arqueología Náutica Mediterránea*, editado por Xavier Nieto y Miguel Ángel Cau, 325-35. Monografies del CASC 8. Girona: Museu d'Arqueologia de Catalunya.

Ramos Muñoz, José, ed. 2008. *La ocupación prehistórica de la campiña litoral y banda atlántica de Cádiz: aproximación al estudio de las sociedades cazadoras-recolectoras, tribales-comunitarias y clasistas iniciales*. Arqueología Monografías. Sevilla: Junta de Andalucía.

———. 2012. *El estrecho de Gibraltar como puente para las sociedades prehistóricas*. Málaga: Editorial La Serranía S. L.

Ramos Muñoz, José, Darío Bernal-Casasola, Antonio Cabral, Eduardo Vijande Vila, y Juan Jesús Cantillo Duarte, eds. 2011. *Benzú y los orígenes de Ceuta*. Ceuta: Ciudad Autónoma de Ceuta.

Ramos Muñoz, José, y Juan Jesús Cantillo Duarte. 2009. «Los recursos litorales en el Pleistoceno y Holoceno. Un balance de su explotación por las sociedades cazadoras-recolectoras, tribales comunitarias y clasistas iniciales en la región del Estrecho de Gibraltar». En *Arqueología de la pesca en el estrecho de Gibraltar. De la prehistoria al fin del mundo antiguo*, editado por Darío Bernal-Casasola, 1:17-79. Monografías del Proyecto Sagena. Cádiz: Universidad de Cádiz, Servicio de Publicaciones.

Ramos Muñoz, José, Mehdi Zouak, Eduardo Vijande Vila, Juan Jesús Cantillo Duarte, Antonio Barrena Tocino, Salvador Domínguez-Bella, Ali Maate, et al. 2015. «Valoración. Síntesis ocupaciones. Sociedades prehistóricas». En *Carta arqueológica del norte de Marruecos (2008-2012). Prospección y yacimientos, un primer avance*, editado por Baraka Raissouni, Darío Bernal-Casasola, Abdelaziz El Khayari, José Ramos Muñoz, y Mehdi Zouak, 1:453-91. Cádiz: Servicio de Publicaciones de la Universidad de Cádiz.

Ransley, Jesse. 2005. «Boats Are for Boys: Queering Maritime Archaeology». *World Archaeology* 37 (4): 621-29.

Rey da Silva, Arturo. 2009. *Iconografía náutica de la Península Ibérica en la protohistoria*. BAR International Series 1982. Oxford: BAR Publishing.

Reyes-García, Victoria, Sandrine Gallois, y Kathryn Demps. 2016. «A Multistage Learning Model for Cultural Transmission: Evidence from Three Indigenous Societies». En *Social Learning and Innovation in Contemporary Hunter-Gatherers*, editado por Hideaki Terashima y Barry S. Hewlett, 47-60. Tokyo: Springer Japan.

Riccardi, Edoardo. 1992. «An Obsidian Core Recovered from the Waters of Capraia, Tuscany». *International Journal of Nautical Archaeology* 21 (3): 271-72.

Rios-Garaizar, Joseba, Oriol López-Bultó, Eneko Iriarte, Carlos Pérez-Garrido, Raquel Piqué, Arantza Aranburu, María José Iriarte-Chiapusso, et al. 2018. «A Middle Palaeolithic Wooden Digging Stick from Aranbaltza III, Spain». Editado por Marco Peresani. *PLOS ONE* 13 (3): e0195044.

Rondón, Xanic J., Sandra Anne Banack, y Wilfredo Diaz-Huamanchumo. 2003. «Ethnobotanical Investigation of Caballitos (Schoenoplectus Californicos: Cyperaceae) in Huanchaco, Perú». *Economic Botany* 57 (1): 35-47.

Ruiz Zapata, Blanca, y María José Gil García. 2013. «Análisis polínico de los niveles holocenos de la Cueva de Benzú y conclusiones del análisis polínico del yacimiento de Benzú». En *El Abrigo y Cueva de Benzú: memoria de los trabajos arqueológicos de una década en Ceuta (2002-2012)*, editado por José Ramos Muñoz, Darío Bernal-Casasola, Eduardo Vijande Vila, y Juan Jesús Cantillo Duarte, 540-45. Cádiz: Universidad de Cádiz, Servicio de Publicaciones.

San Nicolás Pedraz, Maria Pilar. 1975. «Las cascaras de huevo de avestruz fenicio-púnico en la península ibérica y baleares». *Cuadernos de Prehistoria y Arqueología* 2: 75-100.

Sanoja, Mario, y Iraida Vargas Arenas. 1995. *Gente de la canoa: economía política de la antigua sociedad apropiadora del noreste de Venezuela*. Caracas: Fondo Editorial Tropykos.

Sapir, Edward. 1934. «Symbolism». En *Encyclopaedia of the Social Sciences*, 14:492-95. Nueva York.

Saussure, Ferdinand. 1916. *Curso de Linguistica General*. Vigesimocuarta edición en castellano de 1961. Barcelona: Editorial Losada.

Schuhmacher, Thomas X., y Arun Banerjee. 2012. «Procedencia e intercambio de marfil en el Calcolítico de la Península Ibérica». *Rubricatum: revista del Museu de Gavà* 5: 289–298.

Schuhmacher, Thomas X., João Luís Cardoso, y Arun Banerjee. 2009. «Sourcing African Ivory in Chalcolithic Portugal». *Antiquity* 83 (322): 983-97.

Senft, Gunter. 2016. «"Masawa—bogeokwa si tuta!": Cultural and Cognitive Implications of the Trobriand Islanders' Gradual Loss of Their Knowledge of How to Make a Masawa Canoe». En *Ethnic and Cultural Dimensions of Knowledge*, editado por Peter Meusburger, Tim Freytag, y Laura Suarsana, 8:229-56. Cham: Springer International Publishing.

Shanks, Michael. 2007. «Arqueología simétrica». *Complutum* 18: 292–295.

Stanton, David W. G., Jacqueline A. Mulville, y Michael W. Bruford. 2016. «Colonization of the Scottish Islands via Long-Distance Neolithic Transport of Red Deer (Cervus Elaphus)». *Proceedings of the Royal Society B: Biological Sciences* 283 (1828): 1-9.

Tarradell, Miquel. 1959. «El estrecho de Gibraltar. ¿Puente o frontera? Sobre las relaciones posneolíticas entre Marruecos y la península ibérica». *Tamuda* 7: 124-38.

Terradas, Xavier, Ferran Antolín, Ángel Bosch, Ramon Buxó, Julia Chinchilla, Xavier Clop, Juan F. Gibaja, et al. 2012. «Áreas de aprovisionamiento, territorios de subsistencia y producciones técnicas en el Neolítico Antiguo de la Draga». *Rubricatum* 5: 441-48.

Topper, Uwe, y Utta Topper. 1988. *Arte rupestre en la provincia de Cádiz*. Historia (Diputación Provincial de Cádiz) 8. Cádiz: Diputación Provincial.

Torres Elgueta, Jimena. 2014. «Cazadores-recolectores de Tierra del Fuego y su cercanía al mundo costero. Una aproximación desde la pesca». En *Cazadores de mar y tierra. Estudios recientes en arqueología fueguina*, editado por Jimena Oría y Angélica M. Tivoli, 219-41. Ushuaia: Editora Cultural Tierra del Fuego y Museo del Fin del Mundo.

Turner, Victor. 1980. *La Selva de los Símbolos*. Siglo XXI de España general. Siglo XXI de España.

Tzalas, Harry. 1995. «On the Obsidian Trail With a Papyrus Craft in the Cyclades». En *Tropis III. 3th International Symposium on Ship Construction in Antiquity*, editado por Harry Tzalas, 441-69. Atenas: Hellenic Institute for the Preservation of Nautical Tradition.

Uzquiano, Paloma. 2013. «La evidencia antracológica. Paisaje vegetal, recursos y aprovechamiento durante la ocupación holocena». En *El Abrigo y Cueva de Benzú: memoria de los trabajos arqueológicos de una década en Ceuta (2002-2012)*, editado por José Ramos Muñoz, Darío Bernal-Casasola, Eduardo Vijande Vila, y Juan Jesús Cantillo Duarte, 546-52. Cádiz: Universidad de Cádiz, Servicio de Publicaciones.

Vairo, Carlos Pedro. 1995. *Los Yámana. Nuestra única tradición marítima autóctona*. Usuahia: Zagier & Urruty publications.

Walter, Richard, y Peter Sheppard. 2000. «Nusa Roviana: The Archaeology of a Melanesian Chiefdom». *Journal of Field Archaeology* 27 (3): 295-318.

Webmoor, Timothy. 2007. «Un giro más tras el "giro social". El principio de la simetría en arqueología». *Complutum* 18: 296–305.

Wedde, Michael. 1996. «From Classification to Narrative: The Contribution of Iconography towards Writing a History of Early Aegean Shipbuilding». *Mediterranean Historical Review* 11 (2): 117-64.

Westerdahl, Christer. 1992. «The maritime cultural landscape». *International Journal of Nautical Archaeology* 21 (1): 5–14.

———. 2006. «Maritime cosmology and archaeology». *Deutsches Schiffahrtsarchiv* 28 (2005): 7–54.

Wickler, Stephen, y Gørill Nilsen. 2012. «Pre-Modern Boathouses: A Maritime Perspective from Northern Norway». *International Journal of Nautical Archaeology* 41 (1): 106-19.

Witmore, Christopher. 2007. «Arqueología simétrica: un manifiesto breve». *Complutum* 18: 305–312.

Zilhão, João. 2014. «Early Prehistoric Navigation in the Western Mediterranean: Implications for the Neolithic Transition in Iberia and the Maghreb». *Eurasian Prehistory* 11 (1-2): 185–200.

Zwemer, Samuel Marinus. 1900. *Arabia; the Cradle of Islam*. Nueva York: F. H. Revell company.

ANEXO 1. ARTILUGIOS NÁUTICOS PREHISTÓRICOS REGISTRADOS ARQUEOLÓGICAMENTE

La siguiente tabla recopila la mayor parte de los artilugios náuticos prehistóricos registrados arqueológicamente en el continente europeo sumado a ejemplos comparativos de otros continentes. Se destaca en negrita aquellos artilugios que no corresponden a canoas monóxilas. Los ejemplares europeos se han recopilado con una fecha máxima de datación de c. 1000 a.C. En el resto de continentes se ha tenido en cuenta los periodos normativos prehistóricos de cada uno de dichos continentes. Elaboración propia a partir de (B. Arnold 1995; Fugazzola Delpino y Mineo 1995; Chepelev 1998; McGrail 2001; Garba 2006; Carabias, Lira, y Adán 2010; Habu 2010; McKinnon 2016; Biar 2017).

Nombre	*Datación calibrada (en BP)*	*Conversión (a.C/d.C.)*	*Procedencia*	*Madera empleada*
Europa				
Appleby	3050±80	1500-1030 a.C.	Inglaterra	*Quercus sp.*
Auvernier 1973		3790-3680 a.C.	Suiza	*Tilia sp.*
Bande di Cavriana	3520±50		Italia	
Bertignano	3460±180		Italia	
Bevaix 1879	2890±110	1400-810 a.C.	Suiza	*Quercus sp.*
Bevaix 1990-3	3265±65	1680-1410 a.C.	Suiza	*Pinus sylvestris*
Bevaix 1990-4	4540±65	3500-3030 a.C.	Suiza	*Pinus sylvestris*
Bodal 2	4690±110		Dinamarca	*Alnus sp.*
Bodensee		1130 a.C.	Alemania	*Quercus sp.*
Bølling Sø 3	4510±120		Dinamarca	
Bourg-Charente	4540±110	3620-2910 a.C.	Francia	*Quercus sp.?*
Brigg	2785±100	900-400 a.C.	Inglaterra	*Quercus sp.*
Brison-Saint-Innocent/Meimart	3740±130		Francia	
Broksø	4790±90		Dinamarca	*Quercus sp.*
Caldicott plank		1880-1690 a.C.	Inglaterra	
Cerlier-Heidenweg	3335±55	1740-1460 a.C.	Suiza	*Quercus sp.*
Chalain-Marigny		1120-95 a.C.	Francia	*Quercus sp.*
Chules		1770-1080 a.C.	Suiza	*Quercus sp.*
Comuna	5010±110			
Degersee	3350±15	1925-1880 a.C.	Alemania	*Alnus sp.*

Nombre	*Datación calibrada (en BP)*	*Conversión (a.C/d.C.)*	*Procedencia*	*Madera empleada*
Dispilo		5260-5360 a.C.	Macedonia	*Quercus sp. / Pinus sp.*
Douanne-Gare 1975	3250±60	1670-1400 a.C.	Suiza	*Quercus sp.*
Douanne-Ile Saint-Pierre 1911	3310±55	1730-1440 a.C.	Suiza	*Quercus sp.*
Douanne-Vingrave 1880	2880±50	1250-910 a.C.	Suiza	*Quercus sp.*
Dover		1575-1520 a.C.	Inglaterra	*Quercus sp.*
Dümmerlohausen	7610±100	6620-6190 a.C.	Alemania	
Ferriby 1		1880-1680 a.C.	Inglaterra	*Quercus sp.*
Ferriby 2		1940-1720 a.C.	Inglaterra	
Ferriby 3		2030-1780 a.C.	Inglaterra	
Fimon	4580±50		Italia	
Grandson-Corcelettes 1880	3185±55	1530-1320 a.C.	Suiza	*Quercus sp.*
Hauterive-Champréveyres 1976	5280±50	4240-3980 a.C.	Suiza	*Tilia sp.*
Hüde 1959	4040±100		Alemania	
Hüde 1962	4800±85	3770-3370 a.C.	Alemania	*Quercus sp.*
Kilnsea plank		1870-1670 a.C.	Inglaterra	
Korshavn/Mejlø Nord	6260±95	5420-4950 a.C.	Dinamarca	*Tilia sp.*
La Marmotta 1		5630-5260 a.C.	Italia	*Quercus sp.*
Ladoga	5000 (no cal.)		Rusia	*Quercus sp.*
Locharbriggs	3755±125		Escocia	
Lystrup 1	6110±100	5260-4790 a.C.	Dinamarca	*Populus sp.*
Maglemosegårds Vaenge 1	5420±75	4770-4370 a.C.	Dinamarca	*Tilia sp.*
Maglemosegårds Vaenge 2	5420±75	4450-4040 a.C.	Dinamarca	*Tilia sp.*
Männedorf	5490±50	4450-4240 a.C.	Suiza	*Tilia sp.*
Møllegabet-2	5910±75	4940-4590 a.C.	Dinamarca	*Tilia sp.*
Montceaux 1	8060±55		Francia	
Montceaux 2	7990±55		Francia	
Noyen-sur-seine	7960±100	7190-6540 a.C.	Francia	*Pinus silvestris*
Øgårde 3	4590±120	3640-2920 a.C.	Dinamarca	*Alnus sp.*
Øgårde 5	4280±85		Dinamarca	*Alnus sp.*
Paladru-Les Baigneurs	4190±150		Francia	
París Bercy 12	4100±100		Francia	*Quercus sp.*

Nombre	Datación calibrada (en BP)	Conversión (a.C/d.C.)	Procedencia	Madera empleada
París Bercy 2	3810±50	2450-2040 a.C.	Francia	*Quercus sp.*
París Bercy 3	4125±55	2880-2490 a.C.	Francia	*Quercus sp.*
París Bercy 8	3860±75	2550-2040 a.C.	Francia	*Quercus sp.*
París-Bercy 1	5510±20	4430-4330 a.C.	Francia	*Quercus sp.*
París-Bercy 6	5745±95	4810-4360 a.C.	Francia	*Quercus sp.*
Pesse	8265±275	7920-6470 a.C.	Holanda	*Pinus silvestris*
Pfäffikon-Riet	5135±90		Suiza	
Polada		1770-1310 a.C.	Italia	
Polpenazze	3160±50	1520-1310 a.C.	Italia	*Quercus sp.*
Praestelyngen 2	4930±75		Dinamarca	*Tilia sp.*
Praestelyngen 3	4420±110		Dinamarca	*Tilia sp.*
Sarnate II		II milenio a.C.	Rusia	*Quercus sp.*
Sarnate IV		III milenio a.C.	Rusia	
Severn plank		1600 a.C.	Inglaterra	
Short Ferry	2795±100	1250-800 a.C.	Inglaterra	*Quecus sp.*
Søndersted 1	4540±90	3510-2920 a.C.	Dinamarca	*Quercus sp.*
Stare gmajne II		3211±12 a.C.	Eslovenia	*Quercus sp.*
Stare gmajne III		3211±12 a.C.	Eslovenia	*Quercus sp.*
Steinhuder Meer	5855±60		Alemania	
Tshutshye II		II-III milenio a.C.	Rusia	*Quercus sp.*
Tshutshye III		II-III milenio a.C.	Rusia	*Quercus sp.*
Tybrind Vig 1	5260±95	4330-3810 a.C.	Dinamarca	*Tilia sp.*
Tybrind Vig 2	5370±95	4430-4000 a.C.	Dinamarca	*Tilia sp.*
Varpelev	2780±100	1250-790 a.C.	Dinamarca	*Quercus sp.*
Veliki mah	4210±40	2808-2756 a.C.	Eslovenia	*Quercus sp.*
Verup 1	4220±85	3020-2510 a.C.	Dinamarca	*Alnus sp.*
Warnsdorf	3340±65	1750-1450 a.C.	Alemania	*Alnus sp.*
América				
De Leon Springi		c. 5120 d.C.	EE.UU.	
La Varenne-Ile Brion	3455±60		Canadá	

Nombre	*Datación calibrada (en BP)*	*Conversión (a.C/d.C.)*	*Procedencia*	*Madera empleada*
Laguna la Flor 01	270±50	1490-1950 d.C.	Chile	*Laurelia sempervirens*
Lake Eerie		c. 1600 d.C.	EE.UU.	*Quercus alba*
Lake Savannah		c. 1500 d.C.	EE.UU.	*Quercus alba*
Lleu Lleu 01	140±50	1660-1950 d.C.	Chile	*Laurelia sempervirens*
Maullín 01	280±40	1500-1670 d.C.	Chile	*Eucyphia cordifolia Cau*
Mexica		S. XIII-XVI d.C.	México	
Pucura 01	330±80	1650-1960 d.C.	Chile	*Laurelia sempervirens*
Tyendinaga		c. 1500 b.C.	Canadá	*Pinus strobus*
Asia				
Aota		1000-500 a.C.	Japón	*Aesculus turbinata*
Kamo		4000-3000 a.C.	Japón	*Aphananthe aspera*
Katsumari		2000-1000 a.C.	Japón	*Criptomeria japonica*
Kucahuqiao	7070±155	6250-5650 a.C.	China	
Maoshan		3400-2250 a.C.	China	*Pinus Massoniana*
Maozigou	3800-3000 (no cal.)		China	
Nakazato		3000-2000 a.C.	Japón	*Aphananthe aspera*
Torihama 1		4000-3000 a.C.	Japón	*Aphananthe aspera*
Uranyu		4000-3000 a.C.	Japón	*Criptomeria japonica*
Yuri 1		2000-1000 a.C.	Japón	*Criptomeria japonica*
Yuri 2		1000-500 a.C.	Japón	*Criptomeria japonica*
Yuri 3		2000-1000 a.C.	Japón	*Criptomeria japonica*
Yuri 4		1000-500 a.C.	Japón	*Criptomeria japonica*
África				
Dufana	8500-8000 (no cal.)		Nigeria	

ANEXO 2. GLOSARIO NÁUTICO

A continuación se presenta un listado con los términos náuticos utilizados a lo largo del trabajo y su definición. Entre paréntesis se enseña su traducción al inglés, francés e italiano respectivamente.

Adrizar (*Ing. to right; Fr. redresser; It. addrizare*): Situación en la que se encuentra un barco cuando su escora es cero, es decir, no estando escorado.

Almadraba (*Ing. almadraba; Fr. madrague; It. tonnara*): La almadraba es una de las técnicas para la captura del atún. Consiste en instalar un laberinto de redes en el paso de los atunes, que normalmente se sitúa cerca de la costa.

Aparejo (*Ing. rigg; Fr. greement; It. attrezzatura*): El aparejo de una embarcación es el conjunto de palos, vergas, jarcias y velas que le permiten ponerse en movimiento aprovechando el movimiento del aire que las impulsa.

Arboladura (*Ing. mast and yards; Fr. mâture; It. alberatura*): Conjunto de palos y otras piezas que sostienen las velas de un barco.

Arrufo (*Ing. sheer, rise of a hull; Fr. tonture, relévement; It. insellatura*): Se denomina arrufo al esfuerzo al que se ve sometido el buque cuando su proa y popa flotan en sendas crestas de olas mientras que el centro se halla en un seno. También se usa el mismo término para denominar la curvatura de construcción que recibe la cubierta principal de una embarcación respecto del plano horizontal en los extremos de proa y popa.

Azuela (*Ing. adze; Fr. herminette; It. ascia*): La azuela es una herramienta para trabajar la madera. Se trata de un tipo de hacha de mango corto y con la hoja dispuesta perpendicular a dicho mango. Sirve para desbastar, alisar, ahuecar, amoldar formas torneadas y esculpir tallas de madera.

Babor (*Ing. port, larboard; Fr. bábord; It. sinistra*): Babor es el lado izquierdo de una embarcación, mirando hacia proa, independientemente del sentido de la marcha.

Bao (*Ing. beam; Fr. barrot, bau; It. baglio*): Vigas dispuestas transversalmente que apoyan en las cabezas de las cuadernas. Sirven para sostener la cubierta y rigidizar el casco en sentido transversal.

Barlovento (*Ing. windward; Fr. louvoyer; It. bordeggiare)*: Costado de la embarcación que da a donde viene el viento.

Batanga (*Ing. float, outrigger; Fr. balancier; It. buttafuori*): Se llama batanga al armazón de cañas separado de la borda en cuya parte exterior vienen a tensarse los obenques, usado por los naturales del mediodía de Asia, archipiélagos de Malasia y del Océano Pacífico para la mayor estabilidad de sus embarcaciones.

Borda (*Ing. gunwale, gunnel; Fr. plat-bord; It. fiancata*): La borda es el parapeto que rodea la cubierta principal de un barco, y que constituye la parte más elevada del casco. En la construcción naval europea, la borda está fijada exteriormente al armazón. En la Antigüedad, los elementos de la borda eran montados antes de insertarlos en el armazón.

Botadura (*Ing. ceremonial ship launching; Fr. lancement d'un navire; It. varo*): La botadura constituye la parte principal de la ceremonia de puesta en el agua por primera vez de un barco o un velero una vez terminada su construcción o la reparación para la que necesitó entrar en grada.

Botavara (*Ing. spanker-boom, driver-boom; Fr. guio u baume; It. boma*): En nomenclatura marinera, se denomina botavara a la percha horizontal que permite mantener cazado y orientado al pujamen de una vela. En el windsurf, la botavara es un elemento en forma de huso que está unido al mástil a la altura de los hombros y hasta el final de la vela.

Cala (*Ing. creeck; Fr. crique; It. cala*): Superficie generalmente de tendencia horizontal que configura el fondo del casco de una embarcación.

Calado (*Ing. draft, draught; Fr. tirant d'eau; It. pescaggio*): El calado de un barco o buque es la distancia vertical entre un punto de la línea de flotación y la línea base o quilla, con el espesor del casco incluido; en el caso de no estar incluido, se obtendría el calado de trazado.

Calafatear (*Ing. to caulk; Fr. calafater; It. calafatare*): En la construcción naval se denomina calafatear a la acción de introducir entre dos tablas del casco de madera una combinación de estopa de cáñamo embebida en brea a fin de evitar la entrada de agua.

Carena (*Ing. hull underbody; Fr. carène; It. carena*): Carena se denomina al volumen limitado por el casco y por la superficie de flotación en un buque. También puede denominarse carena al volumen sumergido.

Carlinga (*Ing. step; Ft. Emplanture du mât; It. scassa)*: En náutica, la carlinga, históricamente, era el armazón de madera o metálico, formado por una o varias piezas, en la que se encajaba la mecha y descansaba la coz de un palo macho, de un bitas, de un puntal, etc., de lo que cada una tomaba por sobrenombre particular la denominación de la pieza a la que servía de apoyo.

Casco (*Ing. hull; Fr. coque; It. scafo*): En el campo de la náutica el casco es el armazón o estructura externa de un barco.

Centro de carena (*Ing. center of bouyancy; Fr. centre de carène; It. centro di carena*): Centro de carena es el centro de gravedad del volumen de agua desplazado por un flotador, para una condición dada. También se conoce con el nombre de centro de empuje, ya que es con fines de estabilidad donde se considera aplicada dicha fuerza.

Centro de gravedad (*Ing. center of gravity; Fr. centre de gravité; It. centro di gravitá*): Es el punto donde actúa la fuerza de gravedad, es decir el peso o desplazamiento del barco. Su posición depende solo de los pesos existentes a bordo y de su distribución.

Chumacera (*Ing. rowlock; Fr. roulement; It.* scalmo): La chumacera u horquilla es una pieza de metal o madera con una muesca en que descansa y gira cualquier eje de maquinaria. Ésta se usa también en las embarcaciones de remo, donde se apoya el remo permitiéndole que gire en su eje longitudinal, y también que se pueda mover el remo en torno a el eje vertical del portante, realizando así el recorrido de la pala en el agua y fuera de ella.

Clavija (*Ing. peg; Fr. cheville; It. cavicchio*): Pieza de madera cilíndrica que sirve para trabar una mortaja con una lengüeta en el sistema constructivo de mortajas-lengüetas y clavijas.

Codaste (*Ing. stern post; Fr. étambot; It. dritto di poppa*): El codaste es un elemento estructural, de acero o de madera, en que termina el buque por la popa. Es la continuación de la quilla, en el que terminan las planchas o tablones del forro exterior.

Copo (*Ing. seine fishing; Fr. pêche à la senne*): Arte de pesca consistente en una gran red que se introduce en el mar desde la costa con el uso de embarcaciones para posteriormente ser arrastrada desde la orilla por un conjunto de personas.

Crujía (eje de) (*Ing. midship; Fr. milieu du navire; It. corsia*): Crujía es como se denomina al plano longitudinal de simetría de un buque; es decir, al espacio de proa a popa. Es una línea imaginaria que divide la cubierta en dos partes exactamente iguales, siendo paralela a la quilla.

Cuaderna (*Ing. frame; Fr. membrure, couple, It. costola, ossatura*): Las cuadernas son cada una de las costillas de madera u otro material por las que están formadas los barcos, recorriendolo de babor a estribor y estructurando el casco del navío. De popa a proa se sitúan las carlingas que junto a las cuadernas constituyen el «costillar» del buque.

Deriva (*Ing. drift; Fr. dérive; It. deriva)*: La deriva, en navegación marítima, es la distancia que recorre un barco por efecto de la corriente, es decir, por el desplazamiento de la masa de agua en la que se encuentra.

Desplazamiento (*Ing. displacement; Fr. Déplacement; It. dislocamento*): El desplazamiento de un buque (Δ) es el peso del mismo para una condición determinada de carga.

Escálamo, tolete (*Ing. rowlock; Fr. dame de nage; It. scalmo*): El escálamo es una cabilla de hierro, bronce o madera dura, asegurada en la tapa regala de una embarcación menor, sobresaliendo de ella poco más de un decímetro y que sirve como punto de apoyo al remo, a cuyo fin se conecta éste a ella por medio de un estrobo de cáñamo que abraza a ambos. Durante el movimiento del remero juega el papel de pivote y transfiere a la embarcación la reacción creada por la palada del remo.

Escobén (*Ing. fairlead; Fr. chaumard)*: El escobén de un barco es la tubería que conecta la cubierta del castillo con el exterior del casco y por donde pasa la cadena del ancla. Además del escobén existe otra tubería que conecta la caja de cadenas con el cabrestante, que recibe el nombre de gatera.

Escora (*Ing. angle of list; Fr. gîte; It. lista*): Escora es la inclinación que toma un buque cuando éste se aparta de la vertical al sufrir un corrimiento de la carga u otros motivos. Cuando la nave se encuentra en la posición para la cual fue construida para navegar, normalmente con su plano de simetría en la vertical, se dice que el buque está adrizado.

Eslora (*Ing. length; Fr. longueur; It. lunghezza fuori tutto*): La eslora es la dimensión de un barco tomada a su largo, desde la proa hasta la popa.

Espejo (de popa) (*Ing. escutcheon; Fr. ecusson, tableaur; It. specchio di poppa*): En náutica, el espejo es el elemento estructural de una embarcación y se encuentra ubicado en la zona de popa. Se trata de una superficie plana en las popas cuadradas y curva en las redondas, formada por el forro exterior clavado sobre las partes rectilíneas de las piezas llamadas gambotas, que constituyen el armazón de esta parte del barco.

Estabilidad longitudinal (*Ing. transverse stability; Fr. stabilité transversale; It. stabilità trasversale*): La estabilidad estática longitudinal es la propiedad del buque de recuperar su posición de equilibrio longitudinal, al ser apartado de él por alguna acción. Al ser la eslora la dimensión predominante, la estabilidad estática longitudinal de un buque es muy grande; se está siempre dentro de la estabilidad inicial.

Estabilidad transversal (*Ing. longitudinal stability; Fr. stabilité longitudinale; It. stabilità longitudinale*): Cuando por efecto de un balance, el buque se inclina, el centro de carena se traslada, cambiando por lo tanto el punto de aplicación del empuje del agua. Y se crea un par de adrizamineto transversal que obliga al buque a recuperar su posición inicial.

Estribor (*Ing. starboard; Fr. triboard; It. tribordo, dritta, destra*): Estribor es el lado derecho de una embarcación, mirando hacia proa (la parte delantera del barco), independientemente del sentido de la marcha.

Francobordo (*Ing. freeboard; Fr. franc-bord; It. opera morta*): El francobordo o borda libre es la distancia medida verticalmente en el centro del buque, desde la intersección de la cara superior de la cubierta de francobordo con la superficie exterior del forro, hasta la línea de carga correspondiente.

Lengüeta, espiga (*Ing. tenon; Fr. tenon*): Pieza de madera diseñada que se añade a las tracas de una embarcación de casco previo y que tiene por objetivo calzar en la mortaja de la traca enfrentada a fin de unirlas.

Línea de flotación (*Ing. waterline; Fr. ligne de flottaison; It. línea di galleggiamento*): La línea de flotación es la línea formada por la intersección del plano formado por la superficie del agua con el casco de un barco; separando la parte sumergida (obra viva), de la que no lo está (obra muerta). Es variable en función de la carga, de las características del agua, de la estiba y de otros factores.

Manga (*Ing. breath; Fr. largeur, largeur au maitre bau; It. larghezza, baglio massimo*): En nautica, manga es la medida del barco en el sentido transversal, es decir de una banda a otra (de estribor a babor). Se mide en la parte más ancha del barco. Al igual que en la eslora, pueden existir variaciones de esta dimensión dependiendo de las formas del barco y donde sea medida.

Mascarón (de proa) (*Ing. figurehead, Fr. figure de proue; It. polena*): El mascarón de proa es una figura decorativa generalmente tallada en madera y ornamentada o pintada que llevaban antiguamente los buques en la parte alta del tajamar, según la jerarquía de la embarcación que engalanaba.

Mástil, palo (*Ing. mast; Fr. mât; It. albero*): Un mástil o palo de un barco es el gran palo vertical que sujeta las velas. Los barcos grandes pueden tener varios mástiles, variando su número, tamaño y disposición en función del tipo de barco.

Mortaja, caja (*Ing. mortise; Fr. mortaise; It. mortasa*): Cavidad hecha en el costado de una traca para recibir la mortaja de la traca enfrentada y unirlas.

Obenque (*Ing. shroud; Fr. hauban; It. staria/e*): Se llama obenque a cada uno de los cables gruesos con que se sostiene y sujeta un palo, mástil, o mastelero desde su cabeza a la mesa de guarnición o cofa correspondiente por una y otra banda.

Obra muerta (*Ing. free board; Fr. oeuvre norte; It. opera morta*): En un buque se denomina obra muerta a la parte del casco que está fuera del agua, de forma permanente, cuando el barco está a plena carga. Se considera para esta distinción solamente el casco del buque, puesto que todo lo que se construye a partir de la cubierta principal se llama superestructura o casillaje.

Obra viva (*Ing. quick work; Fr. oeuvre viva; It. opera viva*): Se denomina obra viva a la superficie sumergida de un buque. Es la parte del casco que, de forma permanente y con la máxima carga admisible, está sumergida. Normalmente, se distingue con un color rojo u ocre.

Orza (*Ing. center board, luff; Fr. loffer, dérive; It. deriva*): Una orza es una pieza de madera, utilizada para evitar la deriva producida por el viento. La orza puede estar situada a los costados, como en las embarcaciones antiguas, o en una caja central colocada bajo la quilla de la embarcación.

Palangre (*Ing. longline fishing; Fr. palangre; It. palangre*): Se denomina palangre a un tipo de aparejo utilizado en la pesca artesanal. El palangre está formado por un elemento flotante con forma de toro, del cual se sostienen brazoladas (normalmente un hilo plástico) en cuyos extremos penden los anzuelos, con medidas que varían según las capturas (peces) buscadas.

Peso muerto (*Ing. deadweight tonnage; Fr. port en lourd; It. tonnellaggio di portata lorda*): Consiste en la suma de pesos que transporta un buque sin tener en cuenta la carga, e incluye el cargamento, las provisiones, el agua dulce para consumo humano, la tripulación, los pasajeros y sus equipajes.

Popa (*Ing. stern, poop, aft; Fr. poupe, arrière; It. poppa*): Se designa con el nombre de popa la terminación posterior de la estructura de un barco.

Proa (*Ing. prow, head, beak; Fr. proue, cap; It. prua*): Proa o aflasto es la parte delantera en que se unen las amuras de un barco formando el canto, roda o setom que al avanzar va cortando las aguas en que navega.

Puntal (*Ing. depth; Fr. hauteur; It. puntale*): Es la medida vertical desde el canto superior de la quilla hasta la unión de la traca de cinta con la cubierta principal.

Quebranto (*Ing. cambering,hogging; fr. tonture, courbure; It. inarcamento*): Se llama esfuerzo de quebranto al que tiende precisamente a exagerar el quebranto, esto es, la curvatura o elevación del plano horizontal del barco frente a la curvatura o descenso simultáneo de la proa y popa.

Quilla (*Ing. keel; Fr. quille; It. chiglia*): Elemento estructural que corre de proa a popa siendo el principal refuerzo longitudinal, en el cual descargan los demás. Equivale a la columna vertebral.

Resistencia directa: Resistencia debida a la formación de remolinos, que se evita dándole a la carena las formas más currentiformes posibles, así como los demás elementos unidos a ella.

Resistencia por fricción: Resistencia debida al rozamiento del agua con la superficie externa de la carena o superficie mojada.

Resistencia por olas: En función de la velocidad, eslora y de las formas de la carena, al chocar el buque con el agua en calma, forma una serie de olas que son divergentes a proa y popa, y transversales a la altura del costado, estando estas últimas limitadas lateralmente por las olas divergentes.

Roda (*Ing. stem; Fr. brion; It routa*): En las embarcaciones de madera de construcción tradicional (con quilla, cuadernas y casco trincado) la roda de proa es una pieza de madera situada en el extremo de proa de la quilla prolongándola, y que se alza en posición más vertical.

Sobrequilla (*Ing. keelson; Fr. carlingue; It. paramezzale*): La sobrequilla, llamada también quilla falsa, es un elemento constructivo en barcos. Se coloca de popa a proa por encima de las varengas y sirve para consolidar la quilla y la estabilidad en todos los buques facilitando la fijación de las tracas.

Sotavento (*Ing. leeward; Fr. sous le vent; It. sottovento*): Costado de la embarcación que da hacia dónde va el viento.

Timón de codaste, axial (*Ing. sternpost-mounted rudder; Fr. gouvernail d'étambot; It. timone di poppa*): El timón de codaste es una pieza móvil vertical plana colocada en prolongación del codaste que sirve para establecer el rumbo de un buque, formada por un tablón, una pieza de hierro, o algún material polimérico resistente articulado con goznes en el codaste o prolongación de la quilla por la parte de popa.

Timón lateral, de espadilla (*Ing. steering oar; Fr. gouvernail latéraux;*): El timón es el dispositivo utilizado para maniobrar un medio de transporte que se mueva a través de un fluido.

Vela de fortuna: Vela desmontable de escasa envergadura que se usa de forma ocasional cuando las condiciones de viento son muy favorables.

Velamen (*Ing. canvas, set of sails; Fr. voilure; It. velatura*): Conjunto de velas de una embarcación.

www.ingramcontent.com/pod-product-compliance
Lightning Source LLC
LaVergne TN
LVHW072257300926
849160LV00018B/1692
* 9 7 8 1 4 0 7 3 1 6 5 4 3 *